"十三五"国家重点出版物出版规划项目

集成电路设计丛书

大规模 MIMO 检测算法 VLSI 架构
——专用电路及动态重构实现

刘雷波　彭贵强　魏少军　著

科　学　出　版　社
龙　门　书　局
北　京

内 容 简 介

本书首先分别介绍线性和非线性大规模 MIMO 检测算法，及对应的专用电路的设计，然后提出并设计大规模 MIMO 检测可重构处理器，并介绍相应的数据通路和配置通路的设计方法，该方法解决了大规模 MIMO 检测芯片缺乏高灵活性和高扩展性这一难题，最后对大规模 MIMO 检测 VLSI 架构在服务器端、移动端和边缘计算端的应用进行展望。

本书适合电子科学与技术、通信工程、计算机科学与技术等专业的科研人员、研究生，以及工程师阅读学习。

图书在版编目（CIP）数据

大规模 MIMO 检测算法 VLSI 架构：专用电路及动态重构实现 / 刘雷波，彭贵强，魏少军著. —北京：龙门书局，2019.5

（集成电路设计丛书）

"十三五"国家重点出版物出版规划项目　国家出版基金项目

ISBN 978-7-5088-5546-2

Ⅰ．①大…　Ⅱ．①刘…　②彭…　③魏…　Ⅲ．①集成电路－电路设计－研究　②移动通信－通信系统－算法－研究　Ⅳ．①TN402　②TN929.5

中国版本图书馆 CIP 数据核字 (2019) 第 063938 号

责任编辑：赵艳春 / 责任校对：张凤琴

责任印制：师艳茹/ 封面设计：迷底书装

科 学 出 版 社
龙 门 书 局　出版

北京东黄城根北街 16 号
邮政编码：100717
http://www.sciencep.com

三河市春园印刷有限公司 印刷

科学出版社发行　各地新华书店经销

*

2019 年 5 月第 一 版　开本：720×1 000　1/16
2019 年 5 月第一次印刷　印张：18 1/2　彩插：8 页
字数：360 000

定价：**128.00 元**

（如有印装质量问题，我社负责调换）

《集成电路设计丛书》编委会

序

集成电路无疑是近 60 年来世界高新技术的最典型代表，它的产生、进步和发展无疑高度凝聚了人类的智慧结晶。集成电路产业是信息技术产业的核心，是支撑经济社会发展和保障国家安全的战略性、基础性和先导性产业，也是我国的战略性必争产业。当前和今后一段时期，我国的集成电路产业面临重要的发展机遇期，也是技术攻坚期。总体上讲，集成电路包括设计、制造、封装测试、材料等四大产业集群，其中集成电路设计是集成电路产业知识密集的体现，也是直接面向市场的核心和制高点。

"关键核心技术是要不来、买不来、讨不来的"，这是习近平总书记在 2018 年全国两院院士大会上的重要论述，这一论述对我国的集成电路技术和产业尤为重要。正是由于集成电路是电子信息产业的基石和现代工业的粮食，对国家安全和工业安全具有决定性的作用，我们必须、也只能立足于自主创新。

为落实国家集成电路产业发展推进纲要，加快推进我国集成电路设计技术和产业发展，多位院士和专家学者共同策划了这套《集成电路设计丛书》。这套丛书针对集成电路设计领域的关键和核心技术，在总结近年来我国集成电路设计领域主要成果的基础上，重点论述该领域的基础理论和关键技术，给出集成电路设计领域进一步的发展趋势。

值得指出的是，这套丛书是我国中青年学者近年来学术成就和技术攻关成果的总结，体现集成电路设计技术和应用研究的结合，感谢他们为大家介绍总结国内外集成电路设计领域的最新进展，每本书内容丰富，信息量很大。丛书内容包含了先进的微处理器、系统芯片与可重构计算、半导体存储器、混合信号集成电路、射频集成电路、集成电路设计自动化、功率集成电路、毫米波及太赫兹集成电路、硅基光电片上网络等方面的研究工作和研究进展。通过对丛书的研读能够进一步了解该领域的研究成果和经验，吸引和引导更多的年轻学者和科研工作者积极投入到集成电路设计这项既具有挑战又有吸引力的事业中来，为我国集成电路设计产业发展做出贡献。

感谢丛书撰写的各领域专家学者。愿这套丛书能成为广大读者，尤其是科研工作者、青年学者和研究生十分有用的前沿和教学参考书，使大家能够进一步明确发展方向和目标，为开展集成电路的创新研究和工程应用奠定重要基础。同时，这套丛书也能为我国集成电路设计领域的专家学者提供一个展示研究成果的交流平台，进一步促进和推动我国集成电路设计领域的教学、科研和产业的深入发展。

郝跃

2018 年 6 月 8 日

前　言

大规模 MIMO 技术作为未来移动通信的核心技术之一，能够有效地提升网络容量、增强鲁棒性、降低通信延时。但是随着天线数量增加，基带处理复杂度会急剧增长，因此，高性能大规模 MIMO 基带处理芯片设计已成为制约大规模 MIMO 技术在通信系统中广泛应用的技术瓶颈，特别是低复杂度、高并行性的大规模 MIMO 检测芯片的设计。

本书首先介绍作者团队在高效大规模 MIMO 检测算法和电路架构方面的研究历程：在分析已有的大规模 MIMO 检测算法的基础上，从计算复杂度和并行性等维度对这类算法进行优化，通过数学理论分析，证明团队提出的大规模 MIMO 检测优化算法具有低复杂度和高并行性的优点，并能够充分满足检测精度的需求；随后以 ASIC 作为载体，验证基于团队提出的大规模 MIMO 检测算法芯片具有高能量效率、高面积效率和低检测误差等特性。

在设计大规模 MIMO 检测芯片的过程中，我们认识到基于 ASIC 载体的大规模 MIMO 检测芯片仅适合于处理速度要求极高的应用场景，但还有一些应用场景需要大规模 MIMO 检测芯片具有一定的灵活性和可扩展性，从而能够支持不同标准、算法和天线规模，并能够适应标准和算法的演进。经过分析，我们认为可重构计算架构是一种非常有前景的解决方案。在对大量已有大规模 MIMO 检测算法分析以及共性特征提取的基础上，团队设计了适用于大规模 MIMO 检测算法的数据通路和配置通路，包括处理单元、互连、存储机制、配置信息格式、配置方法等，完成了一款大规模 MIMO 检测可重构处理器设计。

该大规模 MIMO 检测可重构处理器将同样适用于 beyond 5G 等未来无线通信系统，主要有三个原因：第一，目前无线通信算法的发展都是在反复迭代和优化过程中进行的，在解决商用算法局限性的过程中，无论优化已有算法还是设计出新的算法，算法的更新都具有很强的逻辑承接关系，为可重构处理器架构的设计提供了内在逻辑基础。第二，在开展大规模 MIMO 检测可重构处理器的处理单元以及处理单元阵列设计时，充分考虑了灵活性和可扩展性需求，以使其能够满足目前各类算法的硬件需求和未来可预见的需要。第三，因为大规模 MIMO 检测可重构处理器的设计方法学是共通的，所以可以满足未来算法的硬件实现需求。因此，在进行相应算法分析以后，根据设计方法学，对可重构处理器架构进行的优化和设计将是一个通用的过程。

全书共分 7 章：第 1 章介绍无线通信技术的发展趋势，包括大规模 MIMO 技术和 MIMO 检测技术的发展与研究现状，分析基于专用集成电路和指令级架构处理器的 MIMO 检测芯片在性能、功耗和灵活性等方面的优缺点，提出 MIMO 检测动态重构芯片技术，并分析其实现的可行性。第 2 章和第 3 章分别介绍线性大规模 MIMO 检测算法及对应的电路架构，并从算法收敛性、计算复杂度和检测性能等方面分析本团队所提出的线性检测优化算法的优势，实验结果显示基于本团队所提出的算法设计的电路具有更好的能量效率和面积效率，从而验证本团队所提出的优化算法更适合于硬件实现。第 4 章和第 5 章分别介绍高检测精度的非线性大规模 MIMO 检测算法及对应的电路架构，并在算法收敛性、计算复杂度、检测性能和实验结果等方面将本团队所提出的非线性大规模 MIMO 检测算法与其他算法进行对比，结果显示本团队提出的算法在实现高检测精度的同时，复杂度也在能够接受的范围内。第 6 章详细介绍大规模 MIMO 检测动态重构芯片，首先，以可重构计算架构为目标硬件平台，对目前主流的大规模 MIMO 检测算法进行分析，包括算法的共性逻辑提取、数据类型的特征提取、算法的并行性分析；其次，从数据通路和配置通路两个方面详细分析大规模 MIMO 检测动态重构芯片的硬件架构设计，介绍针对大规模 MIMO 检测算法的硬件架构设计方法。第 7 章对大规模 MIMO 检测 VLSI 架构在服务器端、移动端和边缘计算端进行应用展望。

本书凝聚了清华大学微电子学研究所无线通信基带处理器团队近 6 年的集体智慧。感谢彭贵强、王君君、张朋、魏秋实、谭颖然、杨海昌、王攀、吴一波、朱益宏、薛阳、李兆石、杨骁、丁子瑜和王汉宁等同学及同事的参与，感谢王垚、应亦劼、孔佳、陈英杰、王广斌、王磊、李政东、罗森品、金宇等工程师的参与，感谢魏少军教授对本书撰写工作的大力支持与指导，感谢英特尔移动网络与计算协同研究院(Intel Collaborative Research Institutes on Mobile Networking and Computing，ICRI-MNC)对本工作的支持。最后，还要感谢我的爱人和孩子们对我工作的理解和宽容，没有你们的支持，难以想象我可以完成这些工作，你们是我今后继续努力和前进的重要动力！

刘雷波

2018 年 8 月于清华园

目　　录

彩图

第 1 章 绪 论

随着人们日常生活对移动通信需求的急剧发展，复杂的数据通信和处理将成为未来移动通信的一个重要挑战。作为移动通信发展的关键技术，大规模多输入多输出 (multiple-input multiple-output，MIMO) 技术能够提升网络容量、增强网络鲁棒性、降低通信延时等。但是，随着天线数量增加，基带处理复杂度也会急剧增长。大规模天线检测算法以超大规模集成电路 (very large scale integration，VLSI) 芯片实现作为载体。大规模 MIMO 基带处理芯片设计将成为该技术真正应用的瓶颈之一，特别是有着高复杂度和低并行性的大规模 MIMO 检测芯片设计。

为了满足未来无线通信数据传输需求并且兼顾功耗问题，大规模 MIMO 检测芯片需要实现高数据吞吐率、高能量效率以及低延时；为了支持不同标准、不同算法、不同天线规模等，大规模 MIMO 检测芯片需要有一定的灵活性；为了适应未来标准和算法的演进，大规模 MIMO 检测芯片需要有一定的可扩展性。包括指令集结构处理器 (instruction set architecture processor, ISAP) 和专用集成电路 (application specific integrated circuit, ASIC) 在内的传统 MIMO 检测处理器都无法合理地兼顾能量效率、灵活性和可扩展性这三个需求指标。ASIC 能够满足大规模 MIMO 检测芯片急剧增长的运算能力需求，实现高数据吞吐率、高能量效率以及低延时。但是，随着通信技术的发展，为了实现个性化、定制化的服务，往往在标准、传输性能需求、MIMO 规模以及算法等方面都会存在差异。支持多标准、多协议将成为硬件电路设计重点考虑之一。此外，硬件电路设计还需要可扩展性来应对基带处理算法的快速发展，并保证算法演进的可靠无缝连接。因此，ASIC 的应用将会明显受到限制。另外，虽然 ISAP 能满足灵活性和可扩展性的需求，但由于 ISAP 不能达到未来移动通信处理速率和功耗的要求，这类处理器的应用也将受到明显限制。作为一种新型的实现方法，可重构处理器在 MIMO 检测方面不仅能够实现高数据吞吐率、低能量消耗和低延时，同时在灵活性和可扩展性方面有得天独厚的优势。受益于硬件可重构性，这种架构有可能在系统运行时执行系统更新和错误修复操作。此功能将延长产品的使用寿命，并确保产品在上市时间方面的优势。总之，MIMO 检测可重构处理器能够合理地权衡应用在能量效率、灵活性及可扩展性的需求，是未来亟待发展的一个重要且充满希望的方向。

1.1 应 用 需 求

数字技术使不同行业的持续创新成为可能。信息通信技术、媒体、金融和保险等行业在当前的数字化转型过程中居于领导地位[1-4]。同时，零售、汽车、石油、天然气、化工、医疗、采矿和农业等领域的数字化也在加速进行[5-8]。支持数字化的关键技术包括软件定义设备、大数据[9,10]、云计算[11,12]、区块链[13,14]、网络安全[15,16]、虚拟现实(virtual reality，VR)[17,18]和增强现实(augmented reality, AR)[19,20]。随着生活质量的提高，各种各样更为先进和复杂的应用即将或者已经出现在了人们的日常生活中。对于未来生活的构想将更智能化、更方便、更有效。云虚拟和增强现实、自动驾驶、智能制造、无线电子医疗等层出不穷的应用驱动着通信技术的发展。通信网络是一切连接的关键。

1.1.1 未来典型应用

1. 云虚拟与增强现实

VR/AR 的有效工作，对带宽的要求非常高，因为大多数 VR/AR 应用程序的数据密集程度非常高[17]。虽然现有第四代移动通信(4G)网络平均数据吞吐率可达到100Mbit/s，但一些高级 VR/AR 应用将需要更高的速度和更低的延时(图 1.1.1)。例如，在消费行业，VR 和 AR 是革命性的技术创新。VR/AR 要求大量的数据传输、存储和计算。因此，这些数据和计算密集型任务将转移到云端，从而提供丰富的数据存储和必要的高速计算能力[21]。

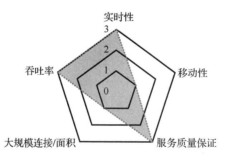

图 1.1.1 云虚拟与增强现实的系统要求

2. 自动驾驶等移动革命

推动移动革命的关键技术——自动驾驶要求安全、可靠、低延时和高带宽连接[22]，这些属性对于在高速移动和高度密集的城市环境中是必不可少的。在自动驾驶时代，全面的无线连接将允许附加服务嵌入车辆中。直接人为干预的减少需要车辆控制系统与基于云的后端系统之间进行频繁的信息交换。对于远程驾驶，车辆是由远处某个地方的人驾驶的，而不是车辆里的人。车辆仍然由人掌控，而不是自动的。这项技术有可能被用来提供优质的礼宾服务，例如，使某人能够在旅途中工作、帮助没有驾驶执照的人驾驶，或当驾驶员生病、饮酒或不适合开车时完成驾驶。自动驾驶和远程驾驶的系统要求如图 1.1.2 所示，这两项技术都需要高可靠性的无线传输，并且整个往返延时低于 10ms。只有强大的无线通信技术才能满足所有这些严格的连接性要求。5G 及 beyond 5G 通信系统有可能成为统一的连接技术，以满足未来连接、共享、远程操作等需求[23]。

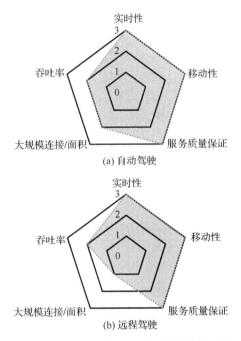

图 1.1.2　自动驾驶和远程驾驶的系统要求

3. 智能制造

实施智能制造的基本业务理念是通过更加灵活和高效的生产系统，将更高质量的产品推向市场[24]。创新是制造业的核心，主要发展方向包括高精尖生产、数字化、更加灵活的工作流程及生产[25]。智能制造的主要优点包括以下几方面。

(1)通过协作机器人和 AR 智能眼镜提高生产力，以帮助整个装配流程中的员工提高生产效率。协作机器人交换分析以完成同步和协调自动化过程，AR 智能眼镜使员工能够更快、更准确地完成工作。

(2)通过基于状态的监测、机器学习、基于物理的数字仿真等可以准确预测未来的性能，优化维护计划并自动订购更换零件，从而减少停机时间和维护成本。

(3)通过优化供应商内部和外部数据的可访问性和透明度，降低库存和物流成本。

在无线通信技术发展之前，制造商依靠有线技术来连接应用程序。随着 Wi-Fi (wireless fidelity)、蓝牙和无线可寻址远程传感器高速通道(highway addressable remote transducer，HART)等无线解决方案的发展，目前越来越多的智能化、无线化设备已经出现在制造工作场所。但这些无线解决方案在安全性和可靠带宽方面都受到限制。尖端连接应用需要灵活、移动、高带宽、高可靠、低延时的通信作为基础(图 1.1.3)。

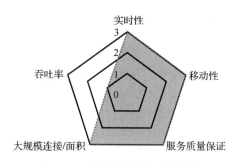

图 1.1.3　智能制造的系统要求

4. 无线电子医疗

无论西方国家还是亚洲国家，人口老龄化速度都在加剧。2012～2017 年，无线网络在医疗器械中的应用越来越多。医疗保健专业人士已经开始整合解决方案，如远程音频和视频诊断、远程手术、资源数据库等，并利用可穿戴设备和便携式设备进行远程健康监测。医疗保健行业有可能推出一种完全个性化的医疗咨询服务，并通过 5G 网络连接实现辅助医生的人工智能(artificial intelligence，AI)医疗系统。这些智能医疗系统可以嵌入大型医院、家庭医生顾问、当地医生的诊所，甚至外出旅行诊所站等缺乏现场医务人员的医疗场所。无线电子医疗的任务包括以下几方面。

(1)实现实时健康管理并跟踪患者的医疗记录，推荐治疗流程和适当的药物，并预约后续的就诊时间。

(2)通过 AI 模型对患者进行前瞻性监测，以便对治疗方案提出建议。

其他高级应用场景包括医疗机器人以及医学认知等。这些高端应用都需要不间断地进行数据连接，如生物遥测技术、基于 VR 的医疗培训、救护飞机、生物信息学和生物实时数据传输等。

电信运营商可以与医疗行业合作，成为医疗系统集成商。它们可以为社会创造一个良好的生态系统并提供连接、通信和相关服务，如分析医疗数据和云服务，同时支持各种技术的部署。远程医疗诊断过程特别依赖于 5G 网络提供的低延时和高质量的数据服务(图 1.1.4)[26]。

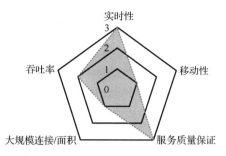

图 1.1.4　无线电子医疗的系统要求

1.1.2　通信系统需求

在人们日常生活应用不断快速更新和发展的时代[27, 28]，根据不同应用的需求，通信系统及电路将有以下几点需要着重考虑。

1. 数据吞吐率

人们对更快通信网络的追求一直是通信技术发展的驱动力，也是下一代移动通信技术发展的主要推动力。业界普遍认为，下一代无线通信技术需要达到的峰值数据传输速率在几十吉比特每秒(gigabit per second, Gbit/s)量级，相当于 4G 网络数据传输速率的 1000 倍左右。同时，移动通信技术对网络延时提出了更高的要求。4G 网络时代的数据传输延时(包括收发两条路径)大约为 15ms，尽管大多数当前的业务能够容忍这个延时，但一些新的应用，如 VR 和 AR，对延时有较高的要求。预计下一代移动通信技术需要实现大约 1ms 的延时。人们对数据传输速率和网络延时的需求是通信技术发展的主要挑战之一。未来的通信网络需要能够支持巨大数量的通信设备以及巨大规模的数据信息的通信需求[2-4]。由于物联网(internet of things, IoT)技术[29,30]和机器到机器(machine to machine，M2M)技术[31,32]的出现与发展，通信系统除了个人移动通信设备，还会有数量巨大的其他类型的通信设备接入网络。根据预测，这些设备的数量可能达到数百亿甚至上千亿的量级，这会使得某些区域的设备密度增加非常显著[33,34]。对于某些需要高数据传输速率的应用场景，如实时数据传输和视频共享等，增加的设备密度会给系统性能带来不利影响。除了超大数量的通信设备，未来通信系统将要处理更多的通信数据，按照目前的估计，移动设备的网络使用率在未来几年将会经历一个巨大增长的过程。不断增加的终端数量和数据流量的需求对目前的通信系统提出了挑战[31,33]。硬件电路设计层面需要更快的处理速率以及更短的延时；同时，对于移动端应用来说需要有更低的功耗和面积开销。所以，芯片设计也将是一个重要的挑战。

2. 功耗、面积、能量效率

近些年来，随着对环境保护的重视，人们越来越多地追求低碳的生活方式，这也对通信系统提出了功耗的要求。除此之外，从物流、成本和电池技术的角度来看，不断增加电力消耗也是不能容忍的[35,36]。在通信系统及基带处理电路中，用焦耳每比特或比特每焦耳来衡量通信系统的能量效率。因此，功耗提高与数据传输速率提高的数量级相同，或功耗提高比数据传输速率的数量级提高得少，才能保持能量效率不变或者提高。能量效率的提高对 IoT 的应用至关重要，因为大多数的 IoT 通信设备是由电池供电的，并且需要在没有人为干预的情况下工作很长时间。这种情况下电池的使用周期一般要达到 10 年甚至更长。对于 IoT 和 M2M 通信系统来说，除了提高能量效率，还需要一系列的能量管理技术来节约能量。除此之外，还可以利用可再生能源为设备供电，如太阳能电池等。如何提高通信系统和电路的能量效率以及设备电池的使用周期是下一代通信技术亟待解决的问题。与此同时，通信基带电路设计中，面积的降低将会在一定程度上带来功耗和成本的降低。如何降低芯片面积也将是一个亟待解决的问题。

3. 灵活性和可扩展性

灵活性和可扩展性也是下一代通信系统关注的问题[37,38]。IoT 的灵活性指的是通信系统能满足不同应用、不同需求。在未来应用中，将会出现各类独特的需求，如何满足不同应用需求将是一个亟待解决的问题[27,28]。对于同样的应用，不同的场景、不同的算法甚至不同的性能标准都会影响通信技术的选择。通信系统将尽可能地满足各式各样需求。电路设计为了满足不同情况下的数据处理需求，同样需要满足一定的灵活性。可扩展性指的是在根据用户需求引进新的、异构的设备、应用及功能的同时，保证现有的服务质量等不受影响。应用的扩展包括应用的自我更新、迭代以及完善。技术的扩展包括技术的演进、算法的演进等。通信电路及系统将支持不同方向的扩展。可扩展性问题的提出是基于未来的高密度通信电路及设备分布的设想，同时，管理大量连接设备的状态信息也是一个需要考虑的问题。

4. 覆盖率

足够高的网络覆盖率是提供稳定可靠通信服务的基本要求[4,7]。对于很多面向消费者的 IoT 应用来说，IoT 设备都需要与移动用户进行信息的传输，因此确保用户在任何地方都能连接到网络并且在移动时也能提供服务，是 IoT 应用的重要前提。对于其他一些 IoT 应用场景，如被装置在低网络覆盖率的地下室的智能电表、电梯等室内应用，扩展的覆盖率是下一代通信系统一个主要的设计方向，这类 IoT 网络部署的最终目标是提供更高的室内覆盖率以产生一个和信号穿越墙与地板等价的效果，以此增加室内覆盖率以支持 IoT 应用的大规模部署。在增加覆盖率的同时不显著增加总的部署成本才是最大的挑战。

5.　安全和隐私

关于安全和隐私的需求是通信系统应用的另一个设计要求。对于 M2M 应用，网络信息的共享性使得 M2M 网络的网络安全异常重要，邻近的 M2M 节点可以共享与用户身份以及其他个人信息相关的敏感信息，可以利用此类个人信息进行非法活动。在 IoT 的应用方面，安全和隐私也是需要考虑的主要问题。移动 IoT 用户的真实身份应该得到保护，不受侵犯，位置信息能够揭示 IoT 设备的物理位置，因此位置隐私也尤为重要[39,40]。除了防止信息泄露，如何应对人为干扰也是下一代通信系统需要解决的问题。与非法信息窃取不同，人为干扰是通过非法节点故意发射干扰来破坏正常的通信过程，甚至非法阻止授权用户访问无线资源。除此之外，在通信过程中人为地对通信网络的非法攻击也对通信系统的安全性提出了挑战。在此类攻击过程中，攻击者能够控制合法用户的通信信道，因此能够截取、修改甚至替换用户之间正常的通信信息。这种攻击影响数据的保密性、完整性和可用性，是目前对通信系统安全造成威胁的最普遍的攻击。威胁通信系统安全和用户隐私的问题都需要在未来的通信技术中得到足够的重视。

1.2　移动通信与 MIMO 检测

1.2.1　通信技术发展

第一代移动通信技术出现在蜂窝系统理论提出之后，主要是为了满足人们无线移动通信的需求；随着数字蜂窝技术的发展与成熟，为了进一步提高移动通信的质量，人们又推出了实现数字化语音业务的第二代蜂窝移动通信系统；20 世纪末，互联网协议(internet protocol，IP)和互联网技术的快速发展改变了人们的通信方式，传统的语音通信的吸引力下降，人们期待无线移动网络也能提供互联网业务，于是出现了能够提供数据业务的第三代(third generation，3G)移动通信系统；21 世纪飞速发展的信息技术为人们提供了更多的移动通信业务，这对 3G 系统的服务能力提出挑战，因此实现无线网络宽带化的第四代(fourth generation，4G)移动通信系统应运而生。4G 网络是全 IP 化网络，主要提供数据业务，其数据传输的上行速率可达 50Mbit/s，下行速率高达 100Mbit/s，基本能够满足各种移动通信业务的需求[2,4]。然而，移动互联网技术和物联网技术的快速发展又几乎颠覆了传统的移动通信模式，这些新型移动通信业务，如社交网络、移动云计算、车联网等，对移动通信网络的发展提出了新的需求。

2012 年，欧洲联盟(简称欧盟)正式启动构建 2020 信息社会的无线通信关键技术(mobile and wireless communications enablers for the 2020 information society，METIS)

项目[41]，进行第五代(fifth generation，5G)移动通信网络的研究。除了 METIS，欧盟启动了规模更大的科研项目 5G-PPP(5G infrastructure public private partnership)，旨在加速欧盟 5G 移动通信研究和创新，确立欧盟在 5G 移动通信领域的指导地位；英国政府联合多家企业在萨里大学成立了 5G 移动通信研发中心，致力于 5G 的研究[41, 42]。在亚洲，韩国于 2013 年开启了"GIGA Korea"5G 移动通信项目，国际移动通信 (International Mobile Telecommunications，IMT)-2020 推进组也于同年在中国成立，团结亚洲地区的 5G 研究力量，共同推进 5G 技术标准的发展[43,44]。

　　2015 年，国际电信联盟(International Telecommunication Union，ITU)将 5G 正式命名为 IMT-2020，并且把移动宽带、大规模机器通信和高可靠低延时通信定义为 5G 主要应用场景。图 1.2.1 展示了不同应用场景下不同的技术要求[4,37]。5G 不再单纯地强调峰值速率，而是综合考虑 8 个技术指标：峰值速率、用户体验速率、频谱效率、移动性、延时、连接数密度、网络能量效率和流量。5G 网络将融合多类现有或未来的无线接入传输技术和功能网络，包括传统蜂窝网络、大规模多天线网络、认知无线网络、无线局域网、无线传感器网络、小型基站、可见光通信和设备直连通信等，并通过统一的核心网络进行管控，以提供超高速率和超低延时的用户体验和多场景的一致无缝连接服务。

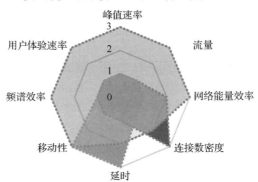

图 1.2.1　5G 关键技术指标(见彩图)

　　综合来讲，5G 技术发展呈现出新的特点，具体如下[37,45]。

　　(1)5G 研究在推进技术变革的同时将更加注重用户体验，网络平均吞吐速率、传输延时以及对虚拟现实、3D(dimensional)、交互式游戏等新兴移动业务的支撑能力等将成为衡量 5G 系统性能的关键指标。

　　(2)与传统的移动通信系统理念不同，5G 系统研究将不仅仅把点对点的物理层传输与信道编译码等经典技术作为核心目标，而是将更为广泛的多点、多用户、多天线、多小区协同组网作为突破的重点，力求在体系架构上寻求系统性能的大幅度提高。

(3)室内移动通信业务已占据应用的主导地位，5G 室内无线覆盖性能及业务支撑能力将作为系统优先设计目标，从而改变传统移动通信"以大幅度覆盖为主、兼顾室内"的设计理念。

(4)高频段频谱资源将更多地应用于 5G 移动通信系统，但由于受到高频段无线电波穿透能力的限制，无线与有线的融合、光载无线组网等技术将得到更为普遍地应用。

(5)可"软"配置的 5G 无线网络将作为未来的主要研究方向，运营商可根据业务流量的动态变化实时调整网络资源，有效地降低网络运营的成本和能源的消耗。

1.2.2　5G 关键技术

为提高业务支撑能力，5G 在无线传输技术和网络技术方面将有新的突破[34,37]。在无线传输技术方面，将引入能进一步挖掘频谱效率以及提升频谱潜力的技术，如先进的多址接入技术、多天线技术、编码调制技术、新的波形设计技术等；在无线网络方面，将采用更灵活、更智能的网络架构和组网技术，如采用控制与转发分离的软件定义无线网络的架构、统一的自组织网络、异构超密集部署等。下面对 5G 移动通信中的标志性关键技术进行具体的介绍。

1. 大规模 MIMO

多天线技术作为提高系统频谱效率和传输可靠性的有效手段，已经应用于多种无线通信系统，如 3G 系统、长期演进(long term evolution, LTE)、LTE-advanced (LTE-A)、无线局域网(wireless local area network，WLAN)等。根据信息论可知，天线数量越多，频谱效率和可靠性提升越明显，尤其是当发射天线和接收天线数量成百倍增长时，MIMO 系统信道容量将随收发天线数中的最小值近似呈线性增长。因此，采用大数量的天线，为大幅度提高系统的容量提供了一个有效的解决途径。在目前的无线通信系统中，由于多天线系统在所占空间及实现复杂度等技术条件方面的限制，收发端配置的天线数量都不多，例如，在 LTE 系统中最多采用 4 根天线，LTE-A 系统中最多采用 8 根天线。但是，由于多天线数的 MIMO 系统巨大的容量和可靠性增益，其相关技术吸引了研究人员的关注，如针对单个小区情况，基站天线数量远大于用户数量的多用户 MIMO 系统的研究等[46,47]。进而，2010 年，贝尔实验室的 Marzetta 研究了多小区、时分双工(time division duplexing，TDD)情况下，各基站配置无限数量天线的极端情况的多用户 MIMO 技术，提出了大规模 MIMO 的概念，发现了一些与单小区、有限数量天线时不同的特征[48,49]。之后，众多的研究人员在此基础上研究了基站配置有限天线数量的情况[50-52]。

在大规模 MIMO 系统中，基站配置数量非常多(通常为几十根到几百根，是现有系统天线数量的 1～2 个数量级以上)的天线，在同一个时频资源上同时服务若干个用户。在天线的配置方式上，可以是集中式的大规模 MIMO，也可以是分布式的大规模 MIMO。数量巨大的天线集中配置在一个基站上，形成集中式的大规模 MIMO。5G 无线接入网将在"宏辅助小蜂窝"中使用大规模 MIMO，在宏小区中采用较低频段全方位提供控制平面业务，小蜂窝则利用毫米波频段，应用于高度定向的大规模 MIMO 波束承载用户平面的通信业务。在 5G 频段，包括几百数量级天线的阵列是可行的。如此大量的天线可以用来产生非常窄的高能量束，以抵消毫米波很高的路径损耗，从而使实现高阶多用户 MIMO(multi-user MIMO，MU-MIMO)成为可能，以提高小蜂窝系统容量。大规模 MIMO 技术的另一个应用方向是分布式大规模 MIMO，即使用多个波束同时从不同的基站发射到同一个移动终端，从而降低天线面板之间的相关性，并提高吞吐率。此外，当终端移动时，附近障碍物的反射可以使沿不同终端轨迹的波束的组合实现最低波束相关。因此，当基于传输过程中由移动终端发射到基站的信道状态信息(channel state information，CSI)进行波束选择时，绝大多数的小区都可以获得更高的吞吐率，而不是选择接收具有最高功率的波束，简而言之，当大规模 MIMO 技术配置在更高频段(如毫米波)时，波束从不同位置的基站传输到一个特定的终端时，建筑物反射的波束产生相关性更低的波束，因此通信系统的性能得到提高[49,53]。

在 5G 通信系统中，大规模 MIMO 技术的主要应用场景如图 1.2.2 所示[49,54]。

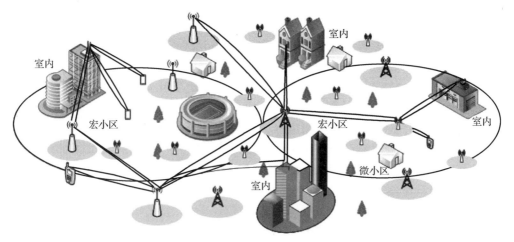

图 1.2.2　大规模 MIMO 技术应用场景

其中小区为宏蜂窝小区和微蜂窝小区两种；分类可以为同构网络，也可以为异构网络；可以为室内场景和室外场景两种。从相关测试文献所得，陆地移动通信系统 70% 的通信来自于室内，因此，大规模 MIMO 的信道可以分为宏小区基站对室外用户、室内用户，微小区基站对室外用户、室内用户。同时，微小区也可作为中继基站进行传输，信道也包括从宏小区基站到微小区基站。基站天线数可以趋于无限大，同时用户天线数目也可增大。

大规模 MIMO 系统的好处主要体现在以下几个方面[46, 55]：①大规模 MIMO 技术的空间分辨率与现有 MIMO 技术相比有显著增强，能深度挖掘空间维度资源，使得网络中的多个用户可以在同一时频资源上利用大规模 MIMO 技术提供的空间自由度，与基站同时进行通信，从而在不需要增加基站密度和带宽的条件下大幅度提高频谱效率；②大规模 MIMO 可将波束集中在很窄的范围内，从而大幅度降低干扰；③可大幅降低发射功率，从而提高功率效率；④当天线数量足够多时，最简单的线性预编码和线性检测器趋于最优，并且噪声和不相关干扰都可忽略不计。

2. 同时同频全双工技术

同时同频全双工通信技术指同时、同频进行双向通信的技术[44]。由于在无线通信系统中，网络侧和终端侧存在固有的发射信号对接收信号的自干扰，现有的无线通信系统由于技术条件的限制，不能实现同时同频的双向通信，双向链路都是通过时间或者频率进行区分的，分别对应于 TDD 和频分双工(frequency division duplexing，FDD)方式。

理论上，同时同频全双工技术比传统的 TDD 模式或 FDD 模式能提高一倍的频谱效率，同时还能有效地降低端到端的传输延时，减少信令开销[56]。当同时同频全双工技术采用收发独立的天线时，由于收发天线距离较近且收发信号功率差异巨大，在接收天线处，同时同频信号(自干扰)会对接收信号产生强烈干扰。因此，同时同频全双工技术的核心问题是如何有效地抑制和消除强烈的自干扰。近年来，研究人员研发了多种自干扰抵消技术，包括对已知的干扰信号的数字端干扰抵消、模拟端干扰抵消及它们的混合方式、利用放置在特定位置的天线进行干扰抵消的技术等。通过这些技术的应用，对于特定的场景，可以抵消大部分的自干扰。同时，研发人员开发了相关的试验系统，以验证同时同频全双工技术的可行性，在某些实验条件下，实验结果可以达到同时同频全双工系统理论容量的 90%。但实验系统只考虑了少天线、单基站和小宽带，干扰模型较为简单的情况，对多天线、多小区、大宽带和复杂干扰模型下的同时同频全双工系统还没有进行深入的理论分析和系统的实验验证。因此，在多天线、多小区、大宽带和复杂干扰模型等实验条件下，需要深入研究更加实用的自干扰消除技术[51,53]。

除了自干扰消除技术，关于同时同频全双工技术的研究还包括很多其他方面的内容，包括：设计低复杂度的物理层干扰消除的算法，研究同时同频全双工系统功率控制与能耗控制问题[57]；将同时同频全双工技术应用于认知无线网中，减少次要节点之间的碰撞，提高认知无线网的性能[58]；将同时同频全双工技术应用于异构网络中，解决无线回传问题[59]；将同时同频全双工技术同中继技术相结合，解决当前网络中隐藏终端问题、拥塞导致吞吐率损失问题以及端到端延时问题等[60,61]；将同时同频全双工中继与 MIMO 技术结合，联合波束赋形的最优化技术，提高系统端到端的性能和抗干扰能力[62]。

为了使同时同频全双工技术在未来的无线网络中得到广泛的实际应用，对于同时同频全双工的研究，仍有很多工作需要完成[63]，不仅需要不断深入地研究同时同频全双工技术的自干扰消除问题，还需要更加全面地思考同时同频全双工技术所面临的机遇和挑战，包括设计低功耗、低成本、小型化的天线来消除自干扰；解决同时同频全双工系统物理层的编码、调制、功率分配、波束赋形、信道估计、均衡、解码等问题；设计介质访问层及更高层的协议，确认同时同频全双工系统中干扰协调策略、网络资源管理以及同时同频全双工帧结构；同时同频全双工技术与大规模多天线技术的有效结合与系统性能分析等。

3. 超密集异构网络

应 5G 网络朝着多元、综合、智能等方向发展的要求，同时随着智能终端的普及，数据流的爆炸式增长将逐步彰显出来，减小小区半径、增加低功耗节点数等举措将成为满足 5G 发展需求并支持愿景中提到的网络增长的核心技术之一。超密集组网的组建将承担 5G 网络数据流量提高的重任[64,65]。

由于 5G 系统既包括新的无线传输技术，也包括现有的各种无线接入技术的后续演进，5G 网络必然是多种无线接入技术，如 5G、4G、LTE、通用移动通信系统（universal mobile telecommunications system，UMTS）和 Wi-Fi 等共存，既有负责基础覆盖的宏站，也有承担热点覆盖的低功率小站，如 Micro、Pico、Relay 和 Femto 等多层覆盖的多无线接入技术多层覆盖异构网络[66]。在这些数量巨大的低功率节点中，一些是运营商部署，经过规划的宏节点低功耗节点，更多的可能是用户部署，没有经过规划的低功率节点，并且这些用户部署的低功率节点可能是开放用户组（open subscriber group，OSG）类型的，也可能是闭合用户组（closed subscriber group，CSG）类型的，从而使得网络拓扑和特性变得极为复杂。

根据统计，1950～2000 年，相对于语音编码技术、多址接入信道和调制技术的改进带来的不到 10 倍的资源效率的提升和采用更宽的带宽带来的传输速率的几十倍的提升，小区半径的缩小从而频谱资源的空间复用带来的频谱效率提升的增益达到 2700 倍以上[67]。因此，减小小区半径，提升频谱资源的空间复用率，以提升单位面积的传输能力，是保证未来支持 1000 倍业务量增长的核心技术。以往的无线通信系统中，减小小区半径是通过小区分裂的方式完成的，但随着小区覆盖范围的变小，以及最优的站点位置往往不能得到，进一步的小区分裂难以进行，只能通过增加低功率节点数量的方式提升系统容量，这就意味着站点部署密度的增加。根据预测，未来无线网络中，在宏站的覆盖区域中，各种无线传输技术的各类低功率节点的部署密度将达到现有站点部署密度的 10 倍以上，站点之间的距离达到 10m 甚至更小[68, 69]，支持高达每平方公里 25000 个用户[70]，甚至将来激活用户数和站点数的比例达到 1：1，即每个激活的用户都将有一个服务节点，从而形成超密度异构网络。

虽然超密度异构网络架构在 5G 中有很大的发展前景，但是随着节点间距离的减少，越来越密集的网络部署将使得网络拓扑更加复杂，从而容易出现与现有移动通信系统不兼容的问题。在 5G 移动通信网络中，干扰是一个必须解决的问题，网络中的干扰主要有同频干扰、共享频谱资源干扰、不同覆盖层次间的干扰等[71]。现有通信系统的干扰协调算法只能解决单个干扰源问题，而在 5G 网络中，相邻节点的传输损耗一般差别不大，这将导致多个干扰源强度相近，进一步恶化网络性能，使得现有协调算法难以应对。此外，由于业务和用户对服务质量(quality of service，QoS)需求的差异性很大，5G 网络需求采用一系列措施来保障系统性能，主要有：不同业务在网络中的实现[72]、各种节点间的协调方案、网络的选择[73]以及节能配置方法等[74]。

1.2.3　MIMO 基带处理

MIMO 技术结合正交频分复用(orthogonal frequency division multiplexing，OFDM)技术广泛应用于目前主流的通信协议中，包括全球移动通信系统(global system for mobile communication，GSM)、码分多址(code division multiple access，CDMA)、LTE、全球微波互联接入(worldwide interoperability for microwave access，WiMAX)、Wi-Fi 等。OFDM 技术显著提高了系统的带宽利用率；MIMO 技术成倍地提高了信号的传输速率和可靠性。图 1.2.3 是一个典型的 MIMO-OFDM 的基带算法处理流程，可以简化为多个单通路 OFDM 基带信号的组合[75]。在 OFDM 通信系统中，信号在经过信道编码和交织之后，会进行调制映射，利用信号的幅度与相位来表征数字信息。之后，经过串/并转换变成并行的数据流，并进行子载波映射，加入空子载波；利用快速傅里叶逆变换(inverse fast Fourier transform，IFFT)将发送数据调制到多个正交子载波上，经过并/串转换后得到数据流；为了抑制多径干扰，确保不同子载波之间的正交性，信号将进行循环前缀(cyclic prefix，CP)扩展；经过低通滤波器(low pass filter，LPF)的信号进行数模转换后得到模拟信号，调制到载波后送到信道中进行传输。经过信道传输，在接收端采用相反的流程，利用快速傅里叶变换(fast Fourier transform，FFT)从正交载波矢量中还原出原始数据。MIMO 技术在信道编码、调制和傅里叶变换等 OFDM 系统操作的基础上，在信道编码部分增加了低密度奇偶校验码(low density parity check code，LDPC)的选项，以及多天线信道估计和信号检测部分。

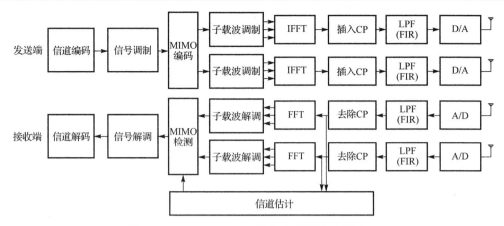

图 1.2.3　MIMO-OFDM 系统基带算法处理流程

下面对信道编码与解码、信号调制与解调、MIMO 信号检测、FFT 与 IFFT 和有限冲激响应(finite impulse response，FIR)滤波进行详细分析。

1. 信道编码与解码

信道编码是为了使传输信号与信道的统计特性相匹配，提高通信的可靠性，而按一定规律在传输数据中加入一些新的监督码元，以实现差错或纠错的编码。卷积编码(convolutional coding，CC)是信道编码中比较常用的一种，它是将发送的信息序列通过一个线性的、有限状态的移位寄存器产生的码。通常，该移位寄存器由 K 级(每级 k 比特)和 n 个线性的代数函数生成器组成。二进制数据移位输入编码器，沿着移位寄存器每次移动 k 比特。每一个 k 比特输入序列对应一个 n 比特输出序列[76]，其编码效率(码率)定义为 $R_c = k/n$。参数 K 称为卷积码的约束长度，符合上述参数的卷积码简称为 $(n,k,K+1)$ 卷积码。在一些高速率的协议中，除了卷积编码，也使用 Reed-Solomon 编码(RS 码)、Turbo 码、LDPC，或这些码的组合，如 RS-CC、Turbo-CC 等作为可选方案。

若在发送端采用卷积编码，在接收端则采用维特比译码算法进行译码。维特比译码算法是一种最大似然译码算法，但它不用计算每条路径的量度，而是接收一段比较一段，最后选取一段可能的译码分支。在实际译码过程中，通常将很长的码流划分成若干小段(长度为 L)分别译码，这样就避免了码流过长而导致的巨大硬件开销。最后将每一小段的译码结果拼接起来，即可获得整个序列的最大似然译码。实验(计算机模拟法)证明，当 $L \geq 5K$ 时分段后的维特比算法性能与最佳算法性能相比，其下降可以忽略不计[77]。

2. 信号调制与解调

在 OFDM 系统中，子载波的信号在经过信道编码和交织之后，会进行映射调制。

调制通过改变信号载波的幅度、相位或者频率来传送基带信号。调制后的信号所表征的数字信息量越大，其相对应的数据传输率就越高。然而，高数据传输率可能导致解调后的误码率增大，因此在不同的信道中，会采用不同的调制方式，实现比特流到复数的转换。LTE、WLAN、WiMAX 等无线通信标准常采用的调制方式包括二进制相移键控(binary phase shift keying，BPSK)、正交相移键控(quadrature phase shift keying，QPSK)、正交幅度调制(quadrature amplitude modulation，QAM)等。

　　在接收端，把复数数据转换为比特流的过程为星座图解调过程。解调是调制的逆过程。在从接收到的信号中提取其输入比特位的解调过程中，信道噪声的干扰，接收到的复数数据与原始值有一定的误差。因此，在解调中需要规定判决条件，接收信号离判决边界越远，判决准确性就越高。表 1.2.1 给出了不同调制方式下的解调边界条件。

表 1.2.1　不同调制方式下的解调边界条件

调解类型	判决边界	判决及星座图映射示意图
BPSK	$I=0$	
QPSK	$I=0(m=0)$ $Q=0(m=1)$	

续表

调解类型	判决边界	判决及星座图映射示意图
16-QAM	$I=0\,(m=0)$ $Q=0\,(m=1)$ $Q=2/\sqrt{10}$ $I=2/\sqrt{10}$	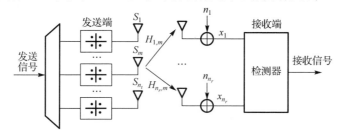
64-QAM	$I=0\,(m=0)$ $Q=0\,(m=1)$ $I=\pm4/\sqrt{42}\ (m=2)$ $Q=\pm4/\sqrt{42}\ (m=3)$ $I=\pm\dfrac{2}{\sqrt{42}}$ $I=\pm6/\sqrt{42}\ (m=4)$ $Q=\pm\dfrac{2}{\sqrt{42}}$ $Q=\pm6/\sqrt{42}\ (m=5)$	

3. MIMO 信号检测

在 MIMO 通信系统中，接收端获得的信号是独立发送信号符号的线性叠加，因此接收端需要分离出这些符号。

考虑 N_t 根发送天线和 N_r 根接收天线的 MIMO 系统，如图 1.2.4 所示。数据流被分成 N_t 个子数据流，每个子流通过星座图映射后发送给发射天线。

图 1.2.4　MIMO 系统

在接收端的一个天线会收到每根发送天线送出的信号，将所有接收天线收到的符号用一个矢量 $y \in \mathbb{C}^{N_r}$ 来表示，那么式(1.2.1)所示的关系成立。

$$y = Hs + n \tag{1.2.1}$$

式中，$s \in \mathcal{O}^{N_t}$ 是包含所有用户数据符号的发送信号矢量（$\mathcal{O}$ 代表星座点的集合）；$H \in \mathbb{C}^{N_r \times N_t}$ 是瑞利平坦衰落信道矩阵，其元素 $h_{j,i}$ 是发射天线 $i(i=1,2,\cdots,N_t)$ 到接收天线 $j(j=1,2,\cdots,N_r)$ 的信道增益；$n \in \mathbb{C}^{N_r}$ 是各分量独立且都服从 $N(0,\sigma^2)$ 分布的加性高斯白噪声矢量。信号检测就是利用已知的接收矢量 y 和估计出的信道矩阵 H，排除噪声的干扰，进而计算判断出发送矢量 s 的过程。MIMO 检测算法研究的重点是在检测性能和运算复杂度之间进行权衡，检测性能通常用比特误码率(bit error rate，BER)来衡量。

4. FFT 与 IFFT

在 OFDM 中广泛使用 IFFT 技术，将调制后的子载波由串行转为并行，并实现从频域到时域的转换，在子频带间形成正交的频谱进行发送。在一些固定的子频带内，还导入导频和保护符号，用于数据帧同步与频谱估计。在 IFFT 后，根据协议规定，OFDM 符号的前后还需分别插入零填充或保护间隔(guard interval，GI)，用于消除符号间干扰(inter symbol interference，ISI)。在接收端，相应地使用 FFT 技术进行解调。在算法结构上，IFFT 与 FFT 类似，下面仅以 FFT 为例进行分析。表 1.2.2 中列出了一些 OFDM 系统使用的 FFT 点数。

表 1.2.2 一些 OFDM 系统使用的 FFT 点数

OFDM 系统	FFT 点数
WLAN(IEEE 802.11)	64
DAB	2048、1024、512、256
UWB(IEEE 802.15.3)	128
WiMAX(IEEE 802.16e)	2048、1024、512、128
IEEE 802.22(CR)	2048

5. FIR 滤波

FIR 滤波器是通过一定的运算处理改变信号的时域或频域属性，最终以序列形式输出。FIR 滤波器根据结构可分为直接型、级联型和线性相位型，下面简单介绍直接型滤波器。直接型 FIR 滤波器也称为横向型 FIR 滤波器，主要工作流程是将长度为 N 的单位冲激响应 $h(n)$，通过乘加集中的方式将采样点 $x(n)$ 转换为需求的 $y(n)$，其中单位冲激响应 $h(n)$ 也称为抽头系数。直接型 FIR 滤波器如式(1.2.2)所示，其系统输入输出关系如式(1.2.3)所示。式(1.2.3)用网络结构展开,其结构如图 1.2.5 所示。FIR 根据其响应函数的不同,可以实现低通、高通、带通等功能。在通信基带信号处理中数据发送、接收步骤常常选用低通滤波器对数据进行处理。FIR 的阶数影响其对数据的处理效果,一般 32 阶 FIR 就可以取得较好的效果。

$$H(z) = \sum_{n=0}^{N-1} h(n)z^{-n} \tag{1.2.2}$$

$$y(n) = \sum_{m=0}^{N-1} h(m)x(n-m) \tag{1.2.3}$$

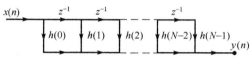

图 1.2.5　直接型 FIR 滤波器结构

1.2.4　大规模 MIMO 检测难点

与传统的 MIMO 技术相比,大规模 MIMO 技术仍是一种新兴的技术,在实现商业化的道路上遇到了许多挑战。

(1)信道估计问题。首先,由于大规模 MIMO 系统拥有规模庞大的天线阵列,对应的信道响应之间也会服从一定的大数定理。其次,大规模 MIMO 目前只采用了 TDD 技术,而 TDD 技术不同于 FDD 技术,它具有信道互易特性,对 TDD 技术的研究仍然还具有一定的挑战性。最后,大规模 MIMO 系统中的导频污染问题,一直未能得到很好的解决。当小区内采用正交的导频序列、小区间采用相同的导频序列组时,就会存在导频污染问题[4,7]。它产生的主要原因是在上行信道估计中,当不同小区的用户使用同一套训练序列,或者非正交的训练序列时,相邻小区的用户发送的训练序列非正交,导致基站端进行信道估计的结果并非本地用户和基站之间的信道,而是被其他小区的用户发送的训练序列污染之后的估计。

(2)信道建模问题。在大规模 MIMO 系统中,基站配有大量天线,MIMO 传输的空间分辨率显著提高,无线传输信道存在着新的特性,需要深入系统地探讨适用于大规模 MIMO 系统的信道模型。在给定的信道模型和发射功率约束下,精确地表征该信道所能支持的最大传输速率,即信道容量,并由此揭示各种信道特性对信道容量的影响,可为传输系统的优化设计、频谱效率及能量效率等性能评估提供重要的证据。

(3)信号检测器问题。大规模 MIMO 系统中的信号检测技术对整个系统的性能起到至关重要的影响。大规模 MIMO 系统中基站配置有大量的天线,相比于现有的

MIMO 系统，将产生海量的数据，从而对射频和基带处理算法提出更高的要求。因此，需要寻找一种能够实际应用的大规模 MIMO 检测算法，同时兼顾低复杂度和高并行度，并在硬件方面具有可实现性和低功耗。

(4)CSI 的获取。在 5G 的高可靠低延时要求下，CSI 的估计需要实时准确[78]。CSI 对于后期的信道建模和通信传输起到支撑与保障作用。如果不能准确快速捕获CSI，则传输过程中会受到极大的干扰和限制[79]。一些已有的研究表明，如果在大规模 MIMO 系统中引入快衰落模块，那么系统的 CSI 只会随着时间的变化而缓慢变化。此外，系统中被同时服务的终端用户数与基站天线数无关，只受限于系统获取CSI 的能力。

(5)大规模天线阵列的终端设计。众所周知，天线之间的间隔距离太小会造成相互干扰，因此如何在有限的空间内有效地部署数量巨大的天线，成为一项新的挑战。

针对以上问题的研究存在许多的挑战，但随着研究的深入，大规模 MIMO 技术在 5G 中的应用被寄予了厚望[54]。可以预计，大规模 MIMO 技术将成为 5G 区别于现有系统的核心技术之一。

1.3　MIMO 检测芯片研究现状

MIMO 检测芯片从体系结构主要分为 ISAP 和 ASIC，其中 ISAP 的典型架构包括通用处理器(general purpose processor，GPP)、数字信号处理器(digital signal processor，DSP)和专用指令集处理器(application specific instruction set processor，ASIP)等。下面对现有 MIMO 检测芯片进行简单介绍。

1.3.1　基于 ISAP 的 MIMO 检测芯片

ISAP 中的 GPP、DSP、GPU(graphics processing unit，图形处理器)等具有普适性，通常来说都是在这些处理器架构上应用 MIMO 检测算法，而没有针对 MIMO检测进行专门的架构设计，如文献[80]和[81]中将 MIMO 检测算法进行优化并将优化的算法映射到 GPU 得以硬件实现。本节重点介绍基于 ISAP 的 MIMO 检测芯片。ASIP 在保持通用性的同时，能够针对某一算法进行特定的架构优化设计，从而能够更为高效、有针对性地完成相关的运算。下面对相关的架构设计进行简单分析和介绍。

文献[82]设计了一个高效的轻量级软件定义无线电(software defined radio，SDR)ASIP。其效率的提升主要是因为以下几个方面：精心选择的指令集、优化的数据访问技术以有效地利用功能单元，以及使用具有运行时自适应数值精度的灵活浮点运算。文献[82]还提出了一个概念处理器(napCore)来展示这些技术对于处理器性能的影响，并讨论了其与 ASIC 解决方案相比的潜力和局限性。在文献[82]

中，作者还介绍了这款 napCore 处理器原型，它是一个完全可编程的浮点处理器内核，能够实现上述效率支持措施。文献[82]提出的处理器原型 napCore 适用于基于矢量运算的算法。napCore 是为矢量运算设计的一个完全可编程的单指令流多数据流(single instruction multiple data，SIMD)处理器内核。文献[82]以线性 MIMO 检测作为典型应用，因为线性 MIMO 检测的应用比较广泛并且实用性强。对于其他矢量算法可以获得类似的结果(如线性信道估计和插值)。文献[82]表明，设计良好的轻量级 ASIP 可以在灵活性上明显好于不可编程的 ASIC，并且能量效率能够和 ASIC 接近。

图 1.3.1 显示了 SIMD 内核的流水线结构。指令字是在预取标准单元中从程序存储器请求得到的，一个周期后通过取指阶段接收，然后在解码阶段进行解释。该阶段将配置后续所有阶段的操作。文献[82]设计了以下四个算术级(EX1、EX2、RED1、RED2)以匹配标准矢量算术运算的处理方案。这是一个乘法和后续加法的组合计算逻辑设计。在 EX1 和 EX2 阶段主要进行复数乘法运算，其中 EX1 执行实数乘法运算，而 EX2 进行累加形成复数值结果。用于标量求倒数的牛顿迭代单元也位于 EX1 中。在后面两级 RED1 和 RED2 中，可以通过加法进一步处理之前乘法单元的结果，例如，这些加法可以被配置成加法器树以实现算法需求。另外，EX2 中的 PrepOp-EX2 单元可以从矢量寄存器中读取一个附加矢量操作数，以作为 RED1 的输入，用于乘法累加操作。在 RED2 阶段完成处理后，结果会写回矢量存储器或标量/矢量寄存器(scalar/vector register file)。

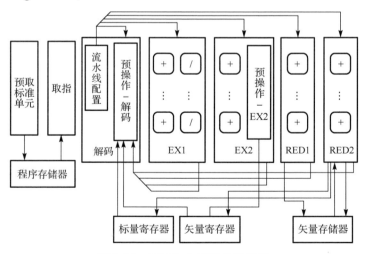

图 1.3.1　SIMD 内核流水线结构

对于 SIMD 或超长指令字(very long instruction word，VLIW)等处理器具有固有并行性的可编程体系结构，有效的操作数获取机制是一项具有挑战性的任务。为了完成这个任务，必须实现非常不同的数据访问模式，这也促使了图 1.3.2 中针对第一操作数所提出的复杂操作数获取架构。

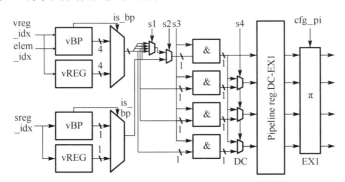

图 1.3.2 第一操作数的数据获取原理图

文献[82]描述了一系列优化架构的措施以灵活高效地计算复数向量算法。用于复杂向量算术的多功能指令集可提高数据吞吐率。包括智能旁路以及矢量仿射运算置换单元在内的优化操作数获取方案，进一步提高了架构数据吞吐率，并因此实现了高面积效率。能量效率可以通过浮点运算的数值变化处理来优化，这使得程序员可以在运行时根据应用需求调整数值精度，从而减少开关活动、降低能耗。在 90nm 工艺下，面积效率达到了 47.1vec/s/GE（vec 代表信号向量数；GE 代表逻辑门数 gate），能量效率达到了 0.031vec/nJ。

文献[83]通过在片上系统（system on chip，SoC）内连接球形译码（sphere decoding，SD）和前向纠错（forward error correction，FEC）内核来实现检测和解码操作。片上网络（network on chip，NoC）的灵活性允许 SD 和 FEC 作为独立单元使用，或者作为一个集成的检测解码链使用。图 1.3.3 显示了 SoC 的结构图。全数字锁相环（phase locked loop，PLL）为每个单元提供一个单独的、范围为 83～667MHz 的时钟。这使得每个单元都可以调整到最佳工作点，从而以最少的功耗实现所需的数据吞吐率。现场可编程门阵列（field programmable gate array，FPGA）接口运行在 500MHz，在每个方向提供 8Gbit/s 的数据流。

SD 内核由包括控制路径和矢量数据通路的 ASIP 构成，用以支持 SIMD 矢量化（例如，用于 OFDM 系统）。数据路径被分割成几个功能单元（function unit，FU），如图 1.3.4 所示。因为流水线不能直接应用于基于 SD 反馈回路的数据路径，所以为了提高数据吞吐率，文献[83]提出了独立 MIMO 符号检测的 5 级流水线。通过缓存功能单元输出端口，由一个功能单元产生的数据可以被连接的其他功能单元直接运算，从而避免了对中间数据的存储。存储器接口的设计允许同时访问信道和符号数据，这样可以避免数据吞吐率下降。条件存储器的访问由控制路径中的流量控制单元辅助完成。

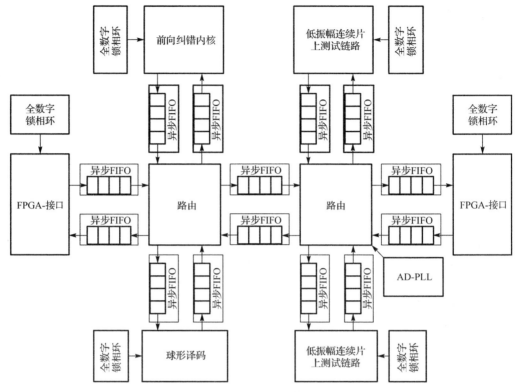

图 1.3.3　SoC 结构图

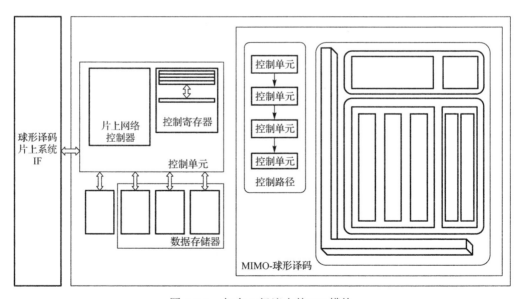

图 1.3.4　包含 5 级流水的 SD 模块

灵活的 FEC 块包含一个可编程的多核 ASIP，能够进行卷积码、Turbo 码和 LDPC 码的译码。FEC 模块由三个相同的可独立编程的处理器核组成，并通过互联网络连接到本地存储器，如图 1.3.5 所示。在架构中，任意数量的核可以共同处理代码块，另外，不同的代码可以在独立的群集上被同时解码。这使得动态核和多模式操作成为可能。每个核都包含一个控制路径和一个 SIMD 数据通路。数据通路包括四个运算单元(processing element，PE)，这些基本处理单元采用同构形式利用了解码算法基本操作中关键算法的相似性。内部 16 个 PE 允许以网格状的形式并行处理数据，以此用于维特比和 Turbo 解码，或者用于并行处理 8 个低密度奇偶校验码 LDPC 校验节点更新。互联网络可以配置为执行 Turbo 解码所固有的随机置换网络单元或者用于置换 LDPC 奇偶校验矩阵的子矩阵所需的桶式移位。

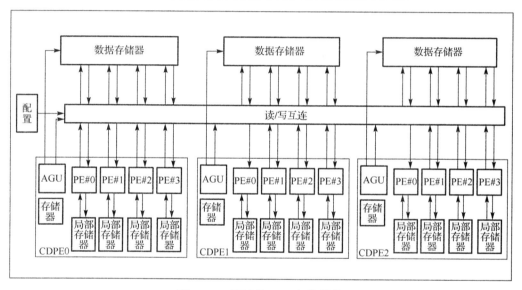

图 1.3.5 灵活的 FEC 架构模块

SoC 采用 TSMC 65nm CMOS 工艺制造。芯片面积为 1.875mm×3.750mm = 7.03125mm^2，其中包括所有 84 个输入输出(input/output，I/O)单元。MIMO 检测器单元支持 64-QAM，4×4mm MIMO 传输。内核电源电压为 1.2V，面积为 0.31mm^2，其中包括 2.75KB 的静态随机存取存储器(static random access memory，SRAM)。它在 1.2V 核心电压、333MHz 的频率下，平均功耗为 36mW。MIMO 检测数据吞吐率和信噪比(signal noise ratio，SNR)的折中是可调的，数据范围从 14.1dB 的 SNR、296Mbit/s 的数据吞吐率到 15.55dB 的 SNR、807Mbit/s 的数据吞吐率。而且，MIMO 检测器单元可以被配置来执行最小均方误差-串行干扰消除(minimum mean square error-successive interference cancellation，MMSE-SIC)检测算法，它能够达到 2Gbit/s 的数据吞吐率。

文献[84]提出具有运行时间调度和细粒度分层电源管理的异构 SoC 平台。该解决方案可以适应现代并发无线应用中动态变化的工作负载和半确定性的行为。所提出的动态调度器可以通过通用处理器上的软件或特定应用硬件单元来实现。很明显，软件方法提供了最高程度的灵活性，但是，它可能会成为复杂应用程序的性能瓶颈。在文章中，通过在 ASIP 上实施动态调度器来克服这些灵活性可能带来的性能瓶颈问题。

文献[84]中的 SoC 由 20 个异构核组成(其中 8 个 Duo-PE)，通过分层分组交换星形网格 NoC 连接，如图 1.3.6 所示。Duo-PE 由矢量 DSP 和精简指令集计算机(reduced instruction set computer，RISC)核组成，并连接到共享的本地内存。这种设置提高了区域效率和数据局部性。每个 Duo-PE 配有一个直接内存访问单元(direct memory access，DMA)，可以同时进行数据预取和任务执行。为了支持细粒度的快速电源管理，每个 Duo-PE 都配有动态电压频率调整(dynamic voltage and frequency scaling，DVFS)单元。NoC 的时钟频率为 500MHz，每个链路的数据吞吐率为 80Gbit/s，采用串行高速链路。这形成了一个紧凑的顶层平面布局。全数字式锁相环(all digital phase locked loop，ADPLL)连接到每个单元，并允许在 83～666MHz 内的时钟频率调整。连接 2 个 128MB 全局内存的 DDR2(double data rate 2)接口提供 12.8Gbit/s 的数据传输速率。FPGA I/O 接口提供 10Gbit/s 的数据传输速率。应用处理器是 Tensilica 570T RISC 内核，具有 16KB 数据和 16KB 指令高速缓存。它执行应用程序控制代码并将任务调度请求发送给动态调度器。动态调度器基于 Tensilica LX4 内核，可高效地实现自适应电源管理和动态任务调度(包括资源分配、数据依赖性检查和数据管理)。动态调度器在运行时分析调度请求，并根据当前系统负载、优先级和最终期限配置 PE 的动态电压与频率，以达到最大程度化任务调度和分配的目的。

SoC 采用 TSMC 65nm 低功耗-互补型金属氧化物半导体(low power-complementary metal oxide semiconductor，LP-CMOS)工艺制造。它集成了 10.2M 个逻辑门，面积为 6mm×6mm=36mm²。MIMO 迭代检测解码部分面积为 1.68mm²，其中包括 93KB 的 SRAM。每个 Duo-PE 面积为 1.36mm²，其中 0.8mm²是两个双端口 32KB 存储器。RISC 核在 1.2V 时最高频率达到 445MHz。动态调度器占用 1.36mm² 面积，其中包括 64KB 的数据存储器和 32KB 的指令存储器。它在 1.2V 时达到 445MHz 的最高频率，实现 1.1M 个任务每秒的调度数据吞吐率并消耗 69.2mW 的功耗。在 PE 级，超高速 DVFS 遵循动态调度器的动态适应控制，进一步提高能效。灵活的迭代和多模式处理单元提高了面积性能，并且与相关研究相比能量效率提高了 3 倍。

1.3.2　基于 ASIC 的 MIMO 检测芯片

ASIC 是根据特殊的用户要求和特定的电子系统而专门进行定制设计、制造的集

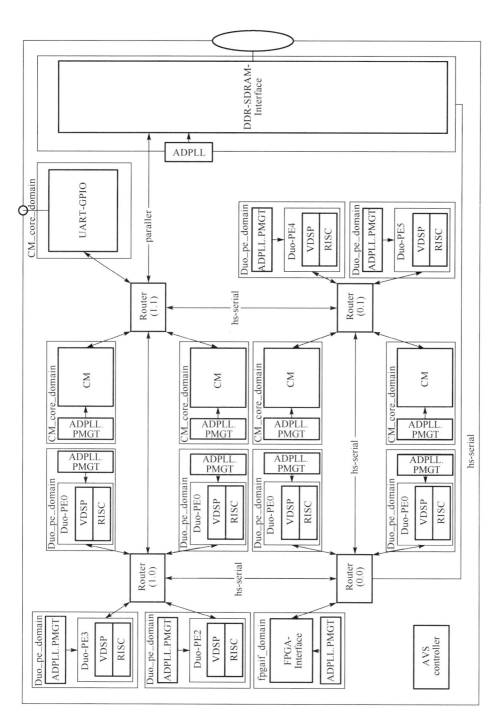

图 1.3.6　SoC 结构图

成电路。和 ISAP 相比，ASIC 面积小、功耗低、处理速率快、可靠性高、成本低。基于 ASIC 的 MIMO 检测器不仅关注检测准确性，同时还关注芯片性能，希望在两者达到一个良好的折中。目前，针对传统规模 MIMO 检测的 ASIC 设计以及针对大规模 MIMO 检测的 ASIC 设计都是研究热点。下面针对现有基于 ASIC 的 MIMO 检测器进行介绍。

1. 针对传统规模 MIMO 检测的 ASIC 设计

文献[85]提出了一个用于 4×4、256-QAM、MIMO 系统的 MMSE 多元域 LDPC 码迭代检测解码器，以实现出色的检测准确性。为了最大限度地减少迭代循环中的延时并提高数据吞吐率，MMSE 检测器分为 4 个基于任务的流水级，以便所有流水级均可并行运行。检测器的流水级级数和流水延时都被最小化，并且长关键路径被交错并放置在慢时钟域中以支持高数据传输速率。MMSE 检测器在数据吞吐率上有成倍的提升。为了降低功耗，自动时钟门控应用于阶段边界和缓冲寄存器，以节省 53%的检测器功耗和 61%的解码器功耗。

MMSE 检测器由 4 个并行流水级组成，如图 1.3.7 所示。来自解码器的信道信息和先验符号的对数似然比（log likelihood ratio，LLR）在第一阶段经过预处理生成 MMSE 矩阵。然后在第二阶段和第三阶段使用 LU 分解（LU decomposition，LUD）对矩阵进行 MMSE 滤波。在这过程中，干扰消除是并行完成的。最后阶段计算 SNR 和符号的 LLR 作为多元域 LDPC 解码器的输入。第二阶段的 LUD 包含关键路径并且需要很长的延时，成为流水线不平衡和数据吞吐率的瓶颈。由于牛顿迭代倒数求解单元决定了 LUD 的内部循环延时，文献[85]重新构造了一个并行的倒数计算结构，该结构可以将第二阶段从 18 个周期缩短为 12 个周期。为了放宽第二阶段和第三阶段关键路径上的时序约束，文献[85]还为这两个阶段创建了一个 2 倍的慢时钟域，以降低硬件资源开销。因此，逻辑门数减少，并且数据吞吐率增加了 38%。最后阶段，利用算法的特性来简化 SNR 的计算。这种优化使最终的芯片面积减小了 50%，功耗减少了 46%。该架构中，总共有 70.9KB 的寄存器用于缓存检测器和解码器之间和各级内部的数据。寄存器用于代替存储器阵列，以支持高访问带宽和放置小内存块。设计中使用的大多数寄存器由于具有流水线结构而不能经常更新，经常更新会降低功耗开销。文献[85]还优化了访问模式，通过在空闲时启用寄存器的时钟门控来降低功耗，将检测器功耗节省 53%。

在 65nm CMOS 工艺下，最终 MMSE 检测器实现了 1.38Gbit/s 的数据吞吐率，最高频率为 517MHz，面积为 0.7mm^2，消耗为 26.5mW。MMSE 检测器能量效率为 19.2pJ/bit。

文献[86]描述了用于迭代 MIMO 解码的软输入软输出检测器的 ASIC 实现，并提出了一种基于低复杂度 MMSE 的并行干扰消除算法，设计了一种合适的 VLSI 结构。在无性能损失的情况下，通过减少所需的矩阵求逆的次数来实现计算复杂度的

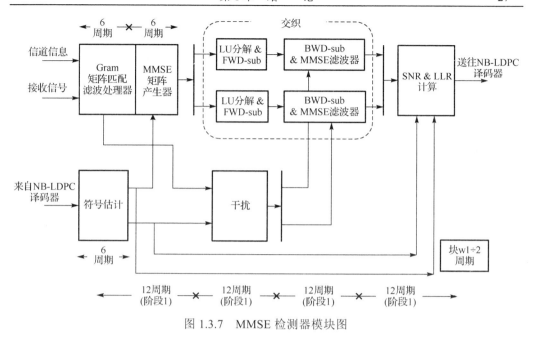

图 1.3.7 MMSE 检测器模块图

降低。设计了一个相应的 VLSI 顶层架构,其中包括所有必要的信道矩阵预处理电路。该结构采用基于 LU 分解的矩阵求逆,在面积和数据吞吐率方面优于其他 MIMO 系统的矩阵求逆电路。实现高数据吞吐率的关键是使用基于定制牛顿迭代的单元。为了实现高数据吞吐率,作者将算法划分为八个子任务,这些子任务以并行流水线方式执行。图 1.3.8 描述了 VLSI 的顶层架构以及相关计算的划分。该架构由八个处理单元组成,其中算法的六个处理步骤被映射到处理单元上。这种架构的优势在于两点:①能够实现持续高数据吞吐率;②每个处理单元可以分别进行设计、优化和验证,最终可以缩短开发和验证时间。

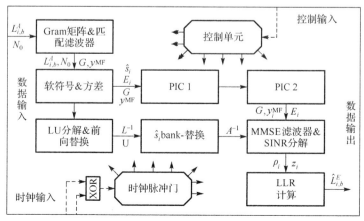

图 1.3.8 VLSI 顶层架构

　　所有功能单元都共享相同的基础单元，并以分时方式执行分配的任务。基础单元架构如图 1.3.9 所示，其由以下几部分组成：一个控制数据存储器的有限状态机（finite state machine，FSM）、一组特定任务的算术单元（arithmetic unit，AU）和一个互联网络（以并行方式将所有存储器分配给所有 AU）。为了最大化时钟频率并使电路面积最小化，检测器采用定点算法。AU 和存储器内部字长在数值仿真的帮助下进行了优化。每个功能单元中可用的馈通功能允许在交换周期内将所有数据存储器的内容从一个功能单元并行传输到随后的功能单元。而且，反馈路径使得 AU 能够在随后的处理周期中立即使用计算结果。通过在每个 AU 的输入端插入流水线寄存器，可以将关键路径长度减少 1/3。而且，一些 AU 也将功能单元交换周期期间的计算结果传递给下一个功能单元，以减少空闲 AU 的数量。

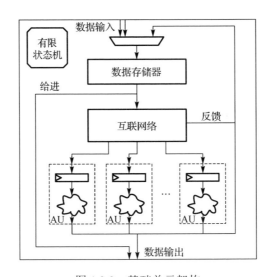

图 1.3.9　基础单元架构

　　文献[86]中，LUD 需要精确计算 18 个时钟周期。因此，倒数单元每计算一个倒数最多消耗三个时钟周期。另外，仿真表明，15 位精度足以达到可忽略的检测性能损失。在评估潜在的体系结构时，得出了满足给定约束的两种解决方案，两种架构都在图 1.3.10 中进行描述。在 90nm CMOS 工艺实现中，顺序架构执行两次牛顿迭代需要一个 4 位查找表（look-up-table，LUT）。流水线架构执行单次迭代需要 8 位 LUT 和额外的流水线寄存器，最终面积是顺序架构的 2.5 倍。设计目标是最大化整个探测器的时钟频率，因此采用流水线架构。

　　在 90nm CMOS 工艺下，芯片面积为 1.5mm^2，数据吞吐率达到了 757Mbit/s。与其他 MIMO 检测器进行比较，此设计性能明显提升。ASIC 的功耗为 189.1mW，每次迭代的能量效率为 0.25nJ/bit。

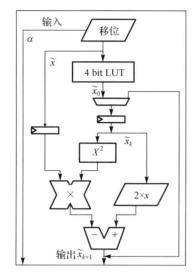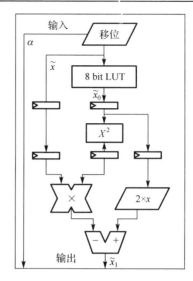

图 1.3.10 顺序架构和流水线架构倒数单元设计

2. 针对大规模 MIMO 检测的 ASIC 设计

近年来，大规模 MIMO 技术逐渐成为研究热点。在大规模 MIMO 系统中，由于计算复杂度的急剧增加，以前针对传统 MIMO 的检测器设计遇到性能上的瓶颈。大规模 MIMO 检测器在保证一定检测精度的同时，能降低计算复杂度，以达到提高数据吞吐率、降低单位面积功耗开销的目的，因此得到越来越多的应用。

文献[87]提出了一个面积为 2.0mm^2 的 128×16 位的大规模 MIMO 检测器，它能在系统级提供 21dB 阵列增益和 16 倍复用增益。该检测器可实现高达 256-QAM 调制的迭代期望传播检测(expectation propagation detection，EPD)算法。EPD 算法架构如图 1.3.11 所示，它包含输入数据存储器、MMSE-PIC(parallel interference cancellation)模块、近似时刻匹配模块、符号估计存储器模块等。格拉姆(Gram)矩阵和匹配滤波(matched filtering，MF)向量(y^{MF})在内存中缓存，内存支持重新配置，以此达到灵活的访问模式。MMSE 并行干扰消除算法通过消除来自上行链路用户间的干扰来优化检测性能。星座点匹配单元通过合并星座信息来改善传输符号的估计。检测控制单元动态调整每次迭代处理的计算操作和迭代次数。为支持不同长度的矢量计算，架构规模是可配置的，以此达到动态降维的目的。当一批估计信号被确定为可靠时，它们的后续计算将被冻结并移除。动态降维使复杂度降低 40%～90%。通过适当的阈值选择，将出现过早冻结后续计算的可能性最小化，以此来减少 SNR 的损失，甚至达到 SNR 的损失可以忽略不计的目的。在进行硅级电路设计时，将这种自适应架构与粗粒度时钟门控相结合，能节省 49.3%的功耗。

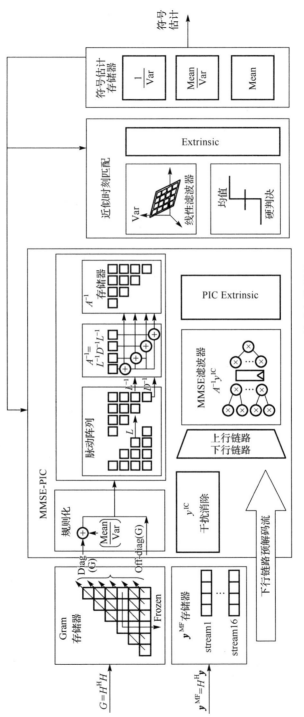

图 1.3.11　EPD 算法架构设计

EPD 中计算密集度最高、精度最关键的部分之一是 MMSE-PIC 滤波器中的矩阵求逆模块。现有研究经常使用脉动阵列来实现 LDL 分解，以实现准确的矩阵求逆。脉动阵列具有高度统一架构、高效路由和简单控制的特点。然而，因为需要零填充输入，所以一个脉动阵列体系结构的硬件利用率仅为 33.3%。文献[87]实现了一个精简 LDL 脉动阵列，该阵列将未充分利用的 PE 电路合并为一个 16×16 阵列。这种设计将硬件利用率提高到 90%，同时将互连开销减少了 70% 以上。如图 1.3.12 所示，常规脉动阵列中的 PE 执行除法 (PE0)、乘法 (PE1) 或乘累加 (multiple and accumulate，MAC) (PE2 和 PE3) 操作，并将其输出传递给相邻的 PE。在精简的脉动阵列中，一行中的每三个 PE 被合并起来。这种方式缩短了脉动阵列中的数据传输。精简阵列使用缓冲区来限制数据移动，以最大化数据的重复使用。数据的重复使用在设计中特别有利，因为基本处理单元需要相对较长的 28bit 数据位宽来支持不同的信道条件。与常规脉动阵列相比，精简阵列架构可将硅面积减少 62%。此外，精简阵列缩短了数据传输延时，并将更大部分的时间用于数据处理。

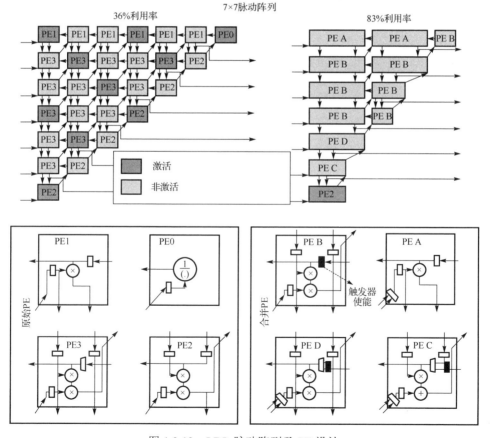

图 1.3.12　LDL 脉动阵列及 PE 设计

　　EPD 芯片采用 28nm 工艺制造，占用面积 2.0mm^2。在电压为 1V 时，EPD 芯片运行在 512MHz，提供 1.6Gbit/s 的数据吞吐率。通过采用 0.4V 的正偏电压，可实现 569MHz 的最大工作频率，相当于 1.8Gbit/s 的数据吞吐率，即数据吞吐率提高了 11%。相应的内核功耗为 127mW，能量效率为 70.6pJ/bit。对于低功耗应用，可应用 0.2V 的反偏电压，以在 754Mbit/s 的数据吞吐率下将功耗降至 23.4mW。本书中的 EPD 芯片在调制和信道适应方面提供了灵活性，支持上行链路和下行链路的处理，并且实现了高能量效率和面积效率。

　　文献[88]设计了一个面积为 1.1mm^2、128×8，大规模 MIMO 的基带芯片，该芯片实现了 2 倍的空间复用增益。图 1.3.13 显示了该芯片的预编码器结构，它可以分为三个子模块：①三角形阵列执行 Gram 矩阵的运算以及矩阵的 QR 分解（QR decomposition，QRD）；②矢量投影模块和后向替换模块完成对矩阵的隐式求逆；③执行匹配滤波、反向快速傅里叶逆变换和可选的用于按需峰均比（peak-to-average ratio，PAR）预编码的阈值限幅运算。子模块之间可实现跨子载波的高度流水线。流水线寄存器被分配到矢量投影模块和后向替换模块中，其中存储吉文斯旋转（Givens rotation，GR）系数，进而提供高接入带宽。PE 之间精细的流水线保证了每个 PE 内部 0.95ns 的关键路径延时。

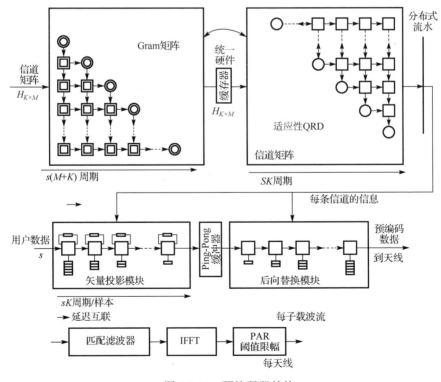

图 1.3.13　预编码器结构

在对基本处理单元进行设计时，采用了高度统一的基本处理单元(图 1.3.14)，基本处理单元可以计算 Gram 矩阵和 QRD。这种复用的设计可以减少每个基本处理单元的门数(2700 个)。统一的三角形脉动阵列首先计算 Gram 矩阵，并通过垂直互连反馈给 QRD 模块进行计算。此外，通过单个通用乘法器来实现基本处理单元的高度时分复用。准确的 Givens rotation 需要 16 个时钟周期，而近似的 Givens rotation 采用一个常数乘法器，这可以将时钟周期数降为 8 个。两个累加器单元通过重用通用乘法器来完成矩阵乘法。矢量投影单元避免了矩阵 Q 的明确计算并使用预先计算的 Givens rotation 系数处理数据流。精确计算所需的存储容量总计为 1.7KB；当使用近似旋转时，一半的存储是门控的。一个 0.4KB 大小的乒乓缓冲区用于流水线缓存和后向替换单元的用户矢量流缓存。后向替换单元采用牛顿迭代法分块，并在初始化过程中重复使用乘法器，以此提高面积效率。

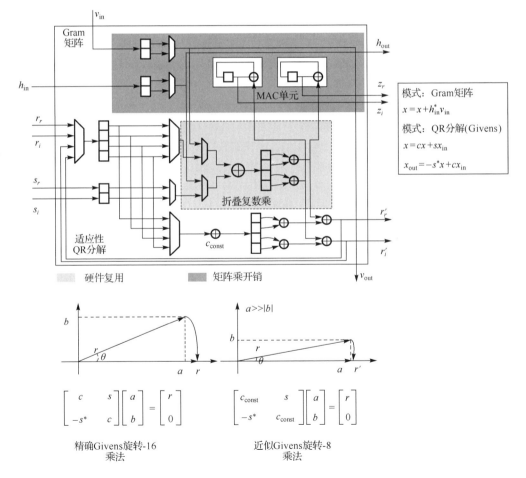

图 1.3.14　基本处理单元架构以及精确/近似 QRD 方法

　　通常，大规模 MIMO 信道矩阵接近于独立均匀同分布。然而，在高度相关的信道条件下，大规模 MIMO 检测需要非线性方案，如系统中有密集的用户部署。QRD 后跟随树搜索对于小规模 MIMO 系统来说是近乎最优的方法。在大规模 MIMO 中，通过执行匹配滤波降低检测矩阵维度至关重要。但是匹配滤波反过来会产生噪声。文献[88]设计了灵活框架来支持线性和非线性检测，如图 1.3.15 所示。Cholesky 分解单元有助于进行线性方程的运算，以此来完成最小均方误差检测操作，同时还为后续树搜索算法提供数据基础。因为划分单元决定了准确性和时序约束，所以作者设计了流水的比特级精度划分单元。它提供了一个高度精确的分解，并且能够在 12bit 内部字长的情况下实现 51dB 的信号与量化噪声比。在 325 个周期中先计算 8×8 Gram 矩阵的 Cholesky 分解，然后将结果用于线性检测的前向替换单元和后向替换单元的计算。

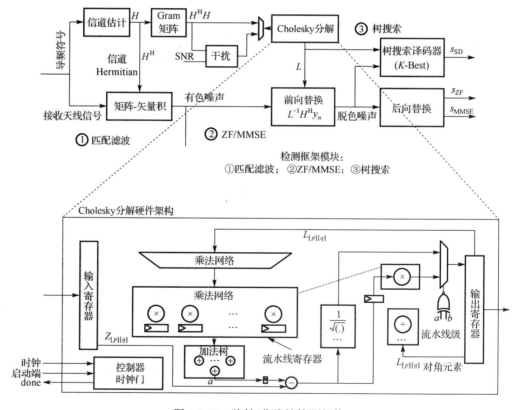

图 1.3.15　线性/非线性检测架构

　　在 28nm 工艺下，芯片工作频率为 300MHz，数据吞吐率为 300Mbit/s，上行检测与下行预编码的功耗分别为 18mW 和 31mW。下行预编码采用 QRD 单元，性能与能效分别为 34.1MQRD/(s·kGE)和 6.56nJ/QRD。同时，面积开销相对于其他设计降低了 17%～53%。

文献[89]提出了一种集成信息传递检测器(message-passing detector，MPD)和极化译码器的架构。首先提出了软输出 MPD 检测器。与其他设计相比，所提出的 MPD 检测器的数据吞吐率提高了 6.9 倍，能源消耗降低了 49%，并且能够得到软输出结果。所提出的极化译码器在相同功耗的情况下实现了 1.35 倍的数据吞吐率提升。然后提出的芯片为拥有多达 128 个天线和 32 个用户的大规模 MIMO 系统提供了 7.61Gbit/s 的数据吞吐率。图 1.3.16 显示了所提出的迭代检测和译码接收机架构，该架构包括软输出 MPD 检测器和双向极化译码器。一个高通量极化译码器用于支持 K 个用户。MPD 完成检测干扰消除和消息传递状态之间的符号。MPD 的高计算复杂度来自于计算符号所需的一系列乘累加操作(均值和方差)。最后提出了自适应方差和可靠的符号检测技术。因为信道硬化，随着迭代次数的增加，Gram 矩阵的非对角元素变得比对角元素小得多。所以，符号方差可以通过具有比例因子的最大符号方差来近似，这种近似与真实方差计算相比节省了 73.3%的乘法运算。符号平均值可以通过给定固定阈值的可靠硬符号的增加/减少来进行有效评估，从而进一步减少 93.8%的乘法运算。此外，通过利用 Gram 矩阵的对称特性可以减少 50%的内存开销。

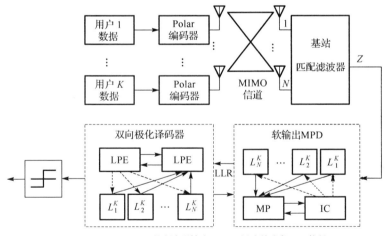

Z: 匹配滤波器输出，L_i: K 用户的内部 LLR 信号

图 1.3.16　迭代检测和译码接收机架构

图 1.3.17 显示了所提出的双向极化译码器架构。其中考虑了长度为 1024bit、码率为 1/2 的极化码，通过采用双列双向传播架构可以减少变长的关键路径。其中，L 个处理元件从阶段 0 到阶段 $m-1$ 顺序产生 L 个消息，而 R 个 PE 从阶段 $m-1$ 到阶段 0、阶段 1 的 L 个消息和阶段 $m-1-i$ 的 R 个消息被同时更新和传播。在同一技术节

点处将关键路径延时减少了 27.8%。存储器访问模式表明阶段 $m-1$ 产生的 L 个消息仅用于硬判决，并且阶段 0 产生的 R 个消息是固定的。然后将这些操作从迭代解码过程中移除，并且每次迭代的解码周期可以从 10 缩短到 9，从而将数据吞吐率提高11.1%。

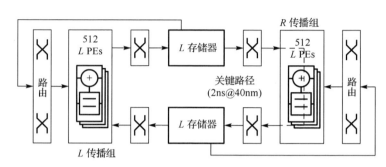

图 1.3.17　双向极化译码器架构

文献[89]所提出的 MPD 检测器和极化译码器架构还支持迭代检测与解码。在迭代检测和译码接收器中，软信息在 MPD 和极性解码器之间有效地交换。通过基于联合因子的迭代检测和译码处理，将来自 K 个用户的软信息有效地交换，以此进一步降低多用户干扰。文献[89]所提出的芯片在 40nm CMOS 工艺下，面积为1.34mm^2，逻辑门数为 1167K（包括外部存储器）。它在 500MHz 的工作频率下功耗为 501mW。MPD 检测器为大规模 MIMO（32×8～128×8）QPSK 系统提供最高8Gbit/s 的数据吞吐率。在 SNR 为 4.0dB 时，极化译码器通过提前终止平均 7.48次迭代实现了 7.61Gbit/s 的峰值数据吞吐率。尽管有软输出，但所提出的 MPD 的归一化数据吞吐率比其他架构的数据吞吐率高 6.9 倍，并且功耗降低了 49%。归一化后，所提出的极化译码器的数据吞吐率提高 1.35 倍，同时具有可比较的面积和功耗开销。

文献[90]针对每个时频资源中支持 32 个并发移动用户的 256-QAM 大规模MIMO 系统，设计了一个面积为 0.58mm^2 的信息传递检测器（message-passing detector，MPD）。利用大规模 MIMO 中的信道硬化技术，提出了一种符号硬化技术，这种技术可将 MPD 的复杂度降低 60%以上，同时减少了 SNR 损失。MPD 采用 4层双向交织体系结构实现，面积比完全并行体系结构小 76%。所设计架构数据吞吐率为 2.76Gbit/s（平均 4.9 次迭代，SNR 为 27dB）。利用动态精确控制和门控时钟技术来优化架构，芯片的能量效率可以达到 79.8pJ/bit（或 2.49pJ/bit/接收天线数）。另外，文献还设计了一个 128×32 256-QAM 系统的 MPD 检测器。随着大规模 MIMO系统中的信道硬化，符号估计的方差收敛迅速。因此可以使用小的固定方差来替代较为复杂的方差计算，从而节约在 32 个干扰消除处理单元中近 4000 个的 MAC 和

32 个星座匹配处理单元中近 1000 个的 MAC。使用小方差进一步减少了星座匹配处理单元(constellation matching PEs，CPE)数量，从而根据其分布进行一个硬符号决策。符号硬化技术消除了 32 个星座匹配处理单元中 1000 的 MAC 和 1000 的高斯估计运算。提出的方法在 10^{-4}BER 时牺牲了 0.25dB 的 SNR，但优化后的 MPD 性能仍然比 MMSE 检测器检测精度高 1dB。

　　MPD 检测算法可以完全并行化 32 个干扰消除处理单元和 32 个星座匹配处理单元(图 1.3.18(a))，需要近 4000 MAC 和 10000 互连。尽管数据吞吐率很高，但完全并行架构主要由全局布线控制，从而芯片面积非常大，并且存在低时钟频率和高功耗的问题。因此，文献[90]选择更紧凑的设计(图 1.3.18(b))，并将 32 个用户分成四层，每层 8 个用户进行处理。每个干扰消除处理单元使用的 MAC 数量为原来的 1/4。在每一层中，32 个干扰消除处理单元计算 8 个用户带来的干扰总和并更新符号估计值。然后将更新的估算值转发到下一层。与完全并行架构相比，文献[90]中提出的方法加快了收敛速度近 2 倍。基于实验结果，四层架构分别将面积与功耗减少 66% 和 61%，同时，收敛速度更快，但数据吞吐率仅降低 28%。由于分层体系结构在层之间增加了数据依赖性，为了降低数据依赖性并减小面积，本书将干扰消除处理单元数量减半到 16,并在二级流水线中将它们进行复用(图 1.3.18(c))。在每个周期中，每个流水级为组 1 或组 2 用户计算符号估计值，同时这些估计值的计算过程是交错进行的，以此来避免流水线延时。基于实验结果，四层两路交错体系结构(图 1.3.19)将芯片的面积与功耗分别减少了 76% 和 65%。

　　架构中数据路径功耗由 512 个 MAC 控制。为了节省动态功耗，本书利用 MPD 的收敛性动态调整乘法器精度。在早期迭代中，MPD 使用 6bit×2bit 低精度乘法进行粗略的符号估计；但在后期迭代中，MPD 使用 12bit×4bit 全精度乘法对符号估计值进行微调(图 1.3.20(a))。这种设计节省了 75% 的开关活动和相关的动态功耗。另外，本书将寄存器用作数据存储器以支持体系结构所需的数据访问。由于存储器访问顺序是规则的(图 1.3.20(b))，例如，每 8 个周期更新一次 3KB 干扰存储器。因此，当存储器未更新时，实施时钟门控技术，关闭时钟输入以节省动态功耗。采用 TSMC 40nmCMOS 工艺制造的大规模 MIMO MPD 检测芯片包括一个 $0.58mm^2$ 的 MPD 内核、一个用于生成时钟的 PLL、一个用于存储测试向量的测试存储器，以及用于输入和输出的端口。在 0.9V 的电压下，该芯片在 425MHz 的最高频率下运行，功耗为 221mW。结合所提出的架构技术以及动态精确控制和门控时钟技术，MPD 的功耗降低了 70%，每比特能量消耗降低了 52%。通过在芯片上启用提前终止技术，检测平均进行 5.7 次、5.2 次和 4.9 次迭代以实现不同的性能(23dB、25dB 和 27dB 的 SNR)，从而使每个移动用户的数据吞吐率达到 2.76Gbit/s。通过部署多个 MPD 模块并应用交织技术，可以实现更高数据吞吐率的大规模 MIMO 检测。

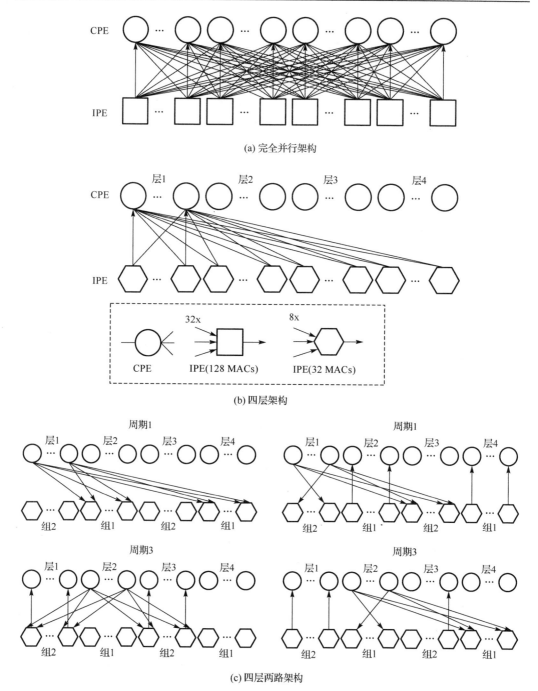

图 1.3.18 全并性架构到四层架构和四层两路架构优化方法

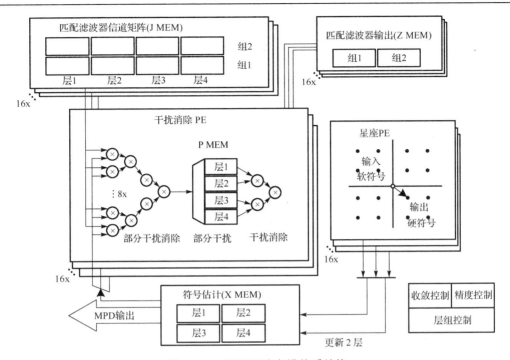

图 1.3.19 四层两路交错体系结构

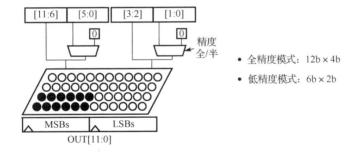

(a) 12bit×4bit具有动态精度控制乘法器

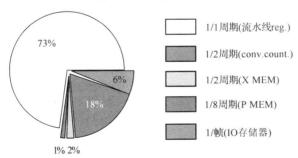

(b) 17.9K寄存器的转换活动因子

图 1.3.20 低功耗设计技术(见彩图)

1.3.3　传统 MIMO 检测芯片的局限性

基于 ISAP 的 MIMO 检测芯片可以拥有功能强大的指令集，并且具有架构灵活的特点，能够支持不同算法。但是指令集架构和 MIMO 检测芯片的匹配度不高，不能针对 MIMO 检测芯片进行特殊化的定制设计。因此，基于 ISAP 的 MIMO 检测芯片处理速率低、数据吞吐率低、延时高。另外，现有基于 ISAP 的 MIMO 检测芯片全部是基于传统 MIMO 系统，而这种传统 MIMO 系统的规模远小于未来无线通信系统中大规模 MIMO 的规模。因此，现有基于 ISAP 的 MIMO 检测器需要处理的数据量以指数增加，以至于达不到系统实时处理需求，并且数据吞吐率低、面积功耗开销大，短时间内不能实现。这将会限制现有 MIMO 检测器在未来无线通信系统中的应用。基于 ASIC 的 MIMO 检测芯片是根据不同 MIMO 检测算法进行个性化定制硬件电路设计。在进行电路定制化设计过程中，充分考虑不同算法特点，能够实现电路的最优化。因此，ASIC 的数据吞吐率高，延时低，面积功耗开销小，能量效率高。然而，随着 MIMO 检测算法不断演进，通信算法标准和协议也在不断更新，这要求硬件能及时适应这些变化的需求。因为基于 ASIC 的 MIMO 检测芯片在制造后功能不能做任何形式的改变，所以如果要支持不同的算法就需要进行重新设计和生产。这将带来非常大的人力、物力、财力的消耗。同时，随着从传统 MIMO 系统到大规模 MIMO 系统的演进，MIMO 检测算法处理数据规模也将变化，因此基于 ASIC 的 MIMO 检测器需要适应新的系统。也就是说，基于 ASIC 的 MIMO 检测器的固化硬件无法满足灵活性和可扩展性的需求。一些 MIMO 检测芯片会选择将 ASIC 和 ISAP 进行结合，以此来实现较为复杂的系统和算法，但是这种形式还是会存在原来两种方式固有的缺陷。

1.4　MIMO 检测动态重构芯片技术

1.4.1　可重构计算概述

1. 可重构计算的发展和定义

MIMO 检测动态重构芯片是可重构计算在无线通信基带处理中的应用实例之一。在无线通信中，MIMO 检测算法的计算特性决定了其适用可重构计算技术。为了使读者更好地理解 MIMO 检测动态重构芯片，下面先对可重构计算概念进行全面的介绍[91,92]。

在可重构计算兴起之前，常用的计算架构包括通用处理器和专用集成电路（ASIC）两大类。通用处理器基于冯·诺依曼体系架构，主要由算数逻辑单元、存储器、控制单元和输入输出（I/O）接口组成。在进行计算时，需要通过软件进行基于指令集编译的任务调度和处理。所以，通用处理器具有高灵活性的特点。但是，通用处理器的性能和能效通常比较低，主要是因为：①冯·诺依曼体系架构是基于时分复用原理的计算方式，空间并行性差；②冯·诺依曼体系结构花费了大量时间和能量在指令的取指、译码，寄存器的访问、执行和数据写回等数个流程。然而，当晶体管尺寸逐渐减小时，漏电流和功耗问题开始变得严重。仍然使用传统的处理器内核架构，仅通过采用新的工艺节点来提高芯片工作频率以提高处理器性能，已经远远达不到要求。要在不提高工作频率的条件下实现性能的提升，只能通过增加内核的数量来实现。近年来，多核、众核处理架构正逐步成为一个研究热点。单芯片多处理器在服务器和个人计算机领域开始逐步取代复杂度较高的单线程处理器。性能提升的代价是牺牲面积与功耗，而能量效率问题始终是通用处理器的短板[93-95]。

ASIC 是针对某一特定应用专门设计的硬件电路。ASIC 电路计算模式的特点在于用硬件来实现应用中定义的操作。ASIC 电路因为是针对特定应用设计的，所以在执行时具有很高的速度、效率和精度。ASIC 在执行过程中以数据流来驱动，不用进行指令翻译的过程。与此同时，运算单元通过特别定制可以减少冗余设计，从而大大减少执行时间以及面积和功耗开销。但 ASIC 的缺陷在于开发周期太长，成本太高。而且硬件电路一旦制作好就不能随意改动。这就意味着如果功能的需求发生变化，哪怕只是芯片上的很小一部分线路需要修改，都需要重新设计、重新加工新的专用集成电路芯片。如果针对各种不同的应用都专门设计专用的电路芯片，就会带来高昂的开发成本。只有在大批量生产时，使用 ASIC 才能获得较低的成本。

抽象地说，通用处理器是一种采用时间作为延拓方式的解决方案，为了提高通用性而降低了计算能力。而 ASIC 是一种采用空间作为延拓的解决方案，以计算灵活性为代价在有限的资源下提供最大的计算能力。空间延拓在器件制造时就应考虑，时间延拓则是在此之后由用户决定的。而可重构计算是在时间和空间上的扩展都实现了自由定制。可重构技术通过软件编程，能够改变重构信息，从而改变硬件功能，因此兼具空间与时间的双重延拓性[96, 97]。虽然可重构技术在通用性上有所降低，但仍然可以满足特定领域的需求，并获得接近 ASIC 的运算效率。此外，采用可重构技术还将明显缩短产品上市时间。可重构处理架构的原型系统在经过针对不同应用的不同配置后，成为相应的产品，可以直接投放市场。这消除了需要针对各个应用进行单独设计带来的时间开销。

针对现在通信领域多模多标准共存，且新标准层出不穷的现状，可重构处理架构能够进行实时地在各种协议与算法间进行切换，并能够"以不变应万变"，利用现有资源，根据实际情况及时调整系统功能以满足市场需求。具体来说，可重构处理架构能够具备以下三个层次的灵活性与可适应性。

(1) 协议层的可适应性，即能够灵活地在不同协议间进行切换。

(2) 算法选择层的可适应性，即能够灵活地选择实现该功能的算法。

(3) 算法参数层的可适应性，即能够灵活地对特定算法的参数进行控制。

因此，应用于通信领域基带信号处理的动态可重构处理架构，已经成为一个热门的研究方向与市场趋势，并将有力地促进软件无线电、认知无线电以及未来通信技术的发展。

可重构计算的概念最早是 20 世纪 60 年代由加州大学洛杉矶分校提出并设计实现的[98]。这个架构采用一个固定的、不可更改的主处理器和一个可变的数字逻辑结构组成。在这个体系结构中，主处理器单元负责任务的装载和调度，而可变的数字逻辑结构负责对关键算法的加速和优化执行。在这个架构中，可重构计算的概念第一次被提出。同时，这个概念也是目前可重构处理器的系统原型。但限于当时的技术条件，直到 20 世纪 90 年代中期，可重构计算才重新被人们所重视。美国加州大学伯克利分校于 1999 年在设计自动化国际会议上提出了一种广义的可重构计算的定义方法，并将其视为一类计算机组织结构，且具有制造后芯片的定制能力(区别于 ASIC)，以及能够在很大程度实现算法到计算引擎的空间映射(区别于 GPP 和 DSP)。

此外，多数可重构架构的特征还包括以下两点。

(1)控制与数据分离。在进行运算过程中，使用可重构运算单元进行数据的运算部分，同时使用处理器进行数据流的控制，并完成可重构处理单元运算的重构工作。

(2)在可重构架构中，大多都采用由基本可重构处理单元组成的阵列结构。

近几年被越来越多研究机构和公司所选择可重构计算进行全面的处理器架构的创新。原因是它融合了 ASIC 和通用处理器两种传统计算架构的优势。可重构计算利用 ASIC 和通用处理器的架构互补来避免两者的缺陷，在灵活性、性能、功耗、开发成本和可编程性上进行了合理的折中。图 1.4.1 中展示了不同计算形式在灵活性、性能、低功耗、低开发成本和可编程性这五个维度上的分布。

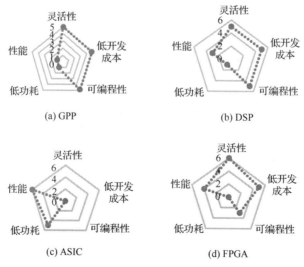

图 1.4.1　数字集成电路中各种解决方案的性能指标折中示意图

在 20 世纪 90 年代，最杰出的可重构计算架构是 FPGA，它也是可重构计算的主要计算形式之一。1986 年，Xilinx 公司开发出了世界上第一片 FPGA 芯片，并且在实际中有较为良好的应用效果。可重构类芯片在技术和商业上都存在的潜在价值吸引了一部分学者和公司进行可重构计算的研究。因此，FPGA 作为可重构计算的代表之一被人们所重视和研究。FPGA 是一种半定制的专用集成电路形式，主要采用基于查找表结构的可编程逻辑单元来完成硬件功能配置。与 ASIC 相比，FPGA 具有很高的灵活性及用户可开发性，因此作为可编程领域的逻辑器件得到了较大的发展空间。从快速可扩展的角度来说，当系统功能需要升级时，对于器件性能要求会有所增加，而可配制特性使得系统能够在没有硬件改动的情况下迅速升级，满足性能的要求。目前主流的产品有 Altera 公司的 Stratix 系列、Xilinx 公司的 Virtex 和 Spartan 系列等。同时，也出现了以其他一些不同方式实现重构的可重构类芯片，例如，Altera 公司的基于 EEPROM 的复杂可编程逻辑器件 (complex programmable logic device, CPLD) 和 Actel 公司的反熔丝 FPGA 等，也在不同领域得到了很好的应用和推广。学术界对于可重构计算的研究非常全面和广泛，早期集中在细粒度的可重构架构，如 Ramming machine、PAM machine、GARP 等。后续的研究更为关注粗粒度可重构架构，如 MATRIX、MorphoSys、ADRES、DySER、Remus 等。与此同时，基于细粒度和粗粒度的混合粒度可重构架构也是目前重要的研究方向，如 TRIPS、TIA、GReP 等。

2. 可重构计算通用架构模型

可重构计算的架构融合了 GPP 和 ASIC 的优点，可以看成两者的结合或者两者相互借鉴的结果。图 1.4.2 是 GPP 和 ASIC 的基本原理架构对比。下面以 GPP 和 ASIC 为出发点，探讨可重构计算通用架构模型。从计算模式的角度分析，GPP 的计算模式的特点在于它们都具有各自的指令集，通过执行指令集中的相关指令来完成计算，改写软件指令就能改变系统实现的功能，而不用去改动底层的硬件环境。图 1.4.2 (a) 是 GPP 架构，包含算数逻辑单元 (arithmetic logic unit，ALU)、控制单元、存储器、输入和输出等。处理器的运算速度要比 ASIC 慢很多，因为处理器必须从存储器中读取每条指令，将其译码后再执行，因而每个独立的操作具有较高的执行开销。而 ASIC 计算模式的特点在于用硬件来实现应用的操作。图 1.4.2 (b) 是 ASIC 架构。ASIC 与 GPP 的主要差别是①数据通路的强化；②控制单元的弱化。

第一点体现在 ASIC 的数据通路相对于 GPP 来说大量地在空间上实现硬件映射。这样，有大量的固定算数逻辑资源、存储单元和互连资源等来实现运算和处理。第二点体现在 ASIC 的控制单元通常是一个 FSM，其根据数据通路反馈的状态信号输出控制码，只控制数据通路的关键系统状态。而 GPP 的控制单元需要先从存储器中取得指令，然后进行译码、取数和执行等过程。因为这两点定制化的特点，ASIC

在执行应用时具有很高的速度、能量效率和精度。可重构处理器是 GPP 和 ASIC 的折中,在数据通路的计算能力上相对于 GPP 来说有所增强,同时保持一定的灵活性;在控制器上简化控制单元,并且保持对数据通路的控制能力。

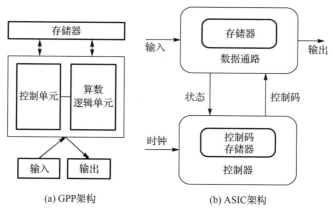

(a) GPP架构　　　　　　(b) ASIC架构

图 1.4.2　GPP 和 ASIC 的基本原理架构对比

可重构计算通用架构模型一般包含两大部分,分别是可重构数据通路 (reconfigurable datapath,RCD)和可重构控制器(reconfigurable controller,RCC)。图 1.4.3 给出了一个可重构计算处理器的通用架构模型。在整个模型中,可重构数据通路负责数据流的并行计算和处理,而可重构控制器负责任务的调度和分配。通过两者协同操作,实现了一定的计算能力和灵活性的提升。

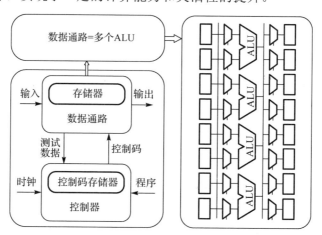

图 1.4.3　可重构计算处理器的通用架构模型

1)可重构数据通路

可重构数据通路结构包括可重构运算单元阵列(processing element array,PEA)、存储器、数据接口、配置接口,如图 1.4.4 所示。可重构控制器生成的控制信号、配置字和状态量通过配置接口传输到可重构运算单元内部。配置接口解析配置字，配置 PEA 的功能，调度阵列上任务的执行顺序。通过配置字对 PEA 进行功能定义，在完成配置后，运算单元列在设定的时间内开始像 ASIC 一样由数据流驱动执行。运算单元在执行过程中，数据通过数据接口获得，存储器用来缓存中间数据。数据接口除了完成对外部数据的访问和写回，也可以接收配置接口的信号，对数据流进行整形变换(如转置、拼接等操作)，配合 PEA 的执行。

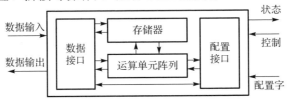

图 1.4.4 可重构数据通路硬件架构

PEA 由大量的 PE 和可配置的互连结构组成并完成并行计算，如图 1.4.5 所示。PE 一般由 ALU 和寄存器组构成。ALU 进行基本运算，寄存器负责 PE 内部数据缓存。在并行计算中，计算资源足够的情况下，往往外部存储接口将成为系统性能的一个瓶颈。高效的数据缓存和读取方式以及对外部存储器的访问间隔时长将决定系统性能。在 PE 中，为了解决系统缓存问题，通常采用层次化分布式的存储结构。互连是可重构数据通路的重要特点之一。灵活可配置的互连结构能够实现算法的空间映射。不同 PE 的数据流动可以通过互连快速完成。相对于超标量、超长指令字处理器的寄存器读写方式，互连结构实现了高效的硬件连线。互连的具体组织形式不是固定不变的，互连越灵活，硬件代价越大。通常根据领域内算法的特点对互连组织形式进行定制，完成高效且灵活的互连组织形式。

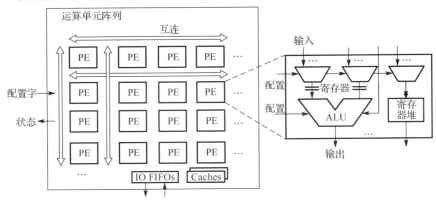

图 1.4.5 PEA 和 PE 架构

2) 可重构控制器

可重构控制器硬件架构包括存储器、配置管理与控制单元、配置接口，如图 1.4.6

所示。内部配置信息存储到存储模块中，需要时由配置接口访问并传输到可重构数据通路中。配置接口用于给可重构数据通路发送配置字和控制信号。配置管理单元接收来自外部的配置信息，解析得到内部的控制信号和配置字。可重构控制器主要负责两方面的管理，第一是可重构配置通路，第二是可重构数据通路。可重构控制器通过控制可重构配置通路实现不同配置的调度、协调等工作。可重构控制器通过控制可重构数据通路实现数据通路状态信号控制、关键系统状态控制、PE 所需资源的协调等。在传统的单核处理器中，控制器注重单节点的时序调度。由于指令流在单个节点上反复执行，采用流水线等大量并行优化技术，控制器的时序要求很高。可重构计算处理器多采用阵列形式，面向多节点的计算资源调度。可重构 PE 通常不会像单核处理器那么复杂，控制器的节点控制时序相对简单。整体的空间和时间利用率比节点调度更为重要，这为控制器提出了新的设计要求。在可重构计算单元阵列配置量较大的情况下，也可以考虑在可重构控制器中加入定制的加速单元，甚至是控制单元阵列。

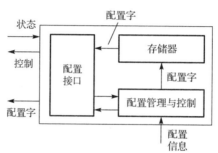

图 1.4.6　可重构控制器硬件架构

3. 可重构计算的分类

可重构计算的通用形式前面已经进行了讨论，但是对于不同的架构，可重构计算的类型有非常大的区别。按照重构粒度进行划分，可重构计算分为细粒度可重构计算、粗粒度可重构计算和中粒度可重构计算；按照重构的时间特性进行划分，可重构计算分为静态可重构计算和动态可重构计算；按照重构的空间特性进行划分，可重构计算分为部分可重构计算和整体可重构计算。值得注意的是，可重构计算的分类往往不是完全独立的，按重构的粒度和重构的时间特性通常不是完全独立的。细粒度的可重构计算处理器因为重构时间较长，很难实现动态重构的功能。所以通常所说的可重构处理器主要是细粒度静态重构的可重构处理器(如 FPGA)和粗粒度的动态重构处理器。

1)按重构的粒度划分
可重构计算处理器数据通路中运算单元的数据位宽度称为粒度。可重构计算处理器的粒度可以分为细粒度(fine grained)、粗粒度(coarse grained)、中粒度(medium-sized grained)和混合粒度(mix-grained)。一般情况下，粒度越小，可重构计算处理器所需的配置信息就越多，处理器的重构速度就越慢，但功能灵活性也相应越高；粒度越大，可重构计算处理器所需的配置信息就越少，处理器的重构速度就越快，但功能灵活性也相应越低。一般情况下，细粒度通常指不超过4bit的粒度，粗粒度通常指大于等于8bit的粒度。传统的FPGA是一种常见的细粒度可重构计算处理器。传统的FPGA的运算单元为1bit，因为是单比特编程器件(细粒度可重构计算处理器)，所以FPGA的灵活性非常高。在不考虑容量的前提下几乎可以实现任何形式的数字逻辑。这也是FPGA能够在商业上获得极大成功的重要原因之一。粗粒度可重构处理器的运算单元的位宽为8bit或者16bit。4bit的粒度称为中粒度，但是这种说法不是很常见。可重构计算处理器如果含有不止一种粒度的运算单元，则称为混合粒度可重构计算处理器。值得一提的是，混合粒度和粗粒度的定义有些时候存在混用的情况，并不那么严谨。例如，既包含8bit，又包含16bit运算单元的PEA既可以称为混合粒度运算单元阵列，也可以称为粗粒度运算单元阵列。

2) 按重构的时间特性划分

按重构的时间特性划分，可重构计算处理器可以分为静态可重构处理器和动态可重构处理器。静态重构指只能在可重构计算处理器的数据通路进行计算之前对其进行功能重构，而计算过程由于时间代价相对过大而无法对数据通路进行功能重构。FPGA的常见工作方式是系统上电时从片外存储器中加载配置比特流进行功能重构，因此FPGA是最典型的静态重构可重构处理器。功能重构完成后，FPGA才能进行相应的计算。计算过程中，FPGA的功能无法再被重构。如需重构，必须要中断FPGA当前正在进行的计算任务。细粒度给FPGA带来了海量的配置信息，重构的时间代价和功耗代价变得非常大。例如，FPGA的重构时间往往需要几十毫秒到几百毫秒，甚至到秒的量级。而典型的动态可重构处理器的重构时间一般在几纳秒到几十纳秒。动态重构与静态重构是相对的。由于功能重构的时间代价相对较小，可重构计算处理器的数据通路在计算过程中也能进行功能重构，称为动态重构。最典型的具有动态重构特性的可重构计算处理器是粗粒度可重构阵列(coarse grained reconfigurable array，CGRA)。CGRA的常见工作方式是在完成某个既定的计算任务之后，迅速对其加载新的配置比特流进行功能重构。由于CGRA配置比特流的规模一般很小，重构过程通常仅会持续几个时钟周期到几百个时钟周期。功能重构完成后，CGRA再继续执行该新配置的计算任务。从整个应用程序的层面来看，两个不同计算任务之间切换的时间代价(功能重构的时间代价)非常小，两个计算任务基本是连续执行的，重构也几乎是实时发生的。有些文献也把动态重构称为实时重构。

3）按重构的空间特性划分

按照重构的空间特性划分，可以得到部分重构和整体重构。可重构计算处理器的数据通路可以在空间上划分为多个区域，每个区域可以重构成特定的功能引擎来执行特定的计算任务，而不会影响其他区域的当前状态，这类特性称为部分重构。结合时间特性，部分重构又可以进一步分为动态部分重构和静态部分重构两类。如果可重构数据通路的一个区域或几个区域在执行某些计算任务时，在这些计算任务的执行过程不被中断的前提下，其他一个区域或几个区域仍旧可以进行功能重构，这类特性称为动态部分重构，有时也称为实时部分重构。如果在对可重构数据通路的一个区域或几个区域进行功能重构的同时，其他区域无法处理计算任务，只能处于休眠状态或者非激活状态，这类特性则称为静态部分重构。最典型的具有动态部分重构特性的可重构计算处理器是 CGRA。CGRA 往往被划分成几个不同的区域，每个区域可以被重构成不同的功能引擎来执行不同的计算任务。每个区域的重构和计算之间并不会相互影响。动态部分重构能够提高可重构计算处理器数据通路的硬件利用率，从而提高整个处理器的能量效率。一些商用 FPGA 声称支持静态部分重构，其目的是通过减少配置比特流来缩短 FPGA 的重构时间。支持动态部分重构的可重构计算处理器一定也支持静态部分重构，反之则不一定成立。如果没有特别说明，后面提到的部分重构均特指动态部分重构。目前，有些商用 FPGA 声称支持动态重构，甚至支持动态部分重构，但由于 FPGA 配置比特流的规模过大，实际上并不能从真正意义上做到以上两种重构。

1.4.2　MIMO 检测动态重构芯片研究现状

MIMO 检测算法大多是计算密集型算法和数据密集型算法，这非常适合可重构处理器的实现，具有高能量效率、灵活性和可扩展性。因此，MIMO 检测动态重构处理器越来越受到人们的关注。

文献[99]提出了一种异构的可重构阵列处理器来实现 MIMO 系统的信号处理。为了实现高性能和高能量效率，并保持可重构处理器的高灵活性，文献采用了异构化和层次化的资源设计。另外，此结构利用优化的矢量计算和灵活的存储器访问机制，以便更好地支持 MIMO 信号处理。异构资源部署和分层网络拓扑实现了高效的混合格式数据计算，并显著降低了通信成本。灵活的存储器访问机制减轻了非核心计算部分的寄存器访问次数。此外，算法和架构协同优化，进一步提高了硬件效率。在处理单元阵列框架的基础上，该架构由四个异构的部分组成，这些部分被划分成标量处理器和矢量处理器，见图 1.4.7。两个域之间的数据传输通过存储单元桥接，用于提供比物理存储器更精细字长的数据访问。此功能可以有效地支持混合数据传输，无须处理器的额外控制。标量计算和矢量计算的异构架构如图 1.4.7 所示，它由三个处理单元(预处理、核心处理和后处理)、一个寄存器堆和一个序列器组成。

图 1.4.7 上半部分所示的三个处理单元用于向量计算，而寄存器堆通过寄存器映射的 I/O 端口提供来自内部寄存器和其他模块的数据访问。序列器通过控制总线控制其他单元的操作，如图 1.4.7 中的虚线所示。在无线基带处理中，通常使用 SIMD 作为利用固有数据级进行并行化的基线架构。类似地，在核心处理单元中采用基于 SIMD 的体系结构，其由 $N \times N$ 个复数 MAC 单元组成。复数 MAC 单元的基本架构如图 1.4.8 所示。通过分析可以发现，算法中存在不少矢量处理的紧耦合操作。单独在 SIMD 内核上进行这种"长"处理的映射需要多个操作，不仅增加了执行时间，而且增加了中间结果寄存器的冗余访问。因此，文献[99]通过采用一个超长指令集式多级计算链来扩展 SIMD 内核，用于在一个单一指令中完成几个连续的数据操作。预处理单元和后处理数据单元围绕 SIMD 核心排列，如图 1.4.7 所示，这种安排减少了超过 60%的寄存器访问。该架构在 CMOS 65nm 工艺下面积为 8.88mm^2，并且工作频率为 500MHz，数据吞吐率为 367.88Mbit/s。在 500MHz 和 1.2V 电源电压下工作时，处理一个信号的平均功耗为 548.78 mW，其中逻辑模块为 306.84mW，数据缓存模块为 241.94mW。因此，一比特所对应的能耗分别为 0.83nJ/bit 和 1.49nJ/bit。

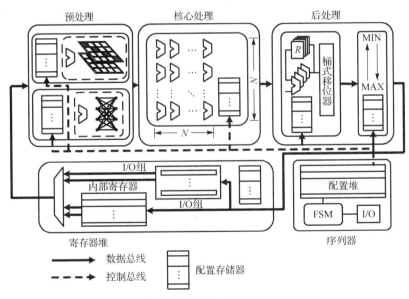

图 1.4.7 标量计算和矢量计算的异构架构

除了矢量计算，矢量处理器的效率还取决于访问带宽和内存访问的灵活性。该架构要求 SIMD 核心在每次操作中都可以访问多个矩阵和向量，以避免较低的资源利用率和数据吞吐率，为了满足这些要求，文献在矢量数据内存块中采用了混合内存和灵活的矩阵访问机制，如图 1.4.9 所示。为了满足高存储访问带宽，矢量和矩阵的访问可以分别进行，以允许同时访问矢量和矩阵，如图 1.4.9(a)所示。每个单元与页面的存储器操作和访问模式由本地控制器管理，并配置存储在嵌入式寄存器中，如图 1.4.9(b)所示。为了进一步提高矩阵访问的灵活性，并且在每个存储器页面中实现如图 1.4.9(c)所示的数据电路，该结构从每个存储器页面加载数据，并将其缓存在本地寄存器堆，基于与每个矩阵存储器相关联的访问索引，这些数据可以在垂直方向上进行重新排列。因此，该结构可以以任何顺序自由访问矩阵中的一整行或一整列，无须物理交换数据。

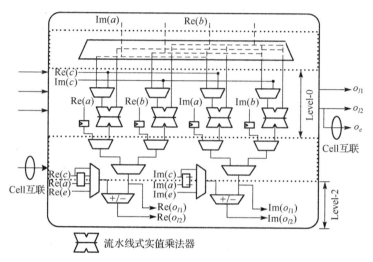

图 1.4.8　复数 MAC 单元结构

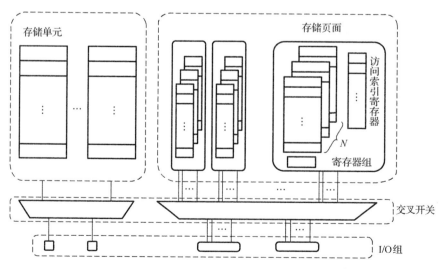

(a) 矢量和矩阵同时访问机制

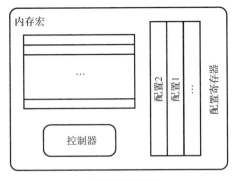

(b) 存储器单元结构

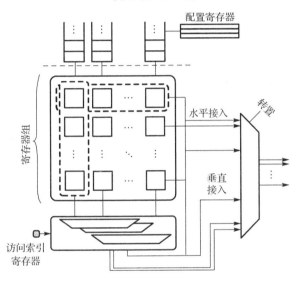

(c) 存储器页面的数据电路结构

图 1.4.9 混合内存和灵活的矩阵访问机制

文献[100]介绍了基带处理加速器,它包含基于 C 语言的可编程混合粗粒度阵列-单指令多数据(coarse grained array-SIMD,CGA-SIMD)。该加速器利用了 SDR 内核中高指令级并行性,并结合简单而有效的高数据并行性,它的编程流程与主 CPU 完全集成。图 1.4.10 描述了该加速器的顶层体系结构,它由 16 个相互连接的 64 位 FU 连接而成。部分 FU 存在分布式的本地寄存器,此外还存在一个更大的全局寄存器。

这 16 个 64 位的核心处理单元执行循环体的计算。这些 FU 可以执行所有常规的算术和逻辑运算以及常用指令,此外还可以执行一些特殊指令以实现四位 16 位的 SIMD 操作,如并行移位、并行减法和并行加法。所有这些基本操作都有一个周期的延时。所有的 FU 也可以执行 16 位整数的有符号乘法和无符号乘法,这些乘法都有三个周期延时。此外，一个 FU 可以执行 24 位除法，这将有八个周期的延时。所有的操作都是完全流水线进行的。在 16 个 FU 中，三个 FU 连接到全局寄存器，每个 FU 通过两个读端口和一个写端口进行数据交互。每一个 FU 都有 64 位本地寄存器，它有两个读端口和一个写端口。因为本地寄存器的体积小，端口数少，所以本地寄存器的功耗远远低于全局寄存器。

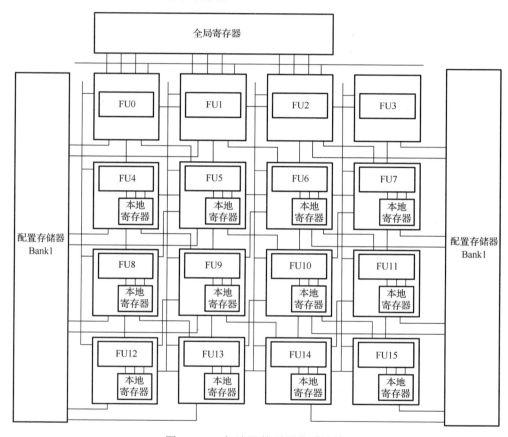

图 1.4.10 加速器的顶层体系结构

文献[101]提出了一个基于动态可重构嵌入式系统架构(architecture for dynamically reconfigurable embedded system，ADRES)平台的 MIMO 检测芯片。这个 MIMO 检测器能够达到接近 ASIC 的数据吞吐率。它包括 2 个相同的核(图 1.4.11)，每个核有 3 个标量 FU，合并形成的超长指令字有一个共同的超长指令字寄存器(register file，RF)。CGA 由 3 个向量单元 FU(FU0、FU1、FU2)和 2 个向量加载/存储(LD/ST)单位组成。向量单元相互连接形成粗粒度阵列，同时包含共享向量寄存器。VLIW 和 CGA 之间的数据通过打包/解包单元相连通。每个核有 2 个标量存储器和 2 个向量存储器。

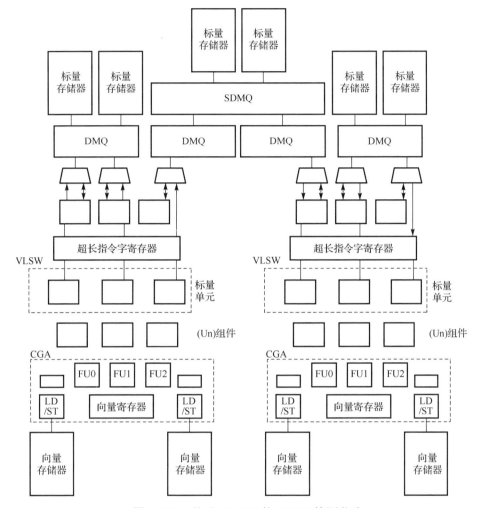

图 1.4.11 基于 ADRES 的 MIMO 检测芯片

高度优化的专用指令集用于 CGA 以执行复杂的运算。这些特殊的指令支持 CGA 的每个向量单元，因此可以实现很高的数据吞吐率。专用指令集的设计能够降低算术运算符的硬件开销，如比特级的移位和加法。在 MIMO 检测中，尺寸规约是常见的算法之一，它需要完成较为复杂的乘法操作。但是这些乘法操作可以分解成低成本的算术移位运算和加法运算，进一步降低了计算复杂度。尺寸规约计算可以通过图 1.4.12 所示的架构实现，图中所示为单个执行周期。

文献[102]介绍了一种利用可重构专用指令集处理器(reconfigurable ASIP, rASIP)设计的 MIMO 检测器，该检测器可以在不同天线配置和调制情况下支持多种 MIMO 检测算法。rASIP 主要由 CGRA 和一个处理器组成。MIMO 检测利用矩阵运算实现了一些重要的计算步骤(如预处理)，甚至包括整个检测算法。对于 rASIP，CGRA

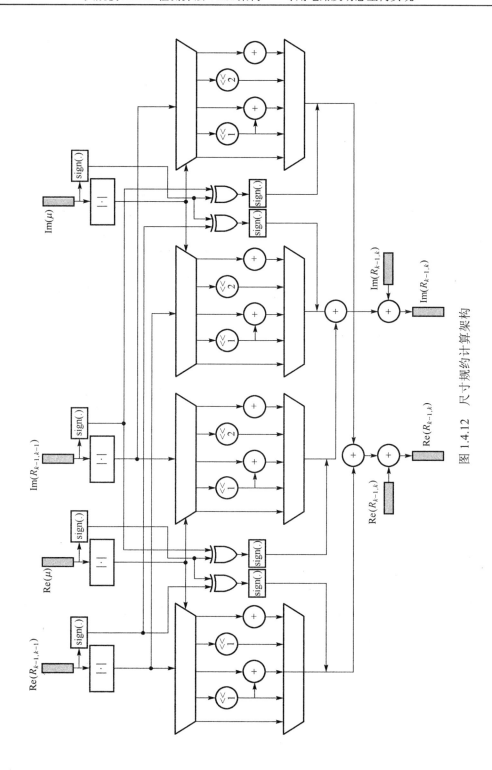

图 1.4.12　尺寸规约计算架构

设计了可以有效地支持在不同的矩阵运算中使用的 MIMO 检测器。为了评估所提方法的灵活性，基于马尔可夫链-蒙特卡罗（Markov chain Monte Carlo，MCMC）的 MIMO 检测在所提架构中可以通过映射进行高效实现。文献所提出的基于多模 MIMO 检测 rASIP 的架构实现了 1.6～5.4 倍的能效提升，并且能够实现接近 ASIC 的性能。

　　如图 1.4.13 所示，文献提出的 CGRA 由 20 个 PE 和一个 Center Alpha 单元构建。20 个 PE 中的 16 个 PE 组成 4×4 的 PE 阵列，并聚集成 4 个 PE 2×2 簇。　根据最大支持的天线配置（即 4×4 和 4×8）选择 PE 阵列大小。4×4 的情况可以充分使用 PE 阵列以实现最大数据吞吐率。这两个天线配置的预处理阶段后的矩阵大小也是 4×4，可以使用此 PE 阵列进行完整的存储。剩余 4 个 PE 排成一行并插入 PE 2×2 簇之间。这 4 个 PE 被聚集成两个 PE 集群链。添加 PE 行的原因如下：首先，当矩阵向量乘法映射到 4×4 的 PE 阵列上时，该 PE 行用于执行最终累加，并允许最大两个加法器出现在累积路径上。其次，该 PE 行允许独立于在 4×4 PE 阵列上执行的矩阵操作，进行单独的矢量操作，同时执行矩阵运算和矢量运算时可以提高性能。此 PE 行还为矢量结果提供了单独的存储空间，无须占用 4×4 PE 阵列上的矩阵的存储资源。CGRA 有四个输入端口和五个输出端口，每个端口可以输入/输出一个复数值数据。

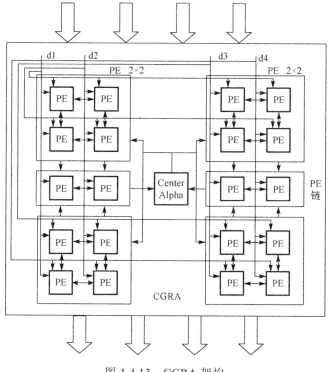

图 1.4.13　CGRA 架构

五个输出端口输出来自 Center Alpha 单元和 PE 链集群中的 4 个 PE。全局互连将四个数据元素 d1～d4 传播到 4×4 PE 阵列的 PE。这四个数据元素既可以来自 CGRA 的四个输入端口，也可以来自 PE 链中的 4 个 PE。PE 链可以从其上部和下部 PE 2×2 簇获取数据。Center Alpha 的结果可以传递给 PE 2×2 簇，并由内部的 16 个 PE 使用。一个 PE 包括四个基本功能单元，即复数乘法器、复数 ALU、桶式移位器和本地寄存器文件，如图 1.4.14 所示。灵活的互连可以允许不同功能单元之间进行通信。通过功能单元和互连，可以将 PE 进行不同配置以执行更复杂的功能，如乘加操作。PE 中的本地注册文件用于存储 PE 生成的中间结果。PE 可以输出任何功能单元的结果。Center Alpha 单位是另一个基本模块。Center Alpha 与 PE 有相似的结构，包括 PE 的所有基本功能单元。Center Alpha 通过去除符号比特，并根据给定的定点数来计算缩放的位宽。可以使用 PE 和 Center Alpha 中的桶式移位器来执行此缩放宽度，以对存储在 PE 和 Center Alpha 中的数据执行动态缩放。

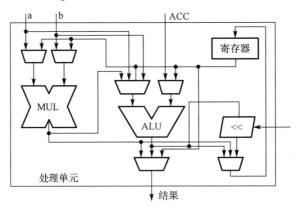

图 1.4.14　PE 结构

算法中使用的矩阵运算可以利用 CGRA 进行映射。为了有效地将 CGRA 用于不同的算法，将几个额外的组件与 CGRA 集成为多模式检测架构(multimode detection architecture，MDA)，如图 1.4.15 所示，包括数据寄存器文件、CGRA 配置存储器、LLR 块来计算软信息和用于存储软信息的 LLR 寄存器文件。

由上可以看出，国内外已提出一些可重构 MIMO 检测芯片架构，但是目前离这些处理器的应用还有一定距离。与此同时，目前还有很多关键性的科学问题需要解决。

(1)缺少可重构 MIMO 检测芯片设计方法的数学模型。

(2)现有的可重构 MIMO 处理器架构仅针对传统 MIMO 系统进行了设计，没有考虑针对大规模 MIMO 系统的处理器设计问题。

(3)单个处理器支持的 MIMO 检测算法范围较小，并且处理数据规模较为固定，灵活性和可扩展性有待提高。

(4)针对可重构 MIMO 检测芯片映射方法，以及硬件资源调度管理优化方法的研究还较为欠缺。

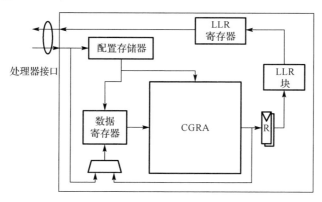

图 1.4.15 多模式检测架构

参 考 文 献

[1] Niyato D, Maso M, Dong I K, et al. Practical perspectives on IoT in 5G networks: From theory to industrial challenges and business opportunities[J]. IEEE Communications Magazine, 2017, 55(2): 68-69.

[2] Le N T, Hossain M A, Islam A, et al. Survey of promising technologies for 5G networks[J]. Mobile Information Systems, 2016(2676589): 1-25.

[3] Osseiran A, Boccardi F, Braun V, et al. Scenarios for 5G mobile and wireless communications: The vision of the METIS project[J]. IEEE Communications Magazine, 2014, 52(5): 26-35.

[4] Andrews J G, Buzzi S, Wan C, et al. What will 5G be?[J]. IEEE Journal on Selected Areas in Communications, 2014, 32(6): 1065-1082.

[5] Peltier W R. Geoide height time dependence and global glacial isostasy: The ICE-5G(VM2) model and GRACE[C]. AGU Spring Meeting, Berlin, 2004: 111-149.

[6] Roh W, Seol J Y, Park J, et al. Millimeter-wave beamforming as an enabling technology for 5G cellular communications: Theoretical feasibility and prototype results[J]. IEEE Communications Magazine, 2014, 52(2): 106-113.

[7] Alberio M, Parladori G. Innovation in automotive: A challenge for 5G and beyond network[C]. 2017 International Conference of Electrical and Electronic Technologies for Automotive, Torino, 2017: 1-6.

[8] Jiang H, Liu H, Guzzino K, et al. Digitizing the yuan tseh lee array for microwave background anisotropy by 5Gbps ADC boards[C]. IEEE International Conference on Electronics, Circuits

and Systems, Seville, 2012: 304-307.

[9]　Manyika J, Chui M, Brown B, et al. Big data: The next frontier for innovation, competition, and productivity[EB/OL]. Analytics, 2011.

[10]　Walker S J. Big Data: A revolution that will transform how we live, work, and think[J]. Mathematics & Computer Education, 2013, 47(17): 181-183.

[11]　Mell P M, Grance T. The NIST Definition of Cloud Computing[M]. Gaithersburg: National Institute of Standards & Technology, 2011: 50.

[12]　Buyya R, Yeo C S, Venugopal S, et al. Cloud computing and emerging IT platforms: Vision, hype, and reality for delivering computing as the 5th utility[J]. Future Generation Computer Systems, 2009, 25(6): 599-616.

[13]　Lewenberg Y, Sompolinsky Y, Zohar A. Inclusive Block Chain Protocols[M]. Financial Cryptography and Data Security. Berlin: Springer, 2015:528-547.

[14]　Li X, Baki F, Tian P, et al. A robust block-chain based tabu search algorithm for the dynamic lot sizing problem with product returns and remanufacturing[J]. Omega, 2014, 42(1): 75-87.

[15]　Hussein A, Elhajj I H, Chehab A, et al. SDN VANETs in 5G: An architecture for resilient security services[C]. International Conference on Software Defined Systems, Valencia, 2017: 67-74.

[16]　Pan F, Wen H, Song H, et al. 5G security architecture and light weight security authentication[C]. IEEE/CIC International Conference on Communications in China- Workshops, Shenzhen, 2017: 94-98.

[17]　Bastug E, Bennis M, Medard M, et al. Toward interconnected virtual reality: Opportunities, challenges, and enablers[J]. IEEE Communications Magazine, 2017, 55(6): 110-117.

[18]　Parsons T, Courtney C. Interactions between threat and executive control in a virtual reality stroop task[J]. IEEE Transactions on Affective Computing, 2018, 9(1): 66-75.

[19]　Al-Shuwaili A, Simeone O. Energy-efficient resource allocation for mobile edge computing-based augmented reality applications[J]. IEEE Wireless Communications Letters, 2017, 6(3): 398-401.

[20]　Chatzopoulos D, Bermejo C, Huang Z, et al. Mobile augmented reality survey: From where we are to where we go[J]. IEEE Access, 2017, 5(99): 6917-6950.

[21]　Azuma R, Baillot Y, Behringer R, et al. Recent advances in augmented reality[J]. IEEE Computer Graphics & Applications, 2001, 21(6): 34-47.

[22]　Lin C, Dong F, Hirota K. A cooperative driving control protocol for cooperation intelligent autonomous vehicle using VANET technology[C]. International Symposium on Soft Computing and Intelligent Systems, Kitakyushu, 2015: 275-280.

[23]　Guan Y, Wang Y, Bian Q, et al. High efficiency self-driven circuit with parallel branch for high frequency converters[J]. IEEE Transactions on Power Electronics, 2018, 33(2): 926-931.

[24] Scanlon J M, Sherony R, Gabler H C. Models of driver acceleration behavior prior to teal-world intersection crashes[J]. IEEE Transactions on Intelligent Transportation Systems, 2018, 19(3): 774-786.

[25] Marques M, Agostinho C, Zacharewicz G, et al. Decentralized decision support for intelligent manufacturing in industry 4.0[J]. Journal of Ambient Intelligence & Smart Environments, 2017, 9(3): 299-313.

[26] Huang J, Xing C C, Wang C. Simultaneous wireless information and power transfer: Technologies, applications, and research challenges[J]. IEEE Communications Magazine, 2017, 55(11): 26-32.

[27] Shafi M, Molisch A F, Smith P J, et al. 5G: A tutorial overview of standards, trials, challenges, deployment and practice[J]. IEEE Journal on Selected Areas in Communications, 2017, 35(6): 1201-1221.

[28] Tran T X, Hajisami A, Pandey P, et al. Collaborative mobile edge computing in 5G networks: New paradigms, scenarios, and challenges[J]. IEEE Communications Magazine, 2017, 55(4): 54-61.

[29] Benmimoune A, Kadoch M. Relay Technology for 5G Networks and IoT Applications[M]. New York: Springer, 2017.

[30] Schulz P, Matthe M, Klessig H, et al. Latency critical IoT applications in 5G: Perspective on the design of radio interface and network architecture[J]. IEEE Communications Magazine, 2017, 55(2): 70-78.

[31] Mehmood Y, Haider N, Imran M, et al. M2M communications in 5G: State-of-the-art architecture, recent advances, and research challenges[J]. IEEE Communications Magazine, 2017, 55(9): 194-201.

[32] Zhang X, Liang Y C, Fang J. Novel bayesian inference algorithms for multiuser detection in M2M communications[J]. IEEE Transactions on Vehicular Technology, 2017(99): 1.

[33] Akpakwu G A, Silva B J, Hancke G P, et al. A survey on 5G networks for the internet of things: Communication technologies and challenges[J]. IEEE Access, 2018, 6(99): 3619-3647.

[34] Wang C X, Haider F, Gao X, et al. Cellular architecture and key technologies for 5G wireless communication networks[J]. IEEE Communications Magazine, 2014, 52(2): 122-130.

[35] Islam S M R, Avazov N, Dobre O A, et al. Power-domain non-orthogonal multiple access (NOMA) in 5G systems: Potentials and challenges[J]. IEEE Communications Surveys & Tutorials, 2017, 19(2): 721-742.

[36] Pham A V, Nguyen D P, Darwish M. High efficiency power amplifiers for 5G wireless communications[C]. 2017 Global Symposium on Millimeter-Waves, Hong Kong, 2017: 103-107.

[37] Pedersen K, Pocovi G, Steiner J, et al. Agile 5G scheduler for improved e2e performance and flexibility for different network implementations[J]. IEEE Communications Magazine, 2018, 56(3): 210-217.

[38] Simsek M, Zhang D, Öhmann D, et al. On the flexibility and autonomy of 5G wireless networks[J]. IEEE Access, 2017, 5: 22823-22835.

[39] Chaudhary R, Kumar N, Zeadally S. Network service chaining in fog and cloud computing for the 5G environment: Data management and security challenges[J]. IEEE Communications Magazine, 2017, 55(11): 114-122.

[40] Pan F, Jiang Y, Wen H, et al. Physical layer security assisted 5G network security[C]. IEEE Vehicular Technology Conference, Toronto, 2017: 1-5.

[41] Monserrat J F, Mange G, Braun V, et al. METIS research advances towards the 5G mobile and wireless system definition[J]. EURASIP Journal on Wireless Communications & Networking, 2015(1): 53.

[42] Yuan Y, Zhao X. 5G:Vision, scenarios and enabling technologies[J]. 中兴通讯技术(英文版), 2015, 13(1): 3-10.

[43] 任永刚, 张亮. 第五代移动通信系统展望[J]. 信息通信, 2014, 8: 255-256.

[44] 尤肖虎, 潘志文, 高西奇, 等. 5G 移动通信发展趋势与若干关键技术[J]. 中国科学：信息科学, 2014, 44(5): 551-563.

[45] Rappaport T S, Sun S, Mayzus R, et al. Millimeter wave mobile communications for 5G cellular: It will work![J]. IEEE Access, 2013, 1(1): 335-349.

[46] Jungnickel V, Manolakis K, Zirwas W, et al. The role of small cells, coordinated multipoint, and massive MIMO in 5G[J]. IEEE Communications Magazine, 2014, 52(5): 44-51.

[47] Swindlehurst A L, Ayanoglu E, Heydari P, et al. Millimeter-wave massive MIMO: The next wireless revolution?[J]. IEEE Communications Magazine, 2014, 52(9): 56-62.

[48] Björnson E, Sanguinetti L, Hoydis J, et al. Optimal design of energy-efficient multi-user MIMO systems: Is massive MIMO the answer?[J]. IEEE Transactions on Wireless Communications, 2014, 14(6): 3059-3075.

[49] Gao X, Edfors O, Rusek F, et al. Massive MIMO performance evaluation based on measured propagation data[J]. IEEE Transactions on Wireless Communications, 2015, 14(7): 3899-3911.

[50] Ngo H Q, Ashikhmin A, Yang H, et al. Cell-free massive MIMO: Uniformly great service for everyone[C]. IEEE International Workshop on Signal Processing Advances in Wireless Communications, Stockholm, 2015: 201-205.

[51] Ngo H, Ashikhmin A, Yang H, et al. Cell-free massive MIMO versus small cells[J]. IEEE Transactions on Wireless Communications, 2016, 16(3): 1834-1850.

[52] Rao X, Lau V K N. Distributed Compressive CSIT Estimation and Feedback for FDD

Multi-User Massive MIMO Systems[M]. Piscataway: IEEE Press, 2014: 3261-3271.

[53] Björnson E, Larsson E G, Marzetta T L. Massive MIMO: Ten myths and one critical question[J]. IEEE Communications Magazine, 2015, 54(2): 114-123.

[54] Larsson E G, Edfors O, Tufvesson F, et al. Massive MIMO for next generation wireless systems[J]. IEEE Communications Magazine, 2014, 52(2): 186-195.

[55] Zhang K, Mao Y, Leng S, et al. Energy-efficient offloading for mobile edge computing in 5G heterogeneous networks[J]. IEEE Access, 2017, 4(99): 5896-5907.

[56] Sabharwal A, Schniter P, Guo D, et al. In-band full-duplex wireless: Challenges and opportunities[J]. IEEE Journal on Selected Areas in Communications, 2014, 32(9): 1637-1652.

[57] Zhou M, Song L, Li Y, et al. Simultaneous bidirectional link selection in full duplex MIMO systems[J]. IEEE Transactions on Wireless Communications, 2015, 14(7): 4052-4062.

[58] Liao Y, Wang T, Song L, et al. Listen-and-talk: Protocol design and analysis for full-duplex cognitive radio networks[J]. IEEE Transactions on Vehicular Technology, 2017, 66(1): 656-667.

[59] Sharma A, Ganti R K, Milleth J K. Joint backhaul-access analysis of full duplex self-backhauling heterogeneous networks[J]. IEEE Transactions on Wireless Communications 2016, 16(3): 1727-1740.

[60] Duy V H, Dao T T, Zelinka I, et al. AETA 2015: Recent Advances in Electrical Engineering and Related Sciences[M]. New York: Springer, 2016.

[61] Kieu T N, Do D T, Xuan X N, et al. Wireless Information and Power Transfer for Full Duplex Relaying Networks: Performance Analysis[M]. New York: Springer, 2016.

[62] Zheng G. Joint beamforming optimization and power control for full-duplex MIMO two-way relay channel[J]. IEEE Transactions on Signal Processing, 2014, 63(3): 555-566.

[63] 姚岳. 第五代移动通信系统关键技术展望[J]. 电信技术, 2015, 1(1): 18-21.

[64] Hosseini K, Hoydis J, Ten Brink S, et al. Massive MIMO and small cells: How to densify heterogeneous networks[C]. IEEE International Conference on Communications, Budapest, 2014: 5442-5447.

[65] Yang H H, Geraci G, Quek T Q S. Energy-efficient design of MIMO heterogeneous networks with wireless backhaul[J]. IEEE Transactions on Wireless Communications, 2016, 15(7): 4914-4927.

[66] Osseiran A, Braun V, Hidekazu T, et al. The foundation of the mobile and wireless communications system for 2020 and beyond: Challenges, enablers and technology solutions[C]. Vehicular Technology Conference, Dresden, 2014: 1-5.

[67] Webb W. Wireless Communications: The Future[M]. Hoboken: John Wiley & Sons, 2007: 11-20.

[68]　Hwang I, Song B, Soliman S S. A holistic view on hyper-dense heterogeneous and small cell networks[J]. IEEE Communications Magazine, 2013, 51 (6): 20-27.

[69]　Baldemair R, Dahlman E, Parkvall S, et al. Future wireless communications[C]. Vehicular Technology Conference, New York, 2013: 1-5.

[70]　Liu S, Wu J, Koh C H, et al. A 25 Gb/s (/km^2) urban wireless network beyond IMT-advanced[J]. IEEE Communications Magazine, 2011, 49 (2): 122-129.

[71]　Jo M, Maksymyuk T, Batista R L, et al. A survey of converging solutions for heterogeneous mobile networks[J]. IEEE Wireless Communications, 2014, 21 (6): 54-62.

[72]　Aijaz A, Aghvami H, Amani M. A survey on mobile data offloading: Technical and business perspectives[J]. IEEE Wireless Communications, 2013, 20 (2): 104-112.

[73]　Tabrizi H, Farhadi G, Cioffi J. A learning-based network selection method in heterogeneous wireless systems[C]. Global Telecommunications Conference, Kathmandu, 2011: 1-5.

[74]　Yoon S G, Han J, Bahk S. Low-duty mode operation of femto base stations in a densely deployed network environment[C]. IEEE International Symposium on Personal, Indoor and Mobile Radio Communications, Sydney, 2012: 636-641.

[75]　梅晨. 面向通信基带信号处理的可重构计算关键技术研究[D]. 南京：东南大学，2015.

[76]　Poston J D, Horne W D. Discontiguous OFDM considerations for dynamic spectrum access in idle TV channels[C]. IEEE International Symposium on New Frontiers in Dynamic Spectrum Access Networks, Sydney, 2005: 607-610.

[77]　Keller T, Hanzo L. Adaptive modulation techniques for duplex OFDM transmission[J]. IEEE Transactions on Vehicular Technology, 2000, 49 (5): 1893-1906.

[78]　Truong K T, Heath R W. Effects of channel aging in massive MIMO systems[J]. Journal of Communications & Networks, 2013, 15 (4): 338-351.

[79]　Choi J, Chance Z, Love D J, et al. Noncoherent trellis coded quantization: A practical limited feedback technique for massive MIMO systems[J]. IEEE Transactions on Communications, 2013, 61 (12): 5016-5029.

[80]　Li K, Sharan R, Chen Y, et al. Decentralized baseband processing for massive MU-MIMO systems[J]. IEEE Journal on Emerging & Selected Topics in Circuits & Systems, 2017, 7 (4): 491-507.

[81]　Roger S, Ramiro C, Gonzalez A, et al. Fully parallel GPU implementation of a fixed-complexity soft-output MIMO detector[J]. IEEE Transactions on Vehicular Technology, 2012, 61 (8): 3796-3800.

[82]　Guenther D, Leupers R, Ascheid G. Efficiency enablers of lightweight SDR for MIMO baseband processing[J]. IEEE Transactions on Very Large Scale Integration Systems, 2016, 24 (2): 567-577.

[83]　Winter M, Kunze S, Adeva E P, et al. A 335Mb/s 3.9mm^2 65nm CMOS flexible MIMO detection-decoding engine achieving 4G wireless data rates[C]. Solid-State Circuits Conference Digest of Technical Papers, San Francisco, 2012: 216-218.

[84]　Noethen B, Arnold O, Perez Adeva E, et al. 10.7 A 105GOPS 36mm^2 heterogeneous SDR MPSoC with energy-aware dynamic scheduling and iterative detection-decoding for 4G in 65nm CMOS[C]. Solid-State Circuits Conference Digest of Technical Papers, San Francisco, 2014: 188-189.

[85]　Chen C, Tang W, Zhang Z. 18.7 A 2.4mm^2 130mW MMSE-nonbinary-LDPC iterative detector-decoder for 4×4 256-QAM MIMO in 65nm CMOS[C]. Solid- State Circuits Conference, San Francisco, 2015: 1-3.

[86]　Studer C, Fateh S, Seethaler D. ASIC implementation of soft-input soft-output MIMO detection using MMSE parallel interference cancellation[J]. IEEE Journal of Solid-State Circuits, 2011, 46(7): 1754-1765.

[87]　Tang W, Prabhu H, Liu L, et al. A 1.8Gb/s 70.6pJ/b 128×16 link-adaptive near-optimal massive MIMO detector in 28nm UTBB-FDSOI[C]. Solid-State Circuits Conference Digest of Technical Papers, San Francisco, 2018: 60-61.

[88]　Prabhu H, Rodrigues J N, Liu L, et al. 3.6 A 60pJ/b 300Mb/s 128×8 massive MIMO precoder-detector in 28nm FD-SOI[C]. Solid-State Circuits Conference Digest of Technical Papers, San Francisco, 2017: 60-61.

[89]　Chen Y T, Cheng C C, Tsai T L, et al. A 501mW 7.61Gb/s integrated message-passing detector and decoder for polar-coded massive MIMO systems[C]. VLSI Circuits, Kyoto, 2017: C330-C331.

[90]　Tang W, Chen C H, Zhang Z. A 0.58mm^2 2.76Gb/s 79.8pJ/b 256-QAM massive MIMO message-passing detector[C]. VLSI Circuits, Honolulu, 2016: 1-2.

[91]　Todman T J, Constantinides G A, Wilton S J E, et al. Reconfigurable computing: Architectures and design methods[J]. IEE Proceedings - Computers and Digital Techniques, 2005, 152(2): 193-207.

[92]　魏少军, 刘雷波, 尹首一. 可重构计算[M]. 北京: 科学出版社, 2014.

[93]　Liu L, Li Z, Chen Y, et al. HReA: An energy-efficient embedded dynamically reconfigurable fabric for 13-dwarfs processing[J]. IEEE Transactions on Circuits & Systems II Express Briefs, 2018, 65(3): 381-385.

[94]　Liu L, Wang J, Zhu J, et al. TLIA: Efficient reconfigurable architecture for control-intensive kernels with triggered-long-instructions[J]. IEEE Transactions on Parallel & Distributed Systems, 2016, 27(7): 2143-2154.

[95]　Radunovic B, Milutinovic V M. A survey of reconfigurable computing architectures[C].

International Workshop on Field Programmable Logic and Applications, Berlin: 1998: 376-385.

[96] Atak O, Atalar A. BilRC: An execution triggered coarse grained reconfigurable architecture[J]. IEEE Transactions on Very Large Scale Integration Systems, 2013, 21(7): 1285-1298.

[97] Liu L, Chen Y, Yin S, et al. CDPM: Context-directed pattern matching prefetching to improve coarse-grained reconfigurable array performance[J]. IEEE Transactions on Computer-Aided Design of Integrated Circuits and Systems, 2018, 37(6): 1171-1184.

[98] Estrin G. Organization of computer systems-the fixed plus variable structure computer[C]. International Workshop on American Federation of Information Processing Societies, San Francisco, 1960: 33-40.

[99] Zhang C, Liu L, Marković D, et al. A heterogeneous reconfigurable cell array for MIMO signal processing[J]. IEEE Transactions on Circuits & Systems I Regular Papers, 2015, 62(3): 733-742.

[100] Bougard B, Sutter B D, Verkest D, et al. A coarse-grained array accelerator for software-defined radio baseband processing[J]. IEEE Micro, 2008, 28(4): 41-50.

[101] Ahmad U, Li M, Appeltans R, et al. Exploration of lattice reduction aided soft-output MIMO detection on a DLP/ILP baseband processor[J]. IEEE Transactions on Signal Processing, 2013, 61(23): 5878-5892.

[102] Chen X, Minwegen A, Hassan Y, et al. FLEXDET: Flexible, efficient multi-mode MIMO detection using reconfigurable ASIP[J]. IEEE Transactions on Very Large Scale Integration Systems, 2015, 23(10): 2173-2186.

第 2 章　线性大规模 MIMO 检测算法

大规模 MIMO 信号检测是下一代无线通信(如 5G)[1]关键技术，其中如何能够高效并准确地检测出大规模 MIMO 系统的发射信号至关重要。在大规模 MIMO 信号检测中，有许多算法可以实现信号的检测，通常这些算法根据计算方式的不同可以分为线性检测算法和非线性检测算法两大类[2]。线性检测算法虽然在精确度上不及非线性检测算法，但由于线性检测算法的复杂度低，在一些情况下，线性检测算法仍不失为一种有效的大规模 MIMO 系统的信号检测手段。在线性检测算法中，常常遇到的困难是大型矩阵的求逆计算，尤其当大规模 MIMO 系统规模很大时，算法的复杂度非常高，对应的硬件难以实现。因此，本章介绍几种典型的应用于大规模 MIMO 信号检测的线性迭代算法，这几种算法可以有效地利用向量或矩阵之间的迭代，避免大规模矩阵的直接求逆运算，降低线性检测算法的复杂度。在接下来的几节中，分别介绍纽曼级数近似(Neumann series approximation，NSA)算法、切比雪夫迭代(Chebyshev iteration)算法、雅可比迭代(Jacobi iteration)算法、共轭梯度(conjugate gradient，CG)算法，并介绍切比雪夫迭代算法、雅可比迭代算法、共轭梯度算法的优化方法，得到更优的线性检测算法。除此之外，本章还比较这几种算法与其他大规模 MIMO 信号检测算法的复杂度与精确度等特性。

2.1　线性算法概述

大规模 MIMO 信号检测算法通常可以分为线性检测算法和非线性检测算法两大类。非线性检测算法，顾名思义，即采用非线性算法从接收信号 y 中恢复出发送信号 s 的算法。这一类算法往往拥有较高的准确性，但运算复杂度较高。例如，最大似然(maximum likelihood, ML)检测法是一种典型的非线性检测算法[3]。从理论上讲，ML 检测法用于大规模 MIMO 信号检测非常理想，拥有较高的准确性。但在 ML 检测法中，其计算需要的循环次数很大程度上依赖于调制阶数 q 和用户的天线数 N_t，总的计算循环次数为 q^{N_t}。无疑，这个结果是灾难性的，因为即使调制阶数或用户天线数增量很少，总的循环次数仍然会增加非常多。因此，ML 检测法虽然在理论上是一种非常理想的检测方法,但在实际中并不适用,尤其是在大规模 MIMO 信号检测中。总体来说，非线性检测算法在大规模 MIMO 信号检测中，与线性检测算法相比，往往拥有更高的准确性，但伴随着的是更高的复杂度。非线性检测算法，将在第 4 章中进行详细介绍。

与非线性检测算法对应的是线性检测算法，线性检测算法通常通过对矩阵的操作实现对信号 s 的估计。常见的线性检测算法有迫零（zero-force, ZF）检测算法和最小均方误差检测法[4]，它们均是通过对信道矩阵 H 做相应的变形，将大规模 MIMO 信号检测转化为线性矩阵方程求解问题，即 $Hs = y$ 的形式。根据 1.2.1 节中大规模 MIMO 信道模型，接收信号与发送信号之间满足式（2.1.1）：

$$y = Hs + n \tag{2.1.1}$$

式中，y 为接收信号；H 为信道矩阵；s 为发送信号；n 为加性噪声。大规模 MIMO 的线性检测算法，是在忽略加性噪声 n 的情况下，将式（2.1.1）的等式两端同时左乘信道矩阵的共轭转置 H^H，如此可以得到式（2.1.2）：

$$H^H y = H^H Hs \tag{2.1.2}$$

令式（2.1.3）中等式成立，于是可以得到式（2.1.4）：

$$y^{MF} = H^H y \tag{2.1.3}$$

$$s = (H^H H)^{-1} H^H y = (H^H H)^{-1} y^{MF} \tag{2.1.4}$$

实现了对发送信号 s 的检测。但是由于加性噪声 n 的存在，式（2.1.4）存在误差，基于以上的思想，可以通过一个矩阵 W 来估计发送信号 s，使得式（2.1.5）成立：

$$\hat{s} = Wy \tag{2.1.5}$$

式中，$\hat{s}$ 表示估计的发送信号。如此，大规模 MIMO 线性检测即转化为对矩阵 W 的估计。

ZF 是一种常见的线性检测算法，它的主要思想是在分析中将大规模 MIMO 信道模型中的加性噪声 n 忽略，这将使得大规模 MIMO 检测算法简化很多，易于实现。但考虑到实际情况下噪声通常不可忽略，这种算法得到的结果不一定是最佳解。对于一个规模为 $N_r \times N_t$ 的大规模 MIMO 系统，在基站端，一根接收天线接收到的信号可表示为

$$y = \sum_{i=1}^{N_t} h_i s_i + n, \quad i = 1, 2, \cdots, N_t \tag{2.1.6}$$

式中，$h_1, h_2, \cdots, h_{N_t}$ 是矩阵 H 的第 1，2，…，N_t 行；s_i 为发射信号 s 的第 i 个元素，$i = 1, 2, \cdots, N_t$。现在定义一个向量 $w_{i,1 \times N_r}$，满足式（2.1.7）：

$$w_i h_j = \begin{cases} 1, & i = j \\ 0, & i \neq j \end{cases} \tag{2.1.7}$$

式中，$i = 1, 2, \cdots, N_t$。将 w_i 作为行，组成一个矩阵 $W_{N_t \times N_r}$。由式（2.1.7），显然 $WH = I$，并结合式（2.1.4），可以得到

$$W = (H^H H)^{-1} H^H \qquad (2.1.8)$$

这样，发送信号 s 可以估计为

$$\hat{s} = W(Hs + n) = s + Wn \qquad (2.1.9)$$

显然，当加性噪声 $n = 0$ 时，严格满足 $\hat{s} = s$。因为 ZF 检测算法满足式 (2.1.7) 中的条件，所以它可以消除不同发送天线发送数据之间的干扰，并在信噪比较大时，能够得到比较精确的检测结果。

虽然 ZF 检测算法在精确度上存在一些欠缺，但是它的推导过程也提供了一些思路，是否可以将噪声 n 的影响加入 W 矩阵中，同样使用求解线性矩阵的方法，对发送信号 s 的求解简单化呢？在这个基础上，人们提出了最小均方误差检测算法。

MMSE 检测算法是另一种典型的线性检测算法，它的基本思路是使估计的信号 $\hat{s} = Wy$ 尽可能地接近真实值。在 MMSE 检测算法中，采用的目标函数是

$$\hat{s} = W_{\text{MMSE}} = \arg \min_{W} E \| s - Wy \|^2 \qquad (2.1.10)$$

现在根据式 (2.1.10) 求解矩阵 W，可以得到

$$\begin{aligned}
W_{\text{MMSE}} &= \arg \min_{W} E \| s - Wy \|^2 \\
&= \arg \min_{W} E \left\{ (s - Wy)^H (s - Wy) \right\} \\
&= \arg \min_{W} E \left\{ \text{tr} \left[(s - Wy)(s - Wy)^H \right] \right\} \\
&= \arg \min_{W} E \left\{ \text{tr} \left[ss^H - sy^H W^H - Wys^H + Wyy^H W^H \right] \right\}
\end{aligned} \qquad (2.1.11)$$

对式 (2.1.11) 求偏导并令其等于零，得到

$$\frac{\partial \text{tr} \left[ss^H - sy^H W^H - Wys^H + Wyy^H W^H \right]}{\partial W} = 0 \qquad (2.1.12)$$

通过求解式 (2.1.12)，可以得到

$$W = \left(H^H H + \frac{N_0}{E_s} I_{N_t} \right)^{-1} H^H \qquad (2.1.13)$$

式中，N_0 为噪声的频谱密度；E_s 为信号的频谱密度，并且定义 Gram 矩阵 $G = H^H H$。由此，类似于 ZF 检测算法，可以推导出 MMSE 检测算法，它同样是使估计的信号 $\hat{s} = Wy$，与 ZF 检测算法不同的点在于：ZF 检测算法中 $W_{\text{ZF}} = G^{-1} H^H$，而在 MMSE

检测算法中 $\boldsymbol{W}_{\mathrm{MMSE}} = \left(\boldsymbol{G} + \dfrac{N_0}{E_s} \boldsymbol{I}_{N_t} \right)^{-1} \boldsymbol{H}^{\mathrm{H}}$。两种算法均能在大规模 MIMO 检测中实现对发送信号 $\boldsymbol{s}$ 的估计。

无论 ZF 检测算法，还是 MMSE 检测算法，均涉及矩阵的求逆。在大规模 MIMO 系统中，信道矩阵 $\boldsymbol{H}$ 的规模往往很大，矩阵的求逆则更加复杂，并且矩阵的求逆过程在实际信号检测电路中通常很难实现。为了避免矩阵求逆过程中巨大的复杂度，人们被提出很多算法，以降低算法的复杂度，减少大型矩阵求逆带来的困扰。这些算法中，典型的有纽曼级数近似算法、切比雪夫迭代算法、雅可比迭代算法、共轭梯度算法等。下面将就以上四种常见的算法进行详细的介绍。

2.2　纽曼级数近似算法

大规模 MIMO 系统中，通常接收天线数远远多于用户的天线数[5]，即 N_r 远大于 N_t。因为信道矩阵 $\boldsymbol{H}$ 中的元素独立同分布（independent identically distributed，i.i.d.），且实部与虚部都服从参数为 $N(0,1)$ 的高斯分布，所以 Gram 矩阵 $\boldsymbol{G}$ 与 MMSE 矩阵 $\boldsymbol{A} = \boldsymbol{G} + (N_0/E_s)\boldsymbol{I}_{N_t}$ 均为对角占优矩阵，并且当 N_r 趋于无穷大时，Gram 矩阵 $\boldsymbol{G}$ 趋近于数量矩阵，即 $\boldsymbol{G} \to N_r\boldsymbol{I}_{N_t}$[5]。利用这个性质，可以简化线性大规模 MIMO 检测算法中涉及的矩阵求逆过程。

由于 MMSE 矩阵 $\boldsymbol{A}$ 的对角占优性，如果将 $\boldsymbol{A}$ 的对角线元素取出，记为 $\boldsymbol{D}$ 矩阵，则非常容易求得 $\boldsymbol{D}$ 矩阵的逆矩阵。前面提到，$\boldsymbol{A}$ 趋于 $\boldsymbol{D}$ 的条件是用户天线数 N_t 趋于无穷大，而在实际情况中无法达到该条件，甚至通常情况下离该条件差距甚远。如此，利用 $\boldsymbol{A} \approx \boldsymbol{D}$ 来近似 $\boldsymbol{A}$ 矩阵，并求解 $\boldsymbol{A}$ 矩阵的逆会带来比较大的误差。

2.2.1　算法设计

利用纽曼级数可以得到精确的矩阵求逆结果[6]。纽曼级数是将 MMSE 矩阵 $\boldsymbol{A}$ 的逆矩阵 $\boldsymbol{A}^{-1}$ 展开为

$$\boldsymbol{A}^{-1} = \sum_{n=0}^{\infty} [\boldsymbol{X}^{-1}(\boldsymbol{X} - \boldsymbol{A})]^n \boldsymbol{X}^{-1} \tag{2.2.1}$$

式中，矩阵 $\boldsymbol{X}$ 需满足：

$$\lim_{n \to \infty} (\boldsymbol{I} - \boldsymbol{X}^{-1}\boldsymbol{A})^n = 0_{N_t \times N_t} \tag{2.2.2}$$

将 $\boldsymbol{A}$ 矩阵分解为对角线元素与非对角线元素的和 $\boldsymbol{A} = \boldsymbol{D} + \boldsymbol{E}$，代入式 (2.2.1) 中，可以得到

$$A^{-1} = \sum_{n=0}^{\infty} (D^{-1}E)^n D^{-1} \qquad (2.2.3)$$

根据式 (2.2.2)，如果 $\lim_{n \to \infty} (-D^{-1}E)^n = 0_{N_t \times N_t}$ 条件满足，则式 (2.2.3) 中的展开式一定能够收敛。

将矩阵 A^{-1} 展开成了无数项的和的形式，不利于实际操作。为了能够将纽曼级数运用到线性大规模 MIMO 检测算法中，需要利用纽曼级数近似来对式 (2.2.3) 进行估计[7]。利用纽曼级数近似求解逆矩阵的主要思想是取出式 (2.2.3) 中纽曼级数的前 K 项，则计算前 K 项纽曼级数的表达式为

$$\tilde{A}_K^{-1} = \sum_{n=0}^{K-1} (D^{-1}E)^n D^{-1} \qquad (2.2.4)$$

利用式 (2.2.4)，可以计算含有一定项数的纽曼级数，将无限项变为有限项，从而达到降低运算复杂度又能估计 MMSE 矩阵 A 的逆矩阵的目的。通过对 A^{-1} 的近似，可以得到近似的 MMSE 均衡矩阵 $\tilde{W}_K^{-1} = \tilde{A}_K^{-1} H^{\mathrm{H}}$。根据选取项数 K 的不同，A^{-1} 可以表示为不同的表达形式。当 $K=1$ 时，$\tilde{A}_1^{-1} = D^{-1}$，此时 $\tilde{W}_1^{-1} = D^{-1} H^{\mathrm{H}}$；当 $K=2$ 时，$\tilde{A}_2^{-1} = D^{-1} + D^{-1}ED^{-1}$，运算复杂度为 $O(N_t^2)$；当 $K=3$ 时，$\tilde{A}_3^{-1}$ 表示为

$$\tilde{A}_3^{-1} = D^{-1} + D^{-1}ED^{-1} + D^{-1}ED^{-1}ED^{-1} \qquad (2.2.5)$$

式 (2.2.5) 的运算复杂度为 $O(N_t^3)$，这与实际计算逆矩阵的复杂度相当，但是式 (2.2.5) 的近似运算操作更少。当 $K > 4$ 时，实际的矩阵求逆运算复杂度可能会比近似算法的复杂度低。

2.2.2 误差分析

显然，利用式 (2.2.4) 取前 K 项的和会带来误差。这个误差可以表示为

$$\begin{aligned}
\Delta_K &= \tilde{A}^{-1} - \tilde{A}_K^{-1} \\
&= \sum_{n=K}^{\infty} (-D^{-1}E)^n D^{-1} \\
&= (-D^{-1}E)^K \sum_{n=0}^{\infty} (-D^{-1}E)^n D^{-1} \\
&= (-D^{-1}E)^K A^{-1}
\end{aligned} \qquad (2.2.6)$$

利用式 (2.2.4) 估计发送信号，将式 (2.2.4) 代入到式 (2.2.6)，可以得到式 (2.2.7) 的发送信号关于误差的表达式：

$$\hat{s}_K = \tilde{A}_K^{-1} H^{\mathrm{H}} y = A^{-1} y^{\mathrm{MF}} - \Delta_K y^{\mathrm{MF}} \qquad (2.2.7)$$

通过对式 (2.2.7) 的第二项取二范数，可以得到

$$\left\| \boldsymbol{\varDelta}_K \boldsymbol{y}^{\mathrm{MF}} \right\|_2 = \left\| (-\boldsymbol{D}^{-1}\boldsymbol{E})^K \boldsymbol{A}^{-1} \boldsymbol{y}^{\mathrm{MF}} \right\|_2$$
$$\leqslant \left\| (-\boldsymbol{D}^{-1}\boldsymbol{E})^K \right\|_{\mathrm{F}} \left\| \boldsymbol{A}^{-1} \boldsymbol{y}^{\mathrm{MF}} \right\|_2$$
$$\leqslant \left\| -\boldsymbol{D}^{-1}\boldsymbol{E} \right\|_{\mathrm{F}}^K \left\| \boldsymbol{A}^{-1} \boldsymbol{y}^{\mathrm{MF}} \right\|_2 \tag{2.2.8}$$

从式 (2.2.8) 中可以看出，如果式 (2.2.8) 中满足式 (2.2.9) 的条件，则随着项数 K 的增加，近似的误差指数性接近 0，并且可以证明，式 (2.2.9) 是式 (2.2.3) 收敛的充分条件。

$$\left\| -\boldsymbol{D}^{-1}\boldsymbol{E} \right\|_{\mathrm{F}} < 1 \tag{2.2.9}$$

现在需要证明，当大规模 MIMO 系统的规模满足 N_r 远大于 N_t，信道矩阵 $\boldsymbol{H}$ 中的元素独立同分布，且都服从参数为 $N(0,1)$ 的复高斯分布时，式 (2.2.3) 收敛。更具体地，需要证明纽曼级数收敛的条件和式 (2.2.8) 中误差极小的条件只与 N_t 和 N_r 有关。下面给出一个定理，并给出相应证明。

定理 2.2.1 当 $N_r > 4$，并且信道矩阵 $\boldsymbol{H}$ 中的元素相互独立，满足方差为 1 的复高斯分布时，可以得到

$$P\left\{ \left\| -\boldsymbol{D}^{-1}\boldsymbol{E} \right\|_{\mathrm{F}}^K < \alpha \right\} \geqslant 1 - \frac{(N_t^2 - N_t)}{\alpha^{\frac{2}{K}}} \sqrt{\frac{2N_r(N_r+1)}{(N_r-1)(N_r-2)(N_r-3)(N_r-4)}} \tag{2.2.10}$$

证明 在证明定理 2.2.1 之前，还需要给出另外三个引理，并给出它们的证明。

引理 2.2.1 令 $x^{(k)}$、$y^{(k)}$ $(k = 1, 2, \cdots, N_r)$ 独立同分布，并且满足方差为 1 的复高斯分布，于是有

$$E\left[\left| \sum_{k=1}^{N_r} x^{(k)} y^{(k)} \right|^4 \right] = 2N_r(N_r+1) \tag{2.2.11}$$

证明 首先可以得到

$$E\left[\left| \sum_{k=1}^{N_r} x^{(k)} y^{(k)} \right|^4 \right] = E\left[\left(\sum_{k=1}^{N_r} x^{(k)} y^{(k)} \sum_{k=1}^{N_r} (x^{(k)} y^{(k)})^* \right)^2 \right]$$
$$= \binom{N_r}{2} E\left[\left| x^{(k)} \right|^2 \left| y^{(k)} \right|^2 \right] + N_r E\left[\left| x^{(k)} \right|^4 \left| y^{(k)} \right|^4 \right]$$
$$= 2N_r(N_r - 1) + 4N_r$$
$$= 2N_r^2 + 2N_r \tag{2.2.12}$$

式 (2.2.12) 中的运算过程可以总结为以下步骤。将二次项展开后，非零项可以写为

$\left|x^{(k)}\right|^4\left|y^{(k)}\right|^4$ 和 $\left|x^{(k)}\right|^2\left|y^{(k)}\right|^2$，$k=1,2,\cdots,N_r$。其中一共有 N_r 项 $\left|x^{(k)}\right|^4\left|y^{(k)}\right|^4$ 和 $\binom{N_r}{2}$ 项 $\left|x^{(k)}\right|^2\left|y^{(k)}\right|^2$。根据 $E\left[\left|x^{(k)}\right|^4\right]=E\left[\left|y^{(k)}\right|^4\right]=2$，$E\left[\left|x^{(k)}\right|^2\right]=E\left[\left|y^{(k)}\right|^2\right]=1$，即可得到引理 2.2.1 的结论。

引理 2.2.2 令 $N_r>4$，且 $x^{(k)}(k=1,2,\cdots,N_r)$ 独立同分布，服从方差为 1 的复高斯分布，且 $g=\sum\limits_{k=1}^{N_r}\left|x^{(k)}\right|^2$，于是有

$$E\left[\left|g^{-1}\right|^4\right]=[(N_r-1)(N_r-2)(N_r-3)(N_r-4)]^{-1} \tag{2.2.13}$$

证明 首先将 g 重新表示为

$$g=\frac{1}{2}\sum_{k=1}^{2N_r}\left|s^{(k)}\right|^2 \tag{2.2.14}$$

式中，$s^{(k)}$ 为独立同分布，且服从均值为 0、方差为 1 的实高斯分布。因此 $2g^{-1}$ 服从自由度为 $2N_t$ 的逆 χ^2 分布。而自由度为 $2N_r$ 的逆 χ^2 分布对应于自由度为 $2N_t$ 的逆高斯分布。第 4 次逆 χ^2 分布可以通过式 (2.2.15) 得到

$$E\left(\left|2g^{-1}\right|^4\right)=\frac{16}{(N_r-1)(N_r-2)(N_r-3)(N_r-4)} \tag{2.2.15}$$

于是可以得出引理 2.2.2 的结论。

引理 2.2.3 令 $N_t>4$，信道矩阵 $\boldsymbol{H}$ 中的元素满足独立同分布的零均值、单位方差的复高斯分布。于是有

$$E\left[\left\|\boldsymbol{D}^{-1}\boldsymbol{E}\right\|_{\mathrm{F}}^2\right]\leqslant(N_t^2-N_t)\sqrt{\frac{2N_r(N_r+1)}{(N_r-1)(N_r-2)(N_r-3)(N_r-4)}} \tag{2.2.16}$$

证明 归一化的 Gram 矩阵 $\boldsymbol{G}$ 对应于矩阵 $\boldsymbol{A}$，$\boldsymbol{A}=\boldsymbol{D}+\boldsymbol{E}=\boldsymbol{G}+\dfrac{N_0}{E_s}\boldsymbol{I}_{N_t}$。因此，矩阵 $\boldsymbol{A}$ 的第 i 行第 j 列的元素可以表示为

$$a^{(i,j)}=\begin{cases} g^{(i,j)}=\sum\limits_{k=1}^{N_r}(h^{(k,i)})^*h^{(k,j)}, & i\neq j \\[2mm] g^{(i,i)}+\dfrac{N_0}{E_s}=\sum\limits_{k=1}^{N_r}\left|h^{(k,i)}\right|^2+\dfrac{N_0}{E_s}, & i=j \end{cases} \tag{2.2.17}$$

式中，$g^{(i,j)}$ 是矩阵 $\boldsymbol{G}$ 第 i 行第 j 列的元素。于是可以得到式 (2.2.18) 中的不等式：

$$E\left[\left\|\boldsymbol{D}^{-1}\boldsymbol{E}\right\|_{\mathrm{F}}^2\right]=E\left[\sum_{i=1}^{i=N_t}\sum_{j=1,i\neq j}^{j=N_t}\left|\frac{g^{(i,j)}}{a^{(i,i)}}\right|^2\right]\leqslant\sum_{i=1}^{i=N_t}\sum_{j=1,i\neq j}^{j=N_t}E\left|\frac{g^{(i,j)}}{g^{(i,i)}}\right|^2 \tag{2.2.18}$$

对式 (2.2.18)，再利用柯西-施瓦茨不等式，有

$$E\left[\left\|\boldsymbol{D}^{-1}\boldsymbol{E}\right\|_{\mathrm{F}}^{2}\right] \leqslant \sum_{i=1}^{i=N_{t}} \sum_{j=1,i\neq j}^{j=N_{t}} \sqrt{E\left[\left|g^{(i,j)}\right|^{4}\right] E\left[\left|(g^{(i,i)})^{-1}\right|^{4}\right]} \tag{2.2.19}$$

在一阶矩与二阶矩中的计算中分别利用引理 2.2.2 和引理 2.2.3 可以得到

$$E\left[\left\|\boldsymbol{D}^{-1}\boldsymbol{E}\right\|_{\mathrm{F}}^{2}\right] \leqslant \sum_{i=1}^{i=N_{t}} \sum_{j=1,i\neq j}^{j=N_{t}} \sqrt{\frac{2N_{r}(N_{r}+1)}{(N_{r}-1)(N_{r}-2)(N_{r}-3)(N_{r}-4)}}$$

$$= (N_{t}^{2} - N_{t})\sqrt{\frac{2N_{r}(N_{r}+1)}{(N_{r}-1)(N_{r}-2)(N_{r}-3)(N_{r}-4)}} \tag{2.2.20}$$

现在再来证明定理 2.2.1。利用马尔可夫不等式，可以得到

$$P\left\{\left[\left\|\boldsymbol{D}^{-1}\boldsymbol{E}\right\|_{\mathrm{F}}^{K} \geqslant \alpha\right]\right\} = P\left\{\left[\left\|\boldsymbol{D}^{-1}\boldsymbol{E}\right\|_{\mathrm{F}} \geqslant \alpha^{\frac{2}{K}}\right]\right\} \leqslant \alpha^{-\frac{2}{K}} E\left[\left\|\boldsymbol{D}^{-1}\boldsymbol{E}\right\|_{\mathrm{F}}^{2}\right] \tag{2.2.21}$$

结合 $P\left\{\left[\left\|\boldsymbol{D}^{-1}\boldsymbol{E}\right\|_{\mathrm{F}}^{K} < \alpha\right]\right\} = 1 - P\left\{\left[\left\|\boldsymbol{D}^{-1}\boldsymbol{E}\right\|_{\mathrm{F}}^{K} \geqslant \alpha\right]\right\}$ 和引理 2.2.3 中 $E\left[\left\|\boldsymbol{D}^{-1}\boldsymbol{E}\right\|_{\mathrm{F}}^{2}\right]$ 的上界，可以得到定理 2.2.1 的结论。

从式 (2.2.10) 可以发现，当 $N_r \gg N_t$ 时，条件 (2.2.9) 成立的概率会更大。这个定理说明纽曼级数会以一定的概率收敛，N_r / N_t 的比值越大，收敛的概率则越大。此外，该定理还提供了使残差估计误差取极小值的条件，并且当 α 小于 1 时，选取的项数 K 越大，收敛的概率也越大。

2.2.3 复杂度与误块率

纽曼级数近似降低了矩阵求逆计算的复杂度，现在从运算复杂度与误码块两方面讨论纽曼级数近似的一些优点和局限。这里考虑 N_r 分别为 64、128 和 256 的情况。

在求解逆矩阵的精确算法中，Cholesky 分解（Cholesky decomposition，CHD）算法[8]比其他一些精确求解方法，如矩阵的直接求逆、QR 分解、LU 分解[3, 9]等的复杂度低。因此，可以选取 Cholesky 分解算法作为与纽曼级数近似比较的对象。Cholesky 分解算法求解逆矩阵的复杂度在 $O(N_t^3)$ 范围，而 $K=1$ 和 $K=2$ 时，纽曼级数近似求解逆矩阵的方法复杂度则分别在 $O(N_t)$ 和 $O(N_t^2)$ 范围。当 $K > 3$ 时，纽曼级数近似的复杂度主要来自于大型矩阵之间的乘法，并且该复杂度随着 K 的取值线性增加。例如，$K=3$ 时，算法中有一次大型矩阵之间的乘法，而 $K=4$ 则有两次大型矩阵之间的乘法，即 $K > 3$ 时纽曼级数近似中需要计算 $K-2$ 次大型矩阵之间的乘法。所以，当 $K > 3$ 时，纽曼级数近似算法的复杂度为 $O((K-2)N_t^3)$。由此可以看出，当 $K \geqslant 3$ 时，纽曼级数近似与 Cholesky 分解算法相比，在复杂度上并没有优势。

一个算法的复杂度主要取决于该算法中实数乘法的个数，在图 2.2.1 中画出了

Cholesky 分解算法和取不同 K 值的纽曼级数近似算法中实数乘法的个数随用户天线数 N_t 的变化曲线。图 2.2.1 表明，当 $K \leqslant 3$ 时，纽曼级数近似算法的复杂度要比 Cholesky 分解算法低，而当 $K > 3$ 时纽曼级数近似算法的复杂度更高。

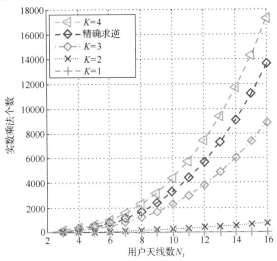

图 2.2.1　用户天线数 N_t 与算法中实数乘法个数的关系曲线

纽曼级数近似是通过将纽曼级数取前 K 项来近似矩阵求逆的结果，显然，项数取得越多，结果越接近精确结果，但伴随的代价是复杂度的增加，因此精确度与复杂度是一对矛盾体。为了比较纽曼级数近似与 Cholesky 分解算法的误块率，这里选取大规模 MIMO 系统的上行链路。在基站端，采用上述的纽曼级数近似和 Cholesky 分解算法的 MMSE 检测，并定义 $\mathrm{SNR} = N_r \dfrac{E_s}{N_0}$。图 2.2.2 中显示了在不同 N_r 时，N_t 分别等于

4、8、12 时纽曼级数近似与 Cholesky 分解算法的误块率（block-error rate, BLER）。

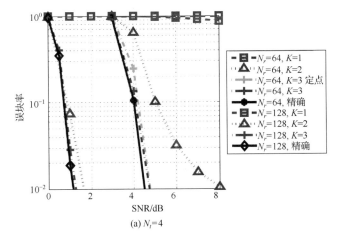

(a) $N_t = 4$

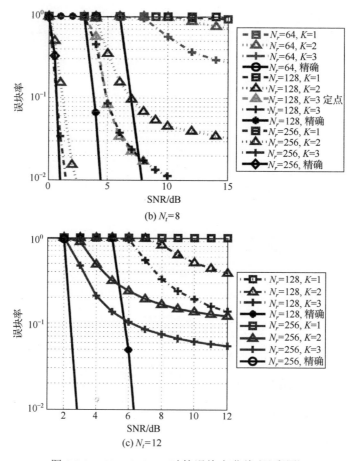

图 2.2.2 $N_t = 4, 8, 12$ 时的误块率曲线（见彩图）

从图 2.2.2 中可以看出，当 $K=1$ 或 $K=2$ 时，纽曼级数近似算法有着较大的误块率，当基站端的天线数较大时，可以弥补一部分误块率。考虑到 LTE 中要求 10%的误块率[10]，因此 $K=1$ 和 $K=2$，调制阶数为 64-QAM 时的情形不适用于其实际应用。仿真结果显示，当 $K=1$、$N_r = 256$、$N_t = 4$ 时，误块率小于 10^{-2}，并且在调制阶数为 16-QAM 时，纽曼级数近似算法需要的项数较少。当调制阶数为 64-QAM、$K=3$ 时，纽曼级数近似算法的结果与 Cholesky 分解算法的结果接近，例如，当 $K=3$、$N_t = 4$ 和 $K=3$、$N_t = 8$、$N_r = 256$，并且误块率为 10^{-2} 的情况下，纽曼级数近似算法的 SNR 损失少于 0.25dB。因此，当大规模 MIMO 系统的 N_r / N_t 比值较大时，利用纽曼级数近似算法求解矩阵的逆并将项数 K 取为 3，可以在运算复杂度较低的条件下得到较低的误块率。

综上所述，在大规模 MIMO 系统中，当 N_r / N_t 较小时，需要采用 Cholesky 分解算法等精确运算求解矩阵的逆；而当 N_r / N_t 较大时，可以采用纽曼级数近似算法近似求得矩阵的逆。采用纽曼级数近似算法可以在运算复杂度较低的情况下得到相对准确的逆矩阵结果。这使得 NSA 在某些特定情况下，成为大规模 MIMO 检测中一种高效并准确的运算方法。

2.3　切比雪夫迭代算法

2.3.1　算法设计

切比雪夫迭代算法[11]是一种利用迭代计算，从而避免大型矩阵求逆，实现求解矩阵方程 $Ax = b$ 的算法，它的基本迭代形式是

$$x^{(K)} = x^{(K-1)} + \sigma^{(K)} \tag{2.3.1}$$

式中，σ 为修正矩阵；K 为迭代次数。σ 可表示为

$$\sigma^{(0)} = \frac{1}{\beta} r^{(0)} \tag{2.3.2}$$

$$\sigma^{(K)} = \rho^{(K)} r^{(K)} + \varphi^{(K)} \sigma^{(K-1)} \tag{2.3.3}$$

式中，$r^{(K)} = b - Ax^{(K)}$ 表示残差向量；$\rho^{(K)}$ 和 $\varphi^{(K)}$ 是两个迭代的切比雪夫多项式参数；β 是一个与矩阵 A 特征值有关的迭代参数。因此，切比雪夫迭代可以运用在大规模 MIMO 检测 MMSE 中求解线性方程，从而避免大型矩阵求逆带来的运算复杂度。在本小节中，为了表示方便，令 $A = H^H H + \frac{N_0}{E_s} I_{N_t}$，于是有 $A\hat{s} = y^{MF}$。

虽然切比雪夫迭代可以用在大规模 MIMO 检测的 MMSE 中，但是它仍然面临着一些挑战。首先，β、$\rho^{(K)}$ 和 $\varphi^{(K)}$ 等参数与矩阵 A 的特征值有关，因此给这些参数的计算带来了困难；其次，在迭代开始时，需要求解矩阵 A，而矩阵 A 涉及大规模矩阵的乘法，这会消耗大量的硬件资源；最后，迭代中不同的迭代初值对算法的收敛速度有影响，如何确定一个好的初值也是该算法所面临的挑战。针对以上问题，本节对切比雪夫迭代进行了一些优化，使之能更好地运用于大规模 MIMO 信号检测中。

根据式(2.3.1)，在 MMSE 中，迭代形式可以写为

$$\hat{s}^{(K)} = \hat{s}^{(K-1)} + \sigma^{(K)} \tag{2.3.4}$$

式中，$\hat{s}^{(0)}$ 为迭代的初值，而参数 $\sigma^{(K)}$ 满足：

$$\sigma^{(K)} = \frac{1}{\beta} (y^{MF} - A\hat{s}^{(K)}) \tag{2.3.5}$$

为了降低运算的复杂度，式 (2.3.5) 中的矩阵 $\boldsymbol{A}$ 与 $\hat{\boldsymbol{s}}^{(K)}$ 可以拆分为

$$\boldsymbol{A}\hat{\boldsymbol{s}}^{(K)} = \frac{N_0}{E_s}\hat{\boldsymbol{s}}^{(K)} + \boldsymbol{H}^{\mathrm{H}}(\boldsymbol{H}\hat{\boldsymbol{s}}^{(K)}) \tag{2.3.6}$$

在式 (2.3.3) 中，参数 $\rho^{(K)}$ 和 $\varphi^{(K)}$ 可以表示为

$$\rho^{(K)} = \frac{2\alpha}{\beta}\frac{T_K(\alpha)}{T_{K+1}(\alpha)} \tag{2.3.7}$$

$$\varphi^{(K)} = \frac{T_{K-1}(\alpha)}{T_{K+1}(\alpha)} \tag{2.3.8}$$

式中，T 是切比雪夫多项式；α 是与矩阵 $\boldsymbol{A}$ 的特征值有关的参数。根据切比雪夫多项式[11]，T 的表达式为

$$T_0(\alpha) = 1 \tag{2.3.9}$$

$$T_1(\alpha) = \alpha \tag{2.3.10}$$

$$T_K(\alpha) = 2\alpha T_{K-1}(\alpha) - T_{K-2}(\alpha), \ K \geqslant 2 \tag{2.3.11}$$

结合式 (2.3.7) 和式 (2.3.8)，可以得到式 (2.3.12)～式 (2.3.15)：

$$\rho^{(1)} = \frac{2\alpha^2}{(2\alpha^2 - 1)\beta} \tag{2.3.12}$$

$$\rho^{(K)} = \frac{4\alpha^2}{4\alpha^2\beta - \beta^2\rho^{(K-1)}} \tag{2.3.13}$$

$$\varphi^{(1)} = \frac{1}{2\alpha^2 - 1} \tag{2.3.14}$$

$$\varphi^{(K)} = \frac{\beta^2\rho^{(K-1)}}{4\alpha^2\beta - \beta^2\rho^{(K-1)}} \tag{2.3.15}$$

式中，α 与 β 满足：

$$\alpha = \frac{\lambda_{\max} + \lambda_{\min}}{\lambda_{\max} - \lambda_{\min}} \tag{2.3.16}$$

$$\beta = \frac{\lambda_{\max} + \lambda_{\min}}{2} \tag{2.3.17}$$

式中，$\lambda_{\max}$ 与 $\lambda_{\min}$ 分别为矩阵 $\boldsymbol{A}$ 的最大特征值和最小特征值。因为计算矩阵 $\boldsymbol{A}$ 特征值比较复杂，所以这里采用了一个近似。当 N_r 和 N_t 的数量增加时，$\lambda_{\max}$ 和 $\lambda_{\min}$ 可以近似表示为

$$\lambda_{\max} \approx N_r \left(1 + \sqrt{\frac{N_t}{N_r}} \right)^2 \tag{2.3.18}$$

$$\lambda_{\min} \approx N_r \left(1 - \sqrt{\frac{N_t}{N_r}} \right)^2 \tag{2.3.19}$$

至此，切比雪夫迭代中的所有参数均可以用大规模 MIMO 系统信道矩阵 H 的规模参数表示。根据式 (2.3.4)，要想利用切比雪夫迭代算法进行信号 s 的估计，还需要有一个迭代的初值。虽然从理论上来说，任何初值都可以得到最终的估计值，但不同的初值对应的算法的收敛速度不尽相同，一个好的初值，可以使算法更快收敛，得到想要的结果，达到事半功倍的效果。

正如 2.2 节中所叙述的，大规模 MIMO 系统中，往往接收天线数远远大于用户的天线数，即 $N_r \gg N_t$，并且信道矩阵 H 中的元素服从独立同分布的参数为 $N(0,1)$ 的高斯分布，因此矩阵 A 为对角占优矩阵，且满足：

$$A_{i,j} = \begin{cases} \dfrac{\lambda_{\max} + \lambda_{\min}}{2} = \beta, & i = j \\ 0, & i \neq j \end{cases} \tag{2.3.20}$$

因此初值 $\hat{s}^{(0)}$ 可以近似为

$$\hat{s}^{(0)} \approx \frac{1}{\beta} H^{\mathrm{H}} y = \frac{2}{\lambda_{\max} + \lambda_{\min}} H^{\mathrm{H}} y \tag{2.3.21}$$

该初值可以使切比雪夫迭代达到一个更快的收敛速率，并且初值的计算复杂度很低。此外初值的计算还可以并行执行。

在大规模 MIMO 信号检测中，往往需要输出对数似然比供下一级电路使用，因此需要讨论如何利用切比雪夫迭代得到近似的对数似然比。估算的发送信号可以表示为

$$\hat{s} = A^{-1} H^{\mathrm{H}} y = A^{-1} H^{\mathrm{H}} H s + A^{-1} H^{\mathrm{H}} n \tag{2.3.22}$$

令 $X = A^{-1} H^{\mathrm{H}} H$，$Y = X A^{-1}$，则它们分别可以用来计算等效信道增益和后均衡噪声干扰。结合式 (2.3.3) 和式 (2.3.4)，估算的接收信号 $\hat{s}$ 可以表示为

$$\begin{aligned} \hat{s} \approx \hat{s}^{(K)} &= \hat{s}^{(K-1)} + \rho^{(K-1)} r^{(K-1)} + \varphi^{(K-1)} \sigma^{(K-2)} \\ &= [(1 + \varphi^{(K-1)}) I_{N_t} - \rho^{(K-1)} A] \hat{s}^{(K-1)} - \varphi^{(K-1)} \hat{s}^{(K-2)} + \rho^{(K-1)} y^{\mathrm{MF}} \end{aligned} \tag{2.3.23}$$

令 $y^{\mathrm{MF}} = e_{(N_r,1)}$，式 (2.3.23) 中的迭代项可以近似为矩阵 A、X 和 Y 的逆，例如

$$\begin{aligned} \tilde{A}^{-1} &\approx (\tilde{A}^{-1})^{(K)} \\ &= \left[(1 + \varphi^{(K-1)}) I_{N_t} - \rho^{(K-1)} A \right] (\tilde{A}^{-1})^{(K-1)} - \varphi^{(K-1)} (\tilde{A}^{-1})^{(K-2)} + \rho^{(K-1)} I \end{aligned} \tag{2.3.24}$$

式中，$(\tilde{A}^{-1})^{(0)} = \dfrac{1}{\beta} I_{N_t}$，并且所有的 $(\tilde{A}^{-1})^{(K)}$ 为对角矩阵。类似地，矩阵 X 和 Y 可表示为

$$\hat{X} \approx \hat{X}^{(K)}$$

$$= \left[(1+\varphi^{(K-1)}) I_{N_t} - \rho^{(K-1)} A \right] \hat{X}^{(K-1)} - \varphi^{(K-1)} \hat{X}^{(K-2)} + \rho^{(K-1)} H^{\mathrm{H}} H \qquad (2.3.25)$$

$$\hat{Y} \approx \hat{Y}^{(K)} = \hat{X}(\hat{W}^{-1})^{(K)} \qquad (2.3.26)$$

等效信道增益 μ_i 和 NPI 可以近似表示为

$$\mu_i = \hat{X}_{i,i} \approx \hat{X}_{i,i}^{(K)} \qquad (2.3.27)$$

$$v_i^2 = \sum_{j \neq i}^{N_t} \left| X_{i,j} \right| E_s + Y_{i,i} N_0 \approx N_0 \hat{X}_{i,i}^{(K)} \tilde{A}_{i,i}^{(K)} \qquad (2.3.28)$$

结合式 (2.3.24)~式 (2.3.28)，可以算出信号与干扰加噪声比 (signal-to-interference-plus-noise-ratio，SINR)。不过这种算法运算复杂度高，这里给出一种基于特征值初值解的算法来计算 LLR，这种算法可以降低 LLR 的运算复杂度[12]。LLR 的表达式为

$$L_{i,b}(\hat{s}_i) = \gamma_i \left(\min_{s \in S_b^0} \left| \frac{\hat{s}_i}{\mu_i} - s \right|^2 - \min_{s \in S_b^1} \left| \frac{\hat{s}_i}{\mu_i} - s \right|^2 \right) \qquad (2.3.29)$$

式中

$$\gamma_i = \frac{\mu_i^2}{v_i^2} = \frac{(\hat{X}_{i,i}^{(K)})^2}{N_0 \hat{X}_{i,i}^{(K)} \tilde{A}_{i,i}^{(K)}} = \frac{\hat{X}_{i,i}^{(K)}}{N_0 \tilde{A}_{i,i}^{(K)}} \approx \frac{1}{\beta} \frac{1}{N_0} \qquad (2.3.30)$$

γ_i 表示第 i 个用户的 SINR；S_b^0 和 S_b^1 表示星座图中调制点 $Q(|Q| = 2^g)$ 的集合，S_b^0 与 S_b^1 的第 b 个比特分别是 0 和 1。方便起见，将 $L_{i,b}$ 写成 $L_{i,b}(\hat{s}_i) = \gamma_i \xi_b(\hat{s}_i)$，表示成线性方程的形式。这里，近似的 SINR 不再取决于 $\hat{X}_{i,i}^{(K)}$ 和 $\tilde{A}_{i,i}^{(K)}$ 的结果。

综合以上的分析，可以得到应用于大规模 MIMO 信号检测 MMSE 的优化切比雪夫迭代算法，并将它命名为并行切比雪夫迭代 (parallelizable Chebyshev iteration，PCI) 算法[13]，具体如算法 2.3.1 所示。

算法 2.3.1　并行切比雪夫迭代算法

输入：

1：$N_r \times N_t$ 的信道矩阵 H；

2：$N_r \times 1$ 的接收信号 y；

3：迭代次数 T；

输出:

　　　　每一位的对数似然比(LLR);

初始化:

1:　$\lambda_{\max} = N_r \left(1 + \sqrt{\dfrac{N_t}{N_r}}\right)^2$,　$\lambda_{\min} = N_r \left(1 - \sqrt{\dfrac{N_t}{N_r}}\right)^2$;

2:　$\alpha = \dfrac{\lambda_{\max} + \lambda_{\min}}{\lambda_{\max} - \lambda_{\min}}$,　$\beta = \dfrac{\lambda_{\max} + \lambda_{\min}}{2}$;

3:　$\boldsymbol{y}^{\mathrm{MF}} = \boldsymbol{H}^{\mathrm{H}} \boldsymbol{y}$,　$\rho^{(1)} = \dfrac{2\alpha^2}{(2\alpha^2 - 1)\beta}$,　$\varphi^{(1)} = \dfrac{1}{2\alpha^2 - 1}$;

4:　$\hat{\boldsymbol{s}}^{(0)} = \dfrac{1}{\beta} \boldsymbol{y}^{\mathrm{MF}}$;

5:　$\dot{\boldsymbol{h}}^{(0)} = \boldsymbol{H}\hat{\boldsymbol{s}}^{(0)}$;

6:　$\boldsymbol{r}^{(0)} = \boldsymbol{y}^{\mathrm{MF}} - \dfrac{N_0}{E_s} \hat{\boldsymbol{s}}^{(0)} - \boldsymbol{H}^{\mathrm{H}} \dot{\boldsymbol{h}}^{(0)}$;

7:　$\boldsymbol{\sigma}^{(0)} = \dfrac{1}{\beta} \boldsymbol{r}^{(0)}$;

迭代运算:

8:　**for**　$K = 1, 2, \cdots, T - 1$　**do**

9:　$\hat{\boldsymbol{s}}^{(K)} = \hat{\boldsymbol{s}}^{(K-1)} + \boldsymbol{\sigma}^{(K)}$;

10:　$\dot{\boldsymbol{h}}^{(K)} = \boldsymbol{H}\hat{\boldsymbol{s}}^{(K)}$;

11:　$\boldsymbol{r}^{(K)} = \boldsymbol{y}^{\mathrm{MF}} - \dfrac{N_0}{E_s} \hat{\boldsymbol{s}}^{(K)} - \boldsymbol{H}^{\mathrm{H}} \dot{\boldsymbol{h}}^{(K)}$;

12:　$\boldsymbol{\sigma}^{(K)} = \rho^{(K)} \boldsymbol{r}^{(K)} + \varphi^{(K)} \boldsymbol{\sigma}^{(K-1)}$;

13:　$\rho^{(K)} = \dfrac{4\alpha^2}{4\alpha^2 \beta - \beta^2 \rho^{(K-1)}}$,　$\varphi^{(K)} = \dfrac{\beta^2 \rho^{(K-1)}}{4\alpha^2 \beta - \beta^2 \rho^{(K-1)}}$;

14:　**end**

近似 LLR 的计算

15:　**for**　$i = 1 : N_r$　**do**

16:　　　**for**　$b = 1 : \vartheta$　**do**

17:　　　　　$\gamma_i = \dfrac{1}{\beta N_0}$,　$\xi_b(\hat{s}_i) = \min_{s \in S_b^0} \left|\dfrac{\hat{s}_i}{\mu_i} - s\right|^2 - \min_{s \in S_b^1} \left|\dfrac{\hat{s}_i}{\mu_i} - s\right|^2$;

18:　　　　　$L_{i,b}(\hat{s}_i) = \gamma_i \xi_b(\hat{s}_i)$;

19:　　　**end**

20:　**end**

2.3.2　收敛性

　　现在讨论切比雪夫迭代收敛速率的问题。经过 K 次迭代后,近似误差可以表示为[14]

$$\boldsymbol{e}^{(K)} = \boldsymbol{s} - \hat{\boldsymbol{s}}^{(K)} = P^{(K)}(\boldsymbol{A})\boldsymbol{e}^{(0)} \tag{2.3.31}$$

式中,　$P^{(K)}$ 满足:

$$P^{(K)}(\lambda_i) = \frac{T^{(K)}\left(\alpha - \dfrac{\alpha}{\beta}\lambda_i\right)}{T^{(K)}(\alpha)} \tag{2.3.32}$$

因此，误差可以表示为

$$\left\|e^{(K)}\right\| \leqslant \left\|P^{(K)}(A)\right\|\left\|e^{(0)}\right\| \tag{2.3.33}$$

根据前面所叙述的，矩阵 A 是一个对角占优的矩阵，所以有

$$P^{(K)}(A) = P^{(K)}(SJS^{-1}) = SP^{(K)}(J)S^{-1}$$

$$= S\begin{bmatrix} P^{(K)}(\lambda_1) & & \\ & \ddots & \\ & & P^{(K)}(\lambda_{N_t}) \end{bmatrix} S^{-1} \tag{2.3.34}$$

式中，S 是一个 $N_t \times N_t$ 的复数矩阵，并且满足 $S^{-1} = S^{\mathrm{H}}$；J 是一个上三角矩阵。在这里，给出两个引理，并给出它们相应的证明。在证明之后，将给出相应的结论。

引理 2.3.1　在大规模 MIMO 系统中，存在

$$\left|P^{(K)}(\lambda_i)\right| \approx \left|\frac{N_r + N_t - \lambda_i + \sqrt{(N_r + N_t - \lambda_i)^2 - 1}}{2N_r}\right|^K \tag{2.3.35}$$

式中，$P^{(K)}(\lambda_i)$ 是第 K 项归一化切比雪夫多项式。

证明　式 (2.3.11) 中的切比雪夫多项式可以被重新写为[15]

$$T_K(\alpha) = \cosh\left(K\mathrm{arcosh}(\alpha)\right) = \frac{e^{K\mathrm{arcosh}(\alpha)} + e^{-K\mathrm{arcosh}(\alpha)}}{2} \tag{2.3.36}$$

结合式 (2.3.32) 和式 (2.3.36)，切比雪夫多项式变为

$$P^{(K)}(\lambda_i) = \frac{e^{K\mathrm{arcosh}\left[\alpha - \left(\frac{\alpha}{\beta}\right)\cdot\lambda_i\right]} + e^{-K\mathrm{arcosh}\left[\alpha - \left(\frac{\alpha}{\beta}\right)\cdot\lambda_i\right]}}{e^{K\mathrm{arcosh}(\alpha)} + e^{-K\mathrm{arcosh}(\alpha)}}$$

$$= \left(\frac{e^{\mathrm{arcosh}\left[\alpha - \left(\frac{\alpha}{\beta}\right)\cdot\lambda_i\right]}}{e^{\mathrm{arcosh}(\alpha)}}\right)^K \cdot \left(\frac{1 + e^{-2K\mathrm{arcosh}\left[\alpha - \left(\frac{\alpha}{\beta}\right)\cdot\lambda_i\right]}}{1 + e^{-2K\mathrm{arcosh}(\alpha)}}\right) \tag{2.3.37}$$

在此基础上，利用恒等式 $\mathrm{arcosh}(x) = \ln\left(x + \sqrt{x^2 - 1}\right)$，式 (2.3.37) 可以变形为

$$P^{(K)}(\lambda_i) = [V(\lambda_i)]^k \cdot Q^{(K)}(\lambda_i) \tag{2.3.38}$$

式中，$V(\lambda_i)$ 和 $Q^{(K)}(\lambda_i)$ 满足：

$$V(\lambda_i) = \frac{e^{\text{arcosh}\left[\alpha - \left(\frac{\alpha}{\beta}\right)\cdot\lambda_i\right]}}{e^{\text{arcosh}(\alpha)}} = \frac{\alpha - \frac{\alpha}{\beta}\lambda_i + \sqrt{\left(\alpha - \frac{\alpha}{\beta}\lambda_i\right)^2 - 1}}{\alpha + \sqrt{\alpha^2 - 1}} \tag{2.3.39}$$

$$Q^{(K)}(\lambda_i) = \frac{e^{\text{arcosh}\left[\alpha - \left(\frac{\alpha}{\beta}\right)\cdot\lambda_i\right]}}{e^{\text{arcosh}(\alpha)}} = \frac{1 + e^{-2K\text{arcosh}\left[\alpha - \left(\frac{\alpha}{\beta}\right)\cdot\lambda_i\right]}}{1 + e^{-2K\text{arcosh}(\alpha)}} \tag{2.3.40}$$

根据式 (2.3.16)～式 (2.3.19)，参数满足 $\alpha \notin (-\infty, 1]$，$\left(\alpha - \frac{\alpha}{\beta}\lambda_i\right) \notin [-1, 1]$。因此，$\tau = e^{\text{Re}\{\text{arcosh}(\alpha)\}} \in (0, 1)$。现在 $Q^{(K)}(\lambda_i)$ 满足：

$$0 \leqslant \left|Q^{(K)}(\lambda_i)\right| \leqslant \frac{2}{1 - \tau^K} \tag{2.3.41}$$

当迭代次数 K 增加时，$\left|Q^{(K)}(\lambda_i)\right|$ 的值是有限的，因此有

$$P^{(K)}(\lambda_i) \approx (V(\lambda_i))^{(K)} \tag{2.3.42}$$

考虑 $V(\lambda_i)$ 是类似于式 (2.3.38) 中的运算符，于是可以令 $V = V(\boldsymbol{A})$。当迭代次数 K 很大时，可以得到

$$P^{(K)}(\boldsymbol{A}) \approx V^{(K)} \tag{2.3.43}$$

如果矩阵 $\boldsymbol{A}$ 的特征值满足 $\lambda_{\min} < \lambda_i < \lambda_{\max}$，则 $\left|V(\lambda_i)\right|$ 的值保持一个常数，所以 V 和 ψ_i 的特征值满足：

$$\left|\psi_i\right| = \left|\frac{\alpha - \frac{\alpha}{\beta}\lambda_i + \sqrt{\left(\alpha - \frac{\alpha}{\beta}\lambda_i\right)^2 - 1}}{\alpha + \sqrt{\alpha^2 - 1}}\right| \tag{2.3.44}$$

再根据式 (2.3.16)～式 (2.3.19)、式 (2.3.42) 和式 (2.3.44)，可以得到

$$\left|P^{(K)}(\lambda_i)\right| \approx \left|\frac{\dfrac{N_r + N_t - \lambda_i}{2\sqrt{N_r N_t}} + \sqrt{\left(\dfrac{N_r + N_t - \lambda_i}{2\sqrt{N_r N_t}}\right)^2 - 1}}{\dfrac{N_r + N_t}{2\sqrt{N_r N_t}} + \sqrt{\left(\dfrac{N_r + N_t}{2\sqrt{N_r N_t}}\right)^2 - 1}}\right|^K \tag{2.3.45}$$

因此可以得到引理 2.3.1 的结论。

根据式 (2.3.18) 和式 (2.3.19)，当 N_t 保持不变，而 N_r 增加时，矩阵 $\boldsymbol{A}$ 的最大特征值和最小特征值均会趋近于 N_r。引理 2.3.1 证明了 $\left|P^{(K)}(\lambda_i)\right|$ 小于 1，并且随着 N_r 与

N_t 比值的增大，$\left|P^{(K)}(\lambda_i)\right|$ 的值不断减小。根据式 (2.3.33) 和式 (2.3.34)，当迭代次数 K 为有限值时，估计误差是一个很小的值，并且根据引理 2.3.1，随着迭代次数 K 不断增加，估计误差会不断减小。因此，可以得到

$$\lim_{K \to \infty}\left|P^{(K)}(\lambda_i)\right| = 0 \tag{2.3.46}$$

$$\lim_{K \to \infty}\left|P^{(K)}(\boldsymbol{A})\right| = 0 \tag{2.3.47}$$

也就是说，在大规模 MIMO 信号检测中，利用切比雪夫迭代算法估计发送信号 $\boldsymbol{s}$，计算的误差很小，甚至接近于零。

　　引理 2.3.2　在大规模 MIMO 系统中，满足 $\left|V_{ch}(\lambda_i)\right| \leq \left|V_{cg}(\lambda_i)\right|$ 和 $\left|V_{ch}(N_r, N_t)\right| \leq \left|V_{ne}(N_r, N_t)\right|$，其中 V_{ch}、V_{cg} 和 V_{ne} 相应地为切比雪夫迭代算法、共轭梯度算法、纽曼级数近似算法的归一化切比雪夫多项式。

　　证明　切比雪夫迭代算法的收敛速度为

$$R(\boldsymbol{A}) = -\log_2\left[\lim_{K \to \infty}\left(\left\|P^{(K)}(\boldsymbol{A})\right\|^{\frac{1}{K}}\right)\right] \tag{2.3.48}$$

　　为了使收敛速度更快，在式 (2.3.48) 中 $\lim\limits_{K \to \infty}\left(\left\|P^{(K)}(\boldsymbol{A})\right\|^{\frac{1}{K}}\right)$ 应尽可能大。根据式 (2.3.42) 和式 (2.3.44)，问题转变为求 $\left|V(\lambda_i)\right|$ 的最小的最大值，即

$$\min\max\left|V(\lambda_i)\right| = \min\max\left|\frac{\alpha - \dfrac{\alpha}{\beta}\lambda_i + \sqrt{\left(\alpha - \dfrac{\alpha}{\beta}\lambda_i\right)^2 - 1}}{\alpha + \sqrt{\alpha^2 - 1}}\right| \tag{2.3.49}$$

令 $\lambda_i = \beta$，并结合式 (2.3.17)，可以得到 $\left|V(\lambda_i)\right|$ 的最小的最大值，如此 $\left|V_{ch}(\lambda_i)\right|$ 可以总结为

$$\left|V_{ch}(\lambda_i)\right| = \left|\frac{1}{\alpha + (\alpha^2 - 1)^{\frac{1}{2}}}\right| = \left|\frac{1}{\dfrac{\lambda_{max} + \lambda_{min}}{\lambda_{max} - \lambda_{min}} + \sqrt{\left(\dfrac{\lambda_{max} + \lambda_{min}}{\lambda_{max} - \lambda_{min}}\right)^2 - 1}}\right|$$

$$= \left|\frac{\lambda_{max} - \lambda_{min}}{\lambda_{max} + \lambda_{min} + 2\sqrt{\lambda_{max} \cdot \lambda_{min}}}\right| \tag{2.3.50}$$

令 $\theta = \sqrt{\dfrac{\lambda_{\min}}{\lambda_{\max} - \lambda_{\min}}}$ ，则共轭梯度算法的 $\left| V_{cg}(\lambda_i) \right|$ 可以总结为

$$
\begin{aligned}
\left| V_{cg}(\lambda_i) \right| &= \left| \left[\frac{2}{(1 + 2\theta + \sqrt{(1 + 2\theta)^2 - 1})^K + (1 + 2\theta + \sqrt{(1 + 2\theta)^2 - 1})^{-K}} \right]^{\frac{1}{K}} \right| \\
&\geqslant \left| \frac{1}{1 + 2\theta + \sqrt{(1 + 2\theta)^2 - 1}} \right| = \left| \frac{\lambda_{\max} - \lambda_{\min}}{\lambda_{\max} + \lambda_{\min} + 2\sqrt{\lambda_{\max} \cdot \lambda_{\min}}} \right| = \left| V_{ch}(\lambda_i) \right|
\end{aligned}
\tag{2.3.51}
$$

根据式 (2.3.51)，可以得到 $\left| V_{ch}(\lambda_i) \right| \leqslant \left| V_{cg}(\lambda_i) \right|$。这个不等式说明切比雪夫迭代算法与共轭梯度算法相比，$\left| V(\lambda_i) \right|$ 有着更小的最大值。

结合式 (2.3.16)~式 (2.3.19) 和式 (2.3.39)，切比雪夫迭代算法的 $\left| V_{ch}(N_r, N_t) \right|$ 可以近似为

$$
\left| V_{ch}(N_r, N_t) \right| = \left| \frac{2\sqrt{N_r N_t}}{N_r + N_t + (N_r + N_t)^2 - (2\sqrt{N_r N_t})^2} \right| = \sqrt{\frac{N_t}{N_r}}
\tag{2.3.52}
$$

并根据文献 [7]，纽曼级数近似算法的 $\left| V_{ne}(N_r, N_t) \right|$ 为

$$
\begin{aligned}
\left| V_{ne}(N_r, N_t) \right| &= \left\| \boldsymbol{D}^{-1}(\boldsymbol{L} + \boldsymbol{L}^{H}) \right\|_F \geqslant \frac{1}{N_r \sqrt{N_t}} \left\| \boldsymbol{L} + \boldsymbol{L}^{H} \right\|_F \\
&= \frac{1}{N_r \sqrt{N_t}} \sqrt{N_r N_t (N_t - 1)} \approx \sqrt{\frac{N_t}{N_r}} = \left| V_{ch}(N_t, N_r) \right|
\end{aligned}
\tag{2.3.53}
$$

式 (2.3.53) 表明，切比雪夫迭代算法与纽曼级数近似算法相比，$\left| V(N_r, N_t) \right|$ 有着更小的最大值。

结合式 (2.3.34)、式 (2.3.48) 和式 (2.3.49)，$\left| V(\lambda_i) \right|$ 更小的最大值导致了更快的收敛速率。因此，根据引理 2.3.2 可知，与共轭梯度算法和纽曼级数近似算法相比，切比雪夫迭代算法的收敛速率更快。

2.3.3　复杂度与并行性

在讨论了切比雪夫迭代算法的收敛性和收敛速率之后，接下来分析切比雪夫迭代算法的计算复杂度。计算复杂度主要是指算法中乘法的个数，因此在讨论算法的计算复杂度时，可以统计算法所需的乘法次数来进行评估。在切比雪夫迭代算法中，根据式 (2.3.12)～式 (2.3.19)，第一部分计算是参数的计算。因为大规模 MIMO 系统的规模固定，在运算多组数据时，这些参数只需要计算一次，并将它们作为常量存储在内存中，所以，实际乘法的数量可以忽略不计。第二部分计算是匹配滤波器向

量 $\boldsymbol{y}^{\mathrm{MF}}$ 和利用特征值计算近似初始解。需要用 $N_t \times N_r$ 的矩阵 $\boldsymbol{H}^{\mathrm{H}}$ 乘以 $N_r \times 1$ 的向量 $\boldsymbol{y}$ 得到 $N_t \times 1$ 的向量 $\boldsymbol{y}^{\mathrm{MF}}$，再计算其值的 $\dfrac{1}{\beta}$。这个过程中有 $4N_rN_t$ 个实际的乘法运算。

第三部分的计算有三个步骤：首先，将 $N_r \times N_t$ 矩阵 $\boldsymbol{H}$ 与 $N_t \times 1$ 的发送向量 $\boldsymbol{s}^{(K)}$ 相乘；然后，计算残差向量 $\boldsymbol{r}^{(K)}$；最后，计算校正矢量 $\boldsymbol{\sigma}^{(K)}$。这三个步骤分别需要 $4KN_rN_t$、$4KN_rN_t + 2KN_t$ 和 $4KN_t$ 个实数乘法。最后一部分运算为近似对数似然比的计算。在调制阶数为 64-QAM 时，该步骤需要 $N_t + 1$ 个乘法。因此，切比雪夫迭代算法所要求的乘法总数为 $(8K+4)N_rN_t + (6K+1)N_t$。

正如之前所提到的，直接求逆矩阵的方法将导致计算复杂度增大。这样的计算延时较长，从而使硬件实现困难。大规模矩阵的乘法在大量硬件并行的情况下进行需要 36 个时钟周期，这些缺陷影响检测器硬件的能量和面积效率。此外，PCI 中包含了初始值结果，这个结果的计算过程可以看成一次迭代。因此，为了平衡，PCI 的迭代次数 K 中包含一次初始值的计算和 $K-1$ 次迭代。表 2.3.1 中列出了不同方法的计算复杂度比较。精确的最小均方误差检测方法如 Cholesky 分解算法的计算复杂度是 $O(N_t^2)$。NSA 的计算复杂度随着迭代次数 K 的增加而增加，具体表现为当 $K < 3$ 时，复杂度为 $O(N_t^2)$；而当 $K = 3$ 时，复杂度增加到 $O(N_t^3)$；当 $K > 3$ 时，NSA 的运算复杂度比准确的 MMSE 检测更高。一般情况下，为了保证检测的准确性，NSA 中的迭代次数 K 应大于 3。此外，文献[7]中的 NSA 将大规模矩阵乘法的显式计算方法定义为 $N_t \times N_r$ 的矩阵 $\boldsymbol{H}^{\mathrm{H}}$ 乘以 $N_r \times N_t$ 的矩阵 $\boldsymbol{H}$，这消耗了大量的计算资源，即 $O(N_rN_t^2)$。因为直接求逆的结果可以在下行链路中反复使用，所以，如果使用并行切比雪夫算法进行计算，则复杂度会增加一倍，但仍然低于文献[7]中的结果。下面的一些方法直接计算矩阵 $\boldsymbol{A}$ 并且间接地计算 $\boldsymbol{A}^{-1}$，包括隐式版本的纽曼级数（implicit version of the Neumann series，INS）近似和隐式版本的 CG[16]。所提出的 PCI 也可以被修改用于计算显式版本的矩阵 $\boldsymbol{A}$。表 2.3.1 列出了 PCI 的相关计算复杂度，与文献[12]、[16]和[17]相比，它实现了较低或相等的计算复杂度。在相同的比较条件下与 PCI 进行比较，最小二乘共轭梯度（conjugate gradient least square，CGLS）算法[18]和优化坐标下降（optimized coordinate descent，OCD）算法[19]以完全隐含的方式实现大规模矩阵乘法和求逆。与 CGLS 算法和 OCD 算法相比，PCI 在计算复杂度方面具有优势。

现在再考虑 PCI 的并行性。在高斯-赛德尔（Gauss-Seidel，GAS）算法[12]中，元素之间有着强烈的关联性，这就意味着该方法的低并行性。在 GAS 算法的计算中，第 K 次迭代，计算 $s_i^{(K)}$ 时需要前 K 次迭代的 $s_j^{(K)}$，$j = 1, 2, \cdots, i-1$ 和 $s_{j-1}^{(K)}$，$j = i, i+1, \cdots, N_r$。此外，在 Cholesky 分解算法及 NSA、GAS 和 CG 等方法中，大规模矩阵求逆和乘法之间存在很强的相关性，需要首先计算大规模矩阵乘法，这导致它们的并行性降低。

PCI 的并行性是算法设计和硬件实现中的一个重要问题。根据算法，在计算 $s^{(K)}$ 以及校正向量 $\sigma^{(K)}$ 和残差向量 $r^{(K)}$ 时，它们中的每个元素可以并行完成。另外可以发现，隐式方法降低了大规模矩阵乘法和求逆的相关性，提高了算法的并行性。

表 2.3.1 计算复杂度分析

算法	$K=2$	$K=3$	$K=4$	$K=5$
NSA[7]	$2N_rN_t^2+6N_tN_r+4N_t^2+2N_t$	$2N_rN_t^2+6N_tN_r+2N_t^3+4N_t^2$	$2N_rN_t^2+6N_tN_r+6N_t^3$	$2N_rN_t^2+6N_tN_r+10N_t^3-6N_t^2$
INS[17]	$2N_rN_t^2+6N_tN_r+10N_t^2+2N_t$	$2N_rN_t^2+6N_tN_r+14N_t^2+2N_t$	$2N_rN_t^2+6N_tN_r+18N_t^2+2N_t$	$2N_rN_t^2+6N_tN_r+22N_t^2+2N_t$
GAS[12]	$2N_rN_t^2+6N_tN_r+10N_t^2-2N_t$	$2N_rN_t^2+6N_tN_r+14N_t^2-6N_t$	$2N_rN_t^2+6N_tN_r+18N_t^2-10N_t$	$2N_rN_t^2+6N_tN_r+22N_t^2-14N_t$
CG[16]	$2N_rN_t^2+6N_tN_r+8N_t^2+33N_t$	$2N_rN_t^2+6N_tN_r+12N_t^2+49N_t$	$2N_rN_t^2+6N_tN_r+16N_t^2+65N_t$	$2N_rN_t^2+6N_tN_r+20N_t^2+81N_t$
CGLS[18]	$16N_tN_r+20N_t^2+32N_t$	$20N_tN_r+28N_t^2+48N_t$	$24N_tN_r+36N_t^2+64N_t$	$28N_tN_r+44N_t^2+80N_t$
OCD[19]	$16N_tN_r+4N_t$	$20N_tN_r+6N_t$	$32N_tN_r+8N_t$	$40N_tN_r+10N_t$
PCI	$2N_rN_t^2+6N_tN_r+8N_t^2+8N_t$	$2N_rN_t^2+6N_tN_r+12N_t^2+12N_t$	$2N_rN_t^2+6N_tN_r+16N_t^2+16N_t$	$2N_rN_t^2+6N_tN_r+20N_t^2+20N_t$
	$12N_tN_r+7N_t$	$20N_tN_r+13N_t$	$28N_tN_r+19N_t$	$36N_tN_r+25N_t$

2.3.4 误比特率

为了评估 PCI 的性能，下面将 BER 的仿真结果与 NSA、CG、GAS、OCD 和理查德森（Richardson，RI）算法进行比较。此外，BER 性能对比也包含了基于 Cholesky 分解的 MMSE 算法。SNR 在接收天线处定义[7]。PCI 的迭代次数 K 是迭代 $K-1$ 次的一次初始值计算。

图 2.3.1 显示了当 $N_t=16$ 时，BER 性能比较（PCI 和其他方法）与 N_r 的仿真结果，SNR 设置为 14dB。由图可以看出，随着 N_r 的增加，PCI 只用了较小的迭代次数，并实现了接近最优的性能（与精确的 MMSE 相比）。这个结果说明计算复杂度减少的合理性。图 2.3.1 还显示了 NSA 的性能。当迭代次数较少时，检测精度损失是不可忽略的，但是当迭代次数很大时，系统又消耗了大量的硬件资源。因此，该图验证了 PCI 在大规模 MIMO 系统中优于 NSA。

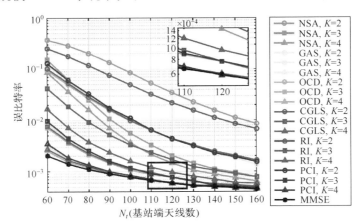

图 2.3.1 $N_t=16$、SNR=14dB 时各种算法的 BER 仿真结果（见彩图）

图 2.3.2 显示了使用迭代初值的 PCI 与传统的零矢量初始解之间 BER 的比较。在这个仿真中，天线的数量分别是 16 和 128。基于特征值近似的初始解在相同的迭代次数下实现了低的检测精度损失。PCI 中 $K=3$ 的仿真结果与 $K=4$ 的 BER 非常接近，这意味着迭代的初始值减少了计算量，同时保持了相似的检测精度。

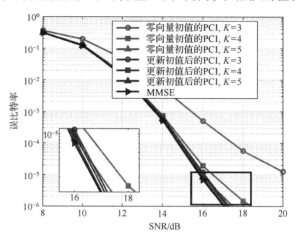

图 2.3.2　更新初值后 PCI 和传统零向量初值 PCI 的 BER 比较 (见彩图)

图 2.3.3 显示了 PCI、CG、OCD、GAS、RI 和 NSA 的性能。它还提供了与 Cholesky 分解算法相似的 MMSE 作为参考。这三个仿真结果的比较表明，PCI 在不同的天线配置下实现了接近最佳的性能。为了在 PCI 中实现相同的 BER，PCI 要求的 SNR 值与 GAS 和 OCD 方法几乎相同，但是要小于 RI 和 NSA。当 N_r 和 N_t 比值较小时，CG 比 PCI 稍好；当 N_r 和 N_t 比值变大时，PCI 的检测性能更好。例如，在图 2.3.3 (c) 中，当 $K=3$ 时，实现 10^{-6} 的 BER 所需的 SNR 为 17.25dB，这接近于精确的 MMSE (16.93dB)、GAS (17.57dB)、OCD (17.67dB) 和 CG (17.71dB)。相比之下，RI 与 NSA 所需的 SNR 分别为 18.45dB 和 19.26dB。

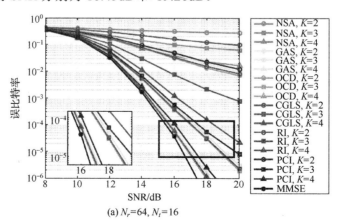

(a) $N_r=64, N_t=16$

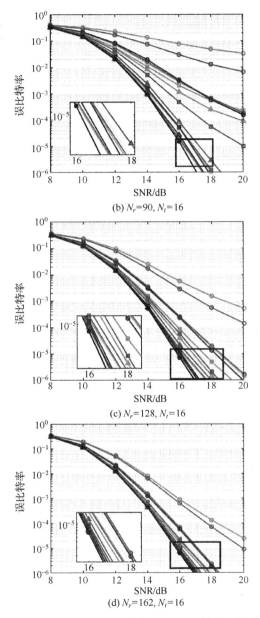

(b) $N_r = 90$, $N_t = 16$

(c) $N_r = 128$, $N_t = 16$

(d) $N_r = 162$, $N_t = 16$

图 2.3.3　PCI 和其他算法的 BER 比较（见彩图）

2.3.5　信道模型影响分析

大规模 MIMO 系统的信道也对算法有影响。克罗内克信道模型(Kronecker channel model)[20]常被用来评估性能，因为它比独立同分布的瑞利衰落信道

(Rayleigh fading channel)更实用。在克罗内克信道模型中，信道矩阵的元素满足 $N(0, d(z)\boldsymbol{I}_{N_r})$，其中 $d(z)$ 表示信道衰落(如路径衰落和阴影衰落)。克罗内克信道模型的另一个显著特征是对信道相关性的考虑，具体来说，$\boldsymbol{R}_r$ 和 $\boldsymbol{R}_t$ 分别表示接收天线和发射天线的信道相关性。这部分也同样基于克罗内克信道模型，其中信道 $\boldsymbol{H}$ 可以表示为

$$\boldsymbol{H} = \boldsymbol{R}_r^{\frac{1}{2}} \boldsymbol{H}_{\mathrm{i.i.d.}} \sqrt{d(z)} \boldsymbol{R}_t^{\frac{1}{2}} \tag{2.3.54}$$

式中，$\boldsymbol{H}_{\mathrm{i.i.d.}}$ 是一个随机矩阵，矩阵中的元素独立同分布，且服从均值为零、方差为单位方差的复高斯分布。在仿真中，每个六边形区域的半径为 $r = 500\mathrm{m}$，用户的位置独立且随机，独立阴影衰落 C 满足：

$$10\lg C \sim N(0, \sigma_{\mathrm{sf}}^2) \tag{2.3.55}$$

考虑信道衰落方差 $d(z) = \dfrac{C}{\|z - b\|^{\kappa}}$，其中 $b \in \mathbf{R}^2$、κ 和 $\|\cdot\|$ 分别表示基站的位置、路径损耗指数和欧几里得范数。仿真采用以下假设：$\kappa = 3.7$，$\sigma_{\mathrm{sf}}^2 = 5$，发射功率 $\rho = \dfrac{\gamma^{\kappa}}{2}$。

　　下面讨论克罗内克信道模型对特征值近似的影响。当信道是独立同分布的瑞利衰落时，矩阵 $\boldsymbol{A}$ 的对角元素的值近似为 β，ξ 代表信道相关系数。当相关系数增大(克罗内克信道模型)时，近似误差同时出现小幅增加。因此，特征值近似法仍适用于更实用的信道模型，如克罗内克信道模型。这里还考虑了不同信道模型对计算复杂度的影响。为了满足低逼近误差的要求，对于增强的信道相关性和增加的特征值逼近误差，所提出的 PCI 的迭代次数应稍微增加。因此，PCI 的计算复杂度会有少许的增加，这是这种方法的一个限制。正如之前讨论的，计算大规模矩阵乘法和求逆有三种方法。当信道频率平坦且缓慢变化时[21]，随着信道硬化变得明显，显式和部分隐式方法的矩阵乘法与求逆结果可以部分地被重复使用，如 NSA、INS、GAS 和 CG。但是，这些方法也有一些限制，例如，检测器开始处的高计算复杂度会影响随后的操作(如矩阵分解和对角元素求倒数)，这些操作仅在矩阵乘法完成之后才需要开始。另外，大规模乘法的硬件利用率不高，从而降低了检测器的能量和面积效率。这些方法(即 CGLS、OCD 和 PCI)利用隐式的方法实现了大规模的矩阵乘法和求逆。这些方法的计算量比显式方法要低得多，并行性也比较高。然而，在小尺度衰落[22] 平均和信道硬化导致信道频率选择性较小的情况下，结果不能被重复使用，这是 PCI 的另一个限制。最后，图 2.3.4 显示了 MIMO 信道(克罗内克信道模型)的大尺度衰落和空间相关性的影响，这是实际 MIMO 系统中的重要问题。仿真结果表明，与 MMSE 相比，PCI 的检测精度损失较小。随着信道相关性的增加(信道相关系数 ξ 增大)，所有方法的迭代次数增加，以减少近似误差。在相同的迭代次数下，与 NSA

和 RI 方法相比，PCI 实现了较低的误差。尽管与 CG、OCD 和 GAS 方法相比，PCI 有着类似的检测性能，但其主要优势在于实现了比其他三种方法更高的并行性和更低的计算复杂度。总之，在更实际的信道模型条件下，PCI 优于其他方法。

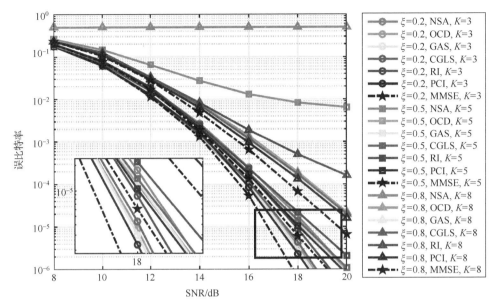

图 2.3.4　克罗内克信道模型下各种算法的 BER 比较（见彩图）

2.4　雅可比迭代算法

2.4.1　加权雅可比迭代及收敛性

本节介绍一种优化的雅可比迭代算法，并命名为加权雅可比迭代（weighted Jacobi iteration，WeJi）算法。正如前面所讨论的，矩阵 G 和矩阵 W 是对角占优的矩阵。在这里，可以将矩阵 W 分解为 $W = P + Q$，其中 P 为对角矩阵，矩阵 Q 的对角元素为 0。利用加权雅可比迭代求解线性方程 $W\hat{s} = y^{\mathrm{MF}}$，则发送的信号可以估计为

$$\hat{s}^{(K)} = B\hat{s}^{(K-1)} + F = [(1 - \omega)I - \omega P^{-1}Q]\hat{s}^{(K-1)} + \omega P^{-1}y^{\mathrm{MF}} \tag{2.4.1}$$

式中，$B = [(1 - \omega)I - \omega P^{-1}Q]$；$F = \omega P^{-1}y^{\mathrm{MF}}$ 是迭代矩阵；K 是迭代次数；$\hat{s}^{(0)}$ 是初始解。此外，$0 < \omega < 1$，它在 WeJi 的收敛性和收敛速率中有着至关重要的作用。在 WeJi 中，将参数 ω 的范围定为 $0 < \omega < \dfrac{2}{\rho}(P^{-1}W)$ [9]。因为 P 是对角矩阵，它的逆矩阵非常容易求得，所以大大降低了 WeJi 的运算复杂度。

迭代的初值会影响迭代的收敛性和收敛速率，因此在使用 WeJi 求解大规模 MIMO 信号检测问题时，也需要找到一个好的初值。在这里，利用纽曼级数近似能够得到一个低运算复杂度的初值。因此，可以将迭代的初值设为式 (2.4.2)，它可以使 WeJi 以更快的速率收敛。

$$\hat{\pmb{s}}^{(0)} = (\pmb{I} - \pmb{P}^{-1}\pmb{Q})\pmb{P}^{-1}\pmb{y}^{\mathrm{MF}} = (\pmb{I} - \pmb{R})\pmb{T} \tag{2.4.2}$$

此外，正是由于算法收敛速率的增加，在硬件上，这个初值也减少了硬件的资源消耗，并增加了数据吞吐率。

根据式 (2.4.1)，当迭代次数 K 趋于无限大时，WeJi 估计出的发送信号的误差为[7]

$$\Delta = \pmb{s} - \hat{\pmb{s}}^{(K)} \approx \hat{\pmb{s}}^{(\infty)} - \hat{\pmb{s}}^{(K)} = \pmb{B}^K(\pmb{s} - \hat{\pmb{s}}^{(0)}) \tag{2.4.3}$$

在这里，显然 $\pmb{s} = \hat{\pmb{s}}^{(\infty)}$。因此，WeJi 的收敛速率为

$$R(\pmb{B}) = -\ln\left(\lim_{K\to\infty}\left\|\pmb{B}^K\right\|^{\frac{1}{K}}\right) = -\ln[\rho(\pmb{B})] \tag{2.4.4}$$

式中，$\rho(\pmb{B})$ 是矩阵 $\pmb{B}$ 的频谱半径。由此可以看出，当 $\rho(\pmb{B})$ 很小时，算法的收敛速率更高。关于 WeJi 的收敛速率，这里给出两个引理，并给出相应的证明。

引理 2.4.1 在大规模 MIMO 系统中，$\rho(\pmb{B}_\mathrm{W}) \le \omega\rho(\pmb{B}_\mathrm{N})$，$\rho(\pmb{B}_\mathrm{W})$ 和 $\rho(\pmb{B}_\mathrm{N})$ 分别为 WeJi 和纽曼级数近似的迭代矩阵。

证明 $\pmb{B}_\mathrm{W}$ 的频谱半径定义为

$$\rho(\pmb{B}_\mathrm{W}) = \rho[(1-\omega)\pmb{I} - \omega\pmb{P}^{-1}\pmb{Q}] \tag{2.4.5}$$

在 WeJi 中，$0 < \omega < 1$，并且 ω 接近于 1。对 ω 做一下处理有 $0 < 1 - \omega < 1$，因此式 (2.4.5) 还可以写为

$$\rho(\pmb{B}_\mathrm{W}) = \omega\rho\pmb{P}^{-1}\pmb{Q} - (1-\omega)\pmb{I} \le \omega\rho\pmb{P}^{-1}\pmb{Q} \tag{2.4.6}$$

纽曼级数近似中有

$$\rho(\pmb{B}_\mathrm{N}) = \rho(\pmb{P}^{-1}\pmb{Q}) \tag{2.4.7}$$

结合式 (2.4.6)，可以得到

$$\rho(\pmb{B}_\mathrm{W}) \le \omega\rho(\pmb{B}_\mathrm{N}) \tag{2.4.8}$$

引理 2.4.1 说明 WeJi 的收敛速度高于纽曼级数近似。此外，不失一般性，这里用 l_2 范数来估计迭代的误差，如

$$\|\Delta\|_2 \le \left\|\pmb{B}_\mathrm{W}^K\right\|_\mathrm{F}\left\|\pmb{s} - \hat{\pmb{s}}^{(0)}\right\|_2 \le \left\|\pmb{B}_\mathrm{W}\right\|_\mathrm{F}^K\left\|\pmb{s} - \hat{\pmb{s}}^{(0)}\right\|_2 \tag{2.4.9}$$

根据式 (2.4.9)，如果满足 $\|\pmb{B}_\mathrm{W}\|_\mathrm{F} < 1$，WeJi 的近似误差随着迭代次数 K 的增长会呈指数趋近于 0。

引理 2.4.2　在大规模 MIMO 系统中，$\|\boldsymbol{B}_{\mathrm{W}}\|_{\mathrm{F}}<1$ 的概率满足：

$$P\left\{\|\boldsymbol{B}_{\mathrm{W}}\|_{\mathrm{F}}<1\right\}\geq 1-\omega\sqrt[4]{\frac{(N_r+17)(N_t-1)N_r^2}{2N_r^3}}\tag{2.4.10}$$

证明　根据马尔可夫不等式，可以得到

$$P\left\{\|\boldsymbol{B}_{\mathrm{W}}\|_{\mathrm{F}}<1\right\}\geq 1-P\left\{\|\boldsymbol{B}_{\mathrm{W}}\|_{\mathrm{F}}\geq 1\right\}\geq 1-E\left(\|\boldsymbol{B}_{\mathrm{W}}\|_{\mathrm{F}}\right)\tag{2.4.11}$$

注意到在 WeJi 中，参数 ω 满足并且接近于 1，则 $1-\omega$ 接近于 0，并且满足 $0<1-\omega<1$，所以 $(1-\omega)\boldsymbol{I}$ 的影响可以忽略。则式 (2.4.10) 满足：

$$P\left\{\|\boldsymbol{B}_{\mathrm{W}}\|_{\mathrm{F}}<1\right\}\geq 1-E\left(\|\omega\boldsymbol{P}^{-1}\boldsymbol{Q}\|_{\mathrm{F}}\right)\tag{2.4.12}$$

因此，$\|\boldsymbol{B}_{\mathrm{W}}\|_{\mathrm{F}}<1$ 的概率与 $E\left(\|\omega\boldsymbol{P}^{-1}\boldsymbol{Q}\|_{\mathrm{F}}\right)$ 有关。再考虑 $\|\boldsymbol{P}^{-1}\boldsymbol{Q}\|_{\mathrm{F}}$，矩阵 $\boldsymbol{A}$ 中第 i 行第 j 列的元素满足：

$$a_{ij}\to\begin{cases}\displaystyle\sum_{t=1}^{N_r}h_{ti}^*h_{tj},&i\neq j\\\displaystyle\sum_{m=1}^{N_r}|h_{mi}|^2+\frac{N_0}{E_s},&i=j\end{cases}\tag{2.4.13}$$

所以，$E\left(\|\omega\boldsymbol{P}^{-1}\boldsymbol{Q}\|_{\mathrm{F}}\right)$ 可以表示为

$$E\left(\|\omega\boldsymbol{P}^{-1}\boldsymbol{Q}\|_{\mathrm{F}}\right)=E\left(\sqrt{\sum_{i=1}^{N_t}\sum_{j=1,i\neq j}^{N_t}\left|\omega\frac{a_{ij}}{a_{ii}}\right|^2}\right)=E\left(\sqrt[4]{\left[\sum_{i=1}^{N_t}\sum_{j=1,i\neq j}^{N_t}\left(\omega^2\frac{|a_{ij}|^2}{|a_{ii}|^2}\right)\right]^2}\right)\tag{2.4.14}$$

对式 (2.4.14) 利用柯西-施瓦茨不等式，有

$$E\left(\|\omega\boldsymbol{P}^{-1}\boldsymbol{Q}\|_{\mathrm{F}}\right)\leq\omega\sqrt[4]{\sum_{i=1}^{N_t}\sum_{j=1,i\neq j}^{N_t}E\left(|a_{ij}|^4\right)\cdot\sum_{i=1}^{N_t}E\left(\frac{1}{|a_{ii}|^4}\right)}\tag{2.4.15}$$

很明显，式中有两个关键项 $E\left(|a_{ij}|^4\right)$ 和 $\displaystyle\sum_{i=1}^{N_t}E\left(\frac{1}{|a_{ii}|^4}\right)$。在大规模 MIMO 系统中，矩阵 $\boldsymbol{A}$ 的对角线元素接近于 N_r，所以 $E\left(\dfrac{1}{|a_{ii}|^4}\right)$ 项可以近似表示为

$$E\left(\frac{1}{|a_{ii}|^4}\right)=\frac{1}{N_r^4}\tag{2.4.16}$$

现在再考虑 $E\left(\left|a_{ij}\right|^4\right)$，根据式 (2.4.13)，它可以表示为

$$E\left(\left|a_{ij}\right|^4\right)=E\left(\left|\sum_{m=1}^{N_r}h_{mi}^*h_{mj}\right|^4\right)=\sum_{\substack{q_1+q_2\\+\cdots+q_{N_r}=N_r}}\binom{N_r}{q_1,q_2,\cdots,q_{N_r}}\times E\left(\prod_{1\le m\le N_r}\left(h_{mi}^*h_{mj}\right)^{q_m}\right) \qquad (2.4.17)$$

令 $\boldsymbol{X}$ 和 $\boldsymbol{\mu}$ 满足式 (2.4.18) 和式 (2.4.19)，其中，μ_m 是 $h_{mi}^*h_{mj}$ 的平均值。

$$\boldsymbol{X}=\left[h_{1i}^*h_{1j},h_{2i}^*h_{2j},\cdots,h_{N_ri}^*h_{N_rj}\right]^T \qquad (2.4.18)$$

$$\boldsymbol{\mu}=\left[\mu_1,\mu_2,\cdots,\mu_{N_r}\right]^T \qquad (2.4.19)$$

因此有

$$\varphi\left(h_{1i}^*h_{1j},h_{2i}^*h_{2j},\cdots,h_{N_ri}^*h_{N_rj}\right)=\frac{e^{-\frac{(\boldsymbol{X}-\boldsymbol{\mu})^T\boldsymbol{C}^{-1}(\boldsymbol{X}-\boldsymbol{\mu})}{2}}}{(2\pi)^{\frac{N_r}{2}}\sqrt{\det\boldsymbol{C}}} \qquad (2.4.20)$$

式中，矩阵 $\boldsymbol{C}$ 为协方差矩阵。注意到信道矩阵 $\boldsymbol{H}$ 中的元素独立同分布，并且服从 $N(0,1)$，所以当 $m\ne p$ 时，$h_{mi}^*h_{mj}$ 和 $h_{pi}^*h_{pj}$ 也独立同分布，并且服从 $N(0,1)$。所以，式 (2.4.20) 可以写为

$$\varphi\left(h_{1i}^*h_{1j},h_{2i}^*h_{2j},\cdots,h_{N_ri}^*h_{N_rj}\right)=\frac{1}{(2\pi)^{\frac{N_r}{2}}}e^{-\frac{\boldsymbol{X}^T\boldsymbol{X}}{2}} \qquad (2.4.21)$$

式 (2.4.21) 表明，当 $m\ne p$ 时，$h_{mi}^*h_{mj}h_{pi}^*h_{pj}$ 服从 $N(0,1)$，并且 $(h_{ii})^2$ 服从 $\chi^2(1)$。因此，随机变量 $(h_{ii})^2$ 的概率密度函数为

$$f(h_{mi};1)=\begin{cases}\dfrac{1}{2\Gamma\left(\dfrac{1}{2}\right)}\sqrt{\dfrac{2}{h_{mi}}}e^{-\frac{h_{mi}}{2}}, & h_{mi}>0\\[2ex]0, & h_{mi}<0\end{cases} \qquad (2.4.22)$$

式中，Γ 为伽玛函数[23]。可以得到 $E\left(\left|h_{ii}\right|^2\right)=1$，$D\left(\left|h_{ii}\right|^2\right)=2$。当 $i\ne j$ 时，由于 h_{mi}^* 与 h_{mj} 独立，$E\left(\left|h_{mi}\right|^2\right)=D\left(\left|h_{mi}\right|^2\right)+\left[E\left(\left|h_{mi}\right|^2\right)\right]^2=3$，$E\left(\left|h_{mi}^*h_{mj}\right|^2\right)=E\left(\left|h_{mi}^*\right|^2\right)E\left(\left|h_{mj}\right|^2\right)=1$，$E\left(\left|h_{mi}^*h_{mj}\right|^4\right)=E\left(\left|h_{mi}^*\right|^4\right)E\left(\left|h_{mj}\right|^4\right)=9$。在忽略了为零的项后，$E\left(\left|a_{ii}\right|^4\right)$ 可以表示为

$$E\left(\left|a_{ij}\right|^4\right)=N_rE\left[\left(h_{mi}^*h_{mj}\right)^4\right]+\binom{N_r}{2}\left[E\left(h_{mi}^*h_{mj}\right)^2\right]^2=\frac{1}{2}\left(N_r^2+17N_r\right) \qquad (2.4.23)$$

将式 (2.4.16) 和式 (2.4.23) 代入到式 (2.4.12) 和式 (2.4.15) 中，可以得到引理 2.4.2 中的结论。

引理 2.4.2 说明，当 N_t 固定时，随着 N_r 的增加，$\|\boldsymbol{B}_{\mathrm{W}}\|_{\mathrm{F}} < 1$ 的概率增加。因为在大规模 MIMO 系统中往往 $N_r >> N_t$，所以 $\|\boldsymbol{B}_{\mathrm{W}}\|_{\mathrm{F}} < 1$ 的概率趋近于 1。

2.4.2 复杂度及误帧率

针对 WeJi，需要做一些分析。WeJi 首先执行矩阵 $\boldsymbol{R}(\boldsymbol{R} = \boldsymbol{P}^{-1}\boldsymbol{Q})$ 和 $\boldsymbol{T}(\boldsymbol{T} = \boldsymbol{P}^{-1}\boldsymbol{y}^{\mathrm{MF}})$ 的计算。为了便于 WeJi 的计算，应尽快计算初始解。因此，向量 $\boldsymbol{T}$ 和矩阵 $\boldsymbol{R}$ 应该在分配的时间内准备好。然后，WeJi 需要根据式 (2.4.2) 计算初始解 $\hat{\boldsymbol{s}}^{(0)}$。值得注意的是，在考虑硬件设计时，初始解决方案的架构可以在下一个迭代块中重复使用。最后，算法执行式 (2.4.1) 中对最终值 $\hat{\boldsymbol{s}}^{(K)}$ 的迭代。在迭代部分，矩阵乘法是通过向量乘法实现的，向量的所有元素可以并行执行。复杂矩阵求逆的计算复杂度使迭代减少。此外，加权后的参数导致迭代次数减少，并且实现了类似的性能，这也减少了检测器的计算复杂度。下面将 WeJi 与计算复杂度、并行性和硬件设计可实现性方面，与最近开发的算法进行比较。因为 MMSE 和 WeJi 需要计算矩阵 $\boldsymbol{G}$ 与 $\boldsymbol{y}^{\mathrm{MF}}$，所以工作主要集中在矩阵求逆和 LLR 计算的计算复杂度上[7, 12, 24, 25]。计算复杂度是根据实数乘法所需的数量来评估的，每个复数乘法需要四次实数乘法。第一次计算的运算复杂度来自于计算 $N_t \times N_t$ 的对角矩阵 $\boldsymbol{P}^{-1}$ 与 $N_t \times N_t$ 的矩阵 $\boldsymbol{Q}$ 和 $N_t \times 1$ 的向量 $\boldsymbol{y}^{\mathrm{MF}}$ 的乘积，其数量分别为 $2N_t(N_t - 1)$ 和 $2N_t$。第二次计算的运算复杂度来自迭代矩阵 $\boldsymbol{B}$ 和 $\boldsymbol{F}$ 的乘法，这个过程包括 $4N_t$ 个实数乘法。第三部分计算复杂度来自初始解的计算。最后一部分计算复杂度来自信道增益、NPI 方差和 LLR 的计算。因此，WeJi 所需的乘法总数是 $(4K + 4)2N_t^2 - (4K - 4)2N_t$。图 2.4.1 显示了 WeJi 和其他方法实数乘法次数的比较。WeJi 与 GAS、SOR 和 SSOR 方法相比，具有更低的计算复杂度。当 $K = 2$ 时，NSA 的计算复杂度较低。一般来说，在 NSA 中 K 应不小于 3，以保证检测的精度。当 $K = 3$ 时，NSA 表现出较高的计算量。因此，NSA 的计算量减少是可忽略的。

另一方面需要考虑的是 WeJi 的硬件实现，使其尽量可以并行执行。式 (2.4.1) 中 WeJi 的解可写为

$$\hat{s}_i^{(K)} = \frac{\omega}{A_{i,i}} y_i^{\mathrm{MF}} + \frac{\omega}{A_{i,i}} \sum_{j \neq i} \left[A_{i,j} \hat{s}_j^{(K-1)} + (1 - \omega) \hat{s}_j^{(K-1)} \right] \tag{2.4.24}$$

$\hat{s}_i^{(K)}$ 的计算只需要前面迭代中的元素，因此，$\hat{\boldsymbol{s}}^{(K)}$ 中所有元素的计算可以并行执行。但是在 GAS、逐次超松弛迭代 (successive over-relaxation，SOR) 法[26]和对称逐次超松弛迭代 (symmetric successive over-relaxation，SSOR) 法[27]中，迭代步骤中每个发送信号有着很强的相关性。计算 $\hat{s}_i^{(K)}$ 时需要第 K 次迭代的 $\hat{s}_j^{(K)}$（$j = 1, 2, \cdots, i-1$）和第

$K-1$ 次迭代的 $\hat{s}_j^{(K-1)}(j=i,i+1,\cdots,N_t)$。这意味着每个元素的计算不能并行执行。因此，GAS[25]和 SOR[26]方法结构不能达到高数据吞吐率，并且远低于 WeJi 的数据吞吐率。

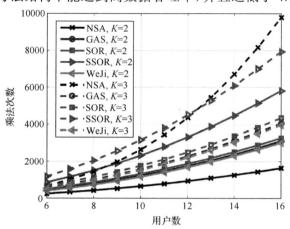

图 2.4.1　WeJi 与其他算法中的实数乘法次数的比较（见彩图）

　　注意到文献[28]也提出了一个基于雅可比迭代的检测方法。与此方法相比，本小节所描述的 WeJi 在以下三个方面取得了较好的性能。首先，WeJi 是基于硬件体系结构设计考虑的方法，即在算法优化和改进过程中充分考虑了硬件实现。在算法设计过程中，考虑了检测精度、计算复杂度、并行性和硬件可重用性。相反，文献[28]则未考虑硬件实现方面的问题，如并行性和硬件的复用。其次，本节中的 WeJi 和文献[28]采用不同的迭代初始解。文献[28]中的初始值是固定的，这个固定的初始解与最终的结果是完全不同的。相比之下，本节描述的方法考虑了大规模 MIMO 系统的特点，包括一种初始解的计算方法。根据式(2.4.2)，迭代初始解与最终结果接近，因此可以减少算法的迭代次数，并且可以将硬件消耗最小化。此外，WeJi 初始解的方法类似于后面迭代步骤中的算法，硬件资源可以被重复使用。因为迭代前 Gram 矩阵 G 的计算会占用大量的时钟周期，所以硬件资源的重复使用不会影响系统的吞吐率。最后，与文献[28]相比，WeJi 引入了权重因子，如式(2.4.1)所示，这可以提高结果的准确度，因此硬件资源消耗将会减少。此外，在执行预迭代和迭代时，可以重复使用相同的单元以提高单元的使用率，并且该复用不会影响硬件的数据吞吐率。

　　下面讨论 WeJi 和最新的其他信号检测算法的误帧率(frame-error-rate，FER)结果，此外，精确矩阵求逆(Cholesky 分解算法)的 FER 性能也作为比较对象。在比较中，采取 64-QAM 的调制方案，信道被假定为独立同分布的瑞利衰落矩阵，输出(LLR)采用维特比译码。在接收机中，LLR 是维特比译码软输入。对于 4G 和 5G，已经讨论了一种并行级联卷积码——Turbo 码[1]。4G 中当前使用的 Turbo 方案也是 5G 的重要编码方案，并且被广泛使用。另外，这些仿真设置经常用于 5G 通信里许多大规模 MIMO 检测算法和体系结构中。

　　图 2.4.2 显示了 WeJi[29]、NSA[7]、RI[14]、内迭代干扰消除（intra-iterative interference cancellation，IIC）[30]、CG[18]、GAS[12,25]、OCD[31] 和 MMSE[8,24] 的 FER 性能曲线。在图 2.4.2（a）中，模拟了具有 1/2 码率的 64×8 大规模 MIMO 系统中的算法。图 2.4.2（b）显示了具有 1/2 码率的 128×8 大规模 MIMO 系统的 FER 性能结果。为了证明所提出的方法在更高码率上也具有优势，图 2.4.2（c）显示了具有 3/4 码率的 128×8 大规模 MIMO 系统的性能结果。这些仿真结果的比较表明，WeJi 可以在不同的 MIMO 规模和码率下实现接近最优的性能。为了达到相同的 FER，WeJi 要求的 SNR 与 MMSE 所需的 SNR 几乎相同，但要低于 OCD、CG、GAS、IIC、RI 和 NSA 所要求的 SNR。根据图 2.4.2，所提出的 WeJi 能比不同 MIMO 规模中的现有技术方法实现更好的 FER 性能。

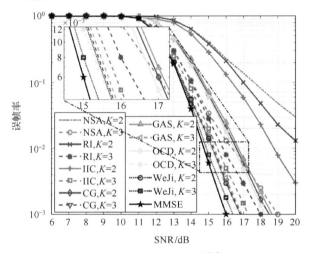

(a) $N_r=64$, $N_t=8$, 1/2 码率

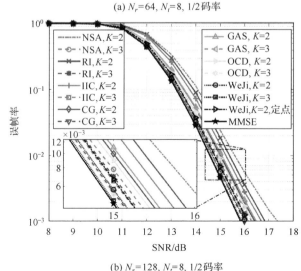

(b) $N_r=128$, $N_t=8$, 1/2 码率

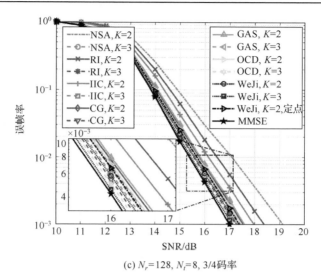

(c) $N_r=128$, $N_t=8$, 3/4 码率

图 2.4.2　　各种算法的 FER 性能图（见彩图）

2.4.3　信道模型影响分析

　　以往的仿真结果基于瑞利衰落信道模型。为了证明所提出的算法在更真实的信道模型中也是优越的，图 2.4.3 示出了 MIMO 信道的大规模衰落和空间相关性对不同算法的 FER 性能影响。克罗内克信道模型[20]以往被用来评估算法 FER 性能，因为它比独立同分布的瑞利衰落信道模型更实用。克罗内克信道模型假定发射和接收是可分离的，测量表明，克罗内克模型对于非视线情景是一个很好的近似。因此，这个模型在文献中被广泛使用。在该信道模型中，信道矩阵的元素满足 $N(0, d(z)I_B)$，其中 $d(z)$ 是解释信道衰减（如阴影和路径损耗）的任意函数。考虑信道衰减方差 $d(z) = \dfrac{C}{\|z - b\|^{\kappa}}$，其中 $z \in \mathbf{R}^2$、$b \in \mathbf{R}^2$、κ 和 $\|\cdot\|$ 分别表示用户的位置、基站的位置、路径损耗指数和欧几里得范数。独立阴影衰落 C 满足 $10\lg N(0, \sigma_{\mathrm{sf}}^2)$。结合相关矩阵 $\boldsymbol{R}_r$，克罗内克信道矩阵 $\boldsymbol{H}$ 可以表示为

$$\boldsymbol{H} = \boldsymbol{R}_r^{\frac{1}{2}} \boldsymbol{H}_{\mathrm{i.i.d.}} \sqrt{d(z)} \boldsymbol{R}_t^{\frac{1}{2}} \tag{2.4.25}$$

式中，$\boldsymbol{H}_{\mathrm{i.i.d.}}$ 是一个随机矩阵，它的元素独立同分布，并且为服从零均值和单位方差的复高斯分布。指数相关性是一个用来生成相关矩阵的模型，相关矩阵 $\boldsymbol{R}_r$ 中的元素可以写为

$$r_{ij} = \begin{cases} \xi^{j-i}, & i \leqslant j \\ (\xi^{j-i})^*, & i > j \end{cases} \tag{2.4.26}$$

式中，ξ 是相邻分支之间的相关因子。同一小区内的用户均匀分布在半径 $r=500\mathrm{m}$ 的六边形内。仿真采用以下假设：$\kappa=3.7$，$\sigma_{\mathrm{sf}}^{2}=5$，发射功率 $\rho=\dfrac{\gamma^{\kappa}}{2}$。相关因子 ξ 依次为 0.2、0.5 和 0.7。图 2.4.3 表明，为了达到相同的 FER，所提出的算法所需的 SNR 也小于 CG、RI 和 NSA，证明了该算法能够在一个真实的模型中保持其优势。

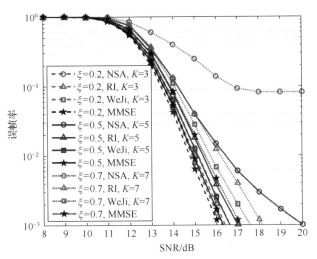

图 2.4.3　克罗内克信道模型的 FER 性能（见彩图）

2.5　共轭梯度算法

2.5.1　算法设计

共轭梯度是求解线性矩阵方程 $\boldsymbol{Ax}=\boldsymbol{b}$ 的一种迭代算法[9]，其迭代的近似结果可表达为

$$\boldsymbol{x}_{K+1}=\boldsymbol{x}_{K}+\alpha_{K}\boldsymbol{p}_{K} \tag{2.5.1}$$

式中，$\boldsymbol{p}$ 是一个辅助向量；K 是迭代次数；α_{K} 则可以由式(2.5.2)算得

$$\alpha_{K}=\frac{(\boldsymbol{r}_{K},\boldsymbol{r}_{K})}{(\boldsymbol{Ap}_{K},\boldsymbol{r}_{K})} \tag{2.5.2}$$

式中，$\boldsymbol{r}$ 为残差向量，由式(2.5.3)表示：

$$\boldsymbol{r}_{K+1}=\boldsymbol{r}_{K}+\alpha_{K}\boldsymbol{Ap}_{K} \tag{2.5.3}$$

利用 CG 算法，可以求解线性矩阵方程，因而此方法可以运用在大规模 MIMO 信号检测中。但是，传统的 CG 算法还是有着一些不足。首先，在原有的算法中，虽然计算矩阵乘以向量时，向量中的每个元素可以并行地与矩阵的每行元素进行乘累加运算，但是步骤与步骤之间有着强的数据依赖关系，必须按照算法的顺序一步步执行计算，并行度不高。其次，传统的 CG 算法没有提供迭代初值的相关信息，而通常的迭代使用的是零向量。显然，零向量只能满足可行的要求，但并不是最优的。因此，找到一个更优的迭代初值可以使算法更快收敛，减少迭代次数，从而间接减小算法的运算复杂度。针对以上两点，CG 算法进行了相应的改进，以满足更好的并行性和收敛性。改进的 CG 算法被命名为三项递归共轭梯度 (three-term-recursion conjugate gradient，TCG) 算法[32]。

传统的 CG 算法等同于 Lanczos 正交化算法[9]，因此它满足：

$$r_{K+1} = \rho_K(r_K - \gamma_K Ar_K) + \mu_K r_{K-1} \tag{2.5.4}$$

在这里，存在多项式 q_j 可以使 $r_j = q_j Ar_0$。当 $A = 0$ 时，$r_j = b - Ax_j \equiv b$，$b = \rho_K b + \mu_K b$，于是可以得到 $\rho_K + \mu_K = 1$ 和式 (2.5.5)：

$$r_{K+1} = \rho_K(r_K - \gamma_K Ar_K) + (1 - \rho_K)r_{K-1} \tag{2.5.5}$$

因为 r_{K-1}、r_K 和 r_{K+1} 之间正交，即 $(r_{K+1}, r_K) = (r_{K-1}, r_K) = (r_{K-1}, r_{K+1}) = 0$，由式 (2.5.5) 可以推导出

$$\gamma_K = \frac{(r_K, r_K)}{(Ar_K, r_K)} \tag{2.5.6}$$

$$\rho_K = \frac{(r_{K-1}, r_{K-1})}{(r_{K-1}, r_{K-1}) + \gamma_K(Ar_K, r_{K-1})} \tag{2.5.7}$$

又由于 $(Ar_K, r_{K-1}) = (r_K, Ar_{K-1})$，$Ar_{K-1} = -\dfrac{r_K}{\rho_{K-1}\gamma_{K-1}} + \dfrac{r_{K-1}}{\gamma_{K-1}} + \dfrac{(1 - \rho_{K-1})r_{K-1}}{\rho_{K-1}\gamma_{K-1}}$，可以得到

$$\rho_K = \frac{1}{1 - \dfrac{\gamma_K}{\gamma_{K-1}} \dfrac{(r_K, r_K)}{(r_{K-1}, r_{K-1})} \dfrac{1}{\rho_{K-1}}} \tag{2.5.8}$$

根据式 (2.5.5) 可以推导出

$$x_{K+1} = \rho_K(x_K + \gamma_K r_K) + (1 - \rho_K)x_{K-1} \tag{2.5.9}$$

将大规模 MIMO 系统进行一些处理，利用以上推导过程，可以得到应用于大规模 MIMO 信号检测中的 TCG 算法，具体如算法 2.5.1 所示。

算法 2.5.1 大规模 MIMO 信号检测中的 TCG 算法

输入：

1：规模为 $N_t \times N_r$ 的瑞利衰落信道矩阵 $\boldsymbol{H}$；

2：$N_r \times 1$ 的匹配滤波向量 $\boldsymbol{y}^{\mathrm{MF}}$；

3：迭代次数 t；

输出：

计算的发送向量 $\tilde{\boldsymbol{s}}_{k+1}$；

步骤：

1：$\rho_0 = 1$；

2：$\boldsymbol{W} = \boldsymbol{H}^{\mathrm{H}} \boldsymbol{H}$；

3：$\boldsymbol{z}_0 = \boldsymbol{y}^{\mathrm{MF}} - \boldsymbol{W} \tilde{\boldsymbol{s}}_0$；

4：$\boldsymbol{z}_{-1} = \boldsymbol{z}_0$，$\tilde{\boldsymbol{s}}_{-1} = \tilde{\boldsymbol{s}}_0$；

5：**for** $K = 0 : t - 1$ **do**

6：$\boldsymbol{\eta}_K = \boldsymbol{W} \boldsymbol{z}_K$；

7：$\phi_K = (\boldsymbol{\eta}_K, \boldsymbol{z}_K)$；

8：$\xi_K = (\boldsymbol{z}_K, \boldsymbol{z}_K)$；；

9：$\gamma_K = \dfrac{\xi_K}{\phi_K}$；

10：**if** $K > 0$

11：$\rho_K = \dfrac{1}{1 - \dfrac{\gamma_K}{\gamma_{K-1}} \dfrac{\xi_K}{\xi_{K-1}} \dfrac{1}{\rho_{K-1}}}$；

12：**end**

13：$\tilde{\boldsymbol{s}}_{K+1} = \rho_K (\tilde{\boldsymbol{s}}_K + \gamma_K \boldsymbol{z}_K) + (1 - \rho_K) \tilde{\boldsymbol{s}}_{K-1}$；

14：$\boldsymbol{z}_{K+1} = \rho_K (\boldsymbol{z}_K - \gamma_K \boldsymbol{\eta}_K) + (1 - \rho_K) \boldsymbol{z}_{K-1}$；

15：**end**

从算法中可以看出，$(\boldsymbol{\eta}_K, \boldsymbol{z}_K)$ 与 $(\boldsymbol{z}_K, \boldsymbol{z}_K)$ 之间、$\tilde{\boldsymbol{s}}_{K+1} = \rho_K (\tilde{\boldsymbol{s}}_K + \gamma_K \boldsymbol{z}_K) + (1 - \rho_K) \tilde{\boldsymbol{s}}_{K-1}$ 与 $\boldsymbol{z}_{K+1} = \rho_K (\boldsymbol{z}_K - \gamma_K \boldsymbol{\eta}_K) + (1 - \rho_K) \boldsymbol{z}_{K-1}$ 之间没有数据依赖关系，因此它们可以同时执行运算，增加了算法的并行度。此外，因为算法中同样拥有矩阵乘以向量的运算，所以在硬件设计中，向量中的每个元素仍然可以并行地与矩阵的每行元素进行乘累加运算。

2.5.2 收敛性

在讲述了 CG 以及 CG 的优化后，有必要对 CG 的收敛性进行研究。首先，定义式 (2.5.10) 中的多项式，该多项式满足：

$$C_K(t) = \cos[K \arccos(t)], \quad -1 \leqslant t \leqslant 1 \tag{2.5.10}$$

$$C_{K+1}(t) = 2tC_K(t) - C_{K-1}(t), \quad C_0(t) = 1, \quad C_1(t) = t \tag{2.5.11}$$

将以上约束条件推广到 $|t| > 1$ 的情形，则多项式 (2.5.10) 变为

$$C_K(t) = \cosh[K \arccos h(t)], \quad |t| \geqslant 1 \tag{2.5.12}$$

该多项式还可以表示为

$$C_K(t) = \frac{1}{2}\left[(t + \sqrt{t^2-1})^K + (t + \sqrt{t^2-1})^{-K}\right] \geqslant \frac{1}{2}(t + \sqrt{t^2-1})^K \tag{2.5.13}$$

定义 $\eta = \dfrac{\lambda_{\min}}{\lambda_{\max} - \lambda_{\min}}$ ，则由式 (2.5.12) 可以推导出

$$
\begin{aligned}
C_K(t) &= \frac{1}{2}C_K(1+2\eta) \geqslant \frac{1}{2}\left[1 + 2\eta + \sqrt{(1+2\eta)^2 - 1}\right]^K \\
&\geqslant \frac{1}{2}\left[1 + 2\eta + 2\sqrt{\eta(\eta+1)}\right]^K
\end{aligned}
\tag{2.5.14}
$$

在式 (2.5.14) 中，可以发现 η 满足：

$$
\begin{aligned}
1 + 2\eta + 2\sqrt{\eta(\eta+1)} &= (\sqrt{\eta} + \sqrt{\eta+1})^2 = \frac{(\sqrt{\lambda_{\min}} + \sqrt{\lambda_{\max}})^2}{\lambda_{\max} - \lambda_{\min}} \\
&= \frac{\sqrt{\lambda_{\max}} + \sqrt{\lambda_{\min}}}{\sqrt{\lambda_{\max}} - \sqrt{\lambda_{\min}}} = \frac{\sqrt{\kappa} + 1}{\sqrt{\kappa} - 1}
\end{aligned}
\tag{2.5.15}
$$

式中，$\kappa = \dfrac{\lambda_{\max}}{\lambda_{\min}}$ 。因此，令 $\boldsymbol{x}_*$ 表示准确的解向量，则可以得到式 (2.5.16) 中关于 CG 收敛性的表达式：

$$\|\boldsymbol{x}_* - \boldsymbol{x}_K\|_A \leqslant 2\left(\frac{\sqrt{\kappa} - 1}{\sqrt{\kappa} + 1}\right)^K \|\boldsymbol{x}_* - \boldsymbol{x}_0\|_A \tag{2.5.16}$$

观察式 (2.5.16) 可以发现，$\boldsymbol{x}_*$ 代表准确的解向量，为一确定不变的向量。所以当迭代的初值确定后，式 (2.5.16) 右侧的 $2\|\boldsymbol{x}_* - \boldsymbol{x}_0\|_A$ 可以视为一常数。当迭代次数 K 增加时，$\|\boldsymbol{x}_* - \boldsymbol{x}_K\|_A$ 指数型趋近于 0。这表明 CG 在迭代次数 K 较大时能够更快收敛，并且随着迭代次数 K 的增加，CG 算法的误差减少。

2.5.3 迭代初值及搜索

在 TCG 中，迭代需要相应的初值向量。正如前面所说的，如何找到一个好的初值向量，对算法的收敛速度至关重要。在 2.3 节中介绍 PCI 时，提到过一种基于特

征值的初值算法，这种算法可以运用于 TCG 中作为初值，让算法更快收敛。除了这种初值算法，本节讨论另一种基于象限的初值算法。

前面已经讨论过，在大规模 MIMO 系统中，如果忽略噪声 $\boldsymbol{n}$ 的影响，将接收信号 $\boldsymbol{y}$、发送信号 $\boldsymbol{s}$ 和信道矩阵 $\boldsymbol{H}$ 实部与虚部分开，写成实数形式，则它们之间的关系可以表达为

$$\begin{bmatrix} \mathrm{Re}\{\boldsymbol{y}\} \\ \mathrm{Im}\{\boldsymbol{y}\} \end{bmatrix}_{2N_r \times 1} = \begin{bmatrix} \mathrm{Re}\{\boldsymbol{H}\} & -\mathrm{Im}\{\boldsymbol{H}\} \\ \mathrm{Im}\{\boldsymbol{H}\} & \mathrm{Re}\{\boldsymbol{H}\} \end{bmatrix}_{2N_r \times 2N_t} \begin{bmatrix} \mathrm{Re}\{\boldsymbol{s}\} \\ \mathrm{Im}\{\boldsymbol{s}\} \end{bmatrix}_{2N_t \times 1} + \begin{bmatrix} \mathrm{Re}\{\boldsymbol{n}\} \\ \mathrm{Im}\{\boldsymbol{n}\} \end{bmatrix}_{2N_r \times 1} \tag{2.5.17}$$

$$\boldsymbol{y}_{\mathrm{R}} = \boldsymbol{H}_{\mathrm{R}} \boldsymbol{s}_{\mathrm{R}} \tag{2.5.18}$$

式中，下角标 R 表示表达式为实数形式。在 ZF 中，利用实数形式，发送信号 $\boldsymbol{s}$ 可以估计为

$$\hat{\boldsymbol{s}}_{\mathrm{R}} = \left(\boldsymbol{H}_{\mathrm{R}}^{\mathrm{H}} \boldsymbol{H}_{\mathrm{R}} \right)^{-1} \boldsymbol{H}_{\mathrm{R}} \boldsymbol{y}_{\mathrm{R}} = \left(\boldsymbol{H}_{\mathrm{R}}^{\mathrm{H}} \boldsymbol{H}_{\mathrm{R}} \right)^{-1} \boldsymbol{y}_{\mathrm{R}}^{\mathrm{MF}} \tag{2.5.19}$$

实数形式的信道矩阵 $\boldsymbol{H}_{\mathrm{R}}$ 中，每个元素独立同分布，且均服从标准高斯分布，所以矩阵 $\boldsymbol{H}_{\mathrm{R}}^{\mathrm{H}} \boldsymbol{H}_{\mathrm{R}}$ 可以近似为对角阵，并且因为其每个对角元素均为平方和的结果，所以对角元素均为非负数。如果将矩阵 $\boldsymbol{H}_{\mathrm{R}}^{\mathrm{H}} \boldsymbol{H}_{\mathrm{R}}$ 近似为对角阵，则 $\left(\boldsymbol{H}_{\mathrm{R}}^{\mathrm{H}} \boldsymbol{H}_{\mathrm{R}} \right)^{-1}$ 同样为对角阵，并且对角线元素同样为非负值。现在考虑向量 $\hat{\boldsymbol{s}}_{\mathrm{R}}$ 的第 i 个元素 $\hat{s}_{\mathrm{R},i}$ 与向量 $\boldsymbol{y}_{\mathrm{R}}^{\mathrm{MF}}$ 第 i 个元素 $y_{\mathrm{R},i}^{\mathrm{MF}}$ 的关系。根据式 (2.5.19)，可以得到

$$\hat{s}_{\mathrm{R},i} \approx \frac{y_{\mathrm{R},i}^{\mathrm{MF}}}{\sum_{j=1}^{N_r} (H_{j,i})^2} \tag{2.5.20}$$

式中，$\dfrac{1}{\sum_{j=1}^{N_r} (H_{j,i})^2}$ 为非负数，因此 $\hat{s}_{\mathrm{R},i}$ 与 $y_{\mathrm{R},i}^{\mathrm{MF}}$ 同正负。将此结论由实数形式转变为复数形式，则可以推导出 $\hat{s}_i$ 与 y_i^{MF} 同象限。基于这个结论，可以提出一个新的迭代初值。

在一个调制阶数为 64-QAM 的大规模 MIMO 系统中，考虑发送向量 $\hat{\boldsymbol{s}}$ 的第 i 个元素 $\hat{s}_i$。因为 $\hat{s}_i$ 与 y_i^{MF} 同象限，所以假设 y_i^{MF} 位于第一象限，则可以令 $\tilde{s}_i^{(0)} = 4 + 4i$，如图 2.5.1 中空心圆的坐标为 (4,4)。因为 $\hat{s}_i$ 最终会位于第一象限，而 (4,4) 与第一象限中所有星座点的平均距离小于 (0,0) 与第一象限中所有星座点的平均距离，所以 (4,4) 更接近于最终的结果，从而可以使算法尽快收敛。根据这个原理，可以得到基于象限的迭代初值算法，具体如算法 2.5.2 所示。

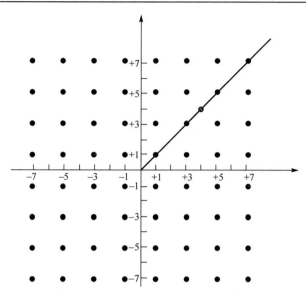

图 2.5.1　基于象限的初值算法示意图

算法 2.5.2　基于象限的初值算法

输入：

1：规模为 $N_t \times N_r$ 的瑞利衰落信道矩阵 $\boldsymbol{H}$；

2：$N_r \times 1$ 的接收向量 $\boldsymbol{y}$；

输出：

1：$N_t \times 1$ 的初始解向量 $\tilde{\boldsymbol{s}}_0$；

2：$N_t \times 1$ 的匹配滤波向量 $\boldsymbol{y}^{\mathrm{MF}}$；

步骤：

1：$\boldsymbol{y}^{\mathrm{MF}} = \boldsymbol{H}^{\mathrm{H}} \boldsymbol{y}$；

2：**for** $k = 1 : N_t$ **do**；

3：re=real$(\boldsymbol{y}^{\mathrm{MF}}(k))$, im=imag$(\boldsymbol{y}^{\mathrm{MF}}(k))$；

4：**if** re>0；

5：　　**if** im>0

6：　　　$\tilde{s}_0(k) = 4 + 4i$；

7：　　**else**

8：　　　$\tilde{s}_0(k) = 4 - 4i$；

9：　　**end**

10：　**else**

11：　　**if** im>0

12：　　　$\tilde{s}_0(k) = -4 + 4i$；

13：　　**else**

14：　　　$\tilde{s}_0(k) = -4 - 4i$；

15:　　**end**

16：**end**

17：**end**

　　将基于象限的迭代初值算法作为 TCG 的初值结果，可以让 TCG 收敛更快。根据大规模 MIMO 信号检测的误差要求，可以减小迭代的次数，从侧面减小算法的运算复杂度，从而使 TCG 锦上添花。

　　在大规模 MIMO 信号检测算法中，无论是线性检测算法还是非线性检测算法中的各种算法，每种算法最终均会得到计算的发送向量 $\tilde{s}$，并且会根据 $\tilde{s}$ 中的每个元素，寻找与它们欧氏距离最小的星座点作为最终求得的估计发送向量 $\hat{s}$ 中的各个元素。值得注意的是，目前 MIMO 系统的各种调制方式均为二维调制，即调制出的星座点均坐落在平面直角坐标系上。因此，在计算向量 $\tilde{s}$ 中每个元素的最小欧氏距离星座点时，实际是计算与 $\tilde{s}$ 中元素平面距离最小的星座点。基于此，首先求得 $\tilde{s}$ 中元素与星座图中每个星座点的欧氏距离，再比较大小的传统方法可以得到相应的简化。如图 2.5.2 所示，假设 $\tilde{s}$ 中的某个元素位于图中空心圆的位置。将星座图用图中的虚线分成若干部分，则可以根据空心圆位于哪个区域内，确定与该空心圆最近的星座点，即位于该区域内的星座点就是与该元素欧氏距离最小的星座点。利用该分析，可将迭代后寻找迭代求得发送向量中元素最小欧氏距离星座点的操作进行相应的简化，得到基于四舍五入的找点算法，具体如算法 2.5.3 所示。利用该算法寻找星座点，可以在很低的运算复杂度下快速找到最终的结果。

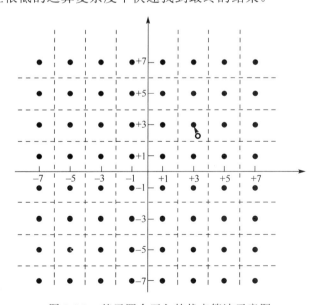

图 2.5.2　基于四舍五入的找点算法示意图

算法 2.5.3　基于四舍五入的找点算法

输入：

　　计算求得的发送向量 $\tilde{s}_{K+1}$；

输出：

　　估计的发送向量 $\hat{s}$；

步骤：

1：　**for**　$t = 1 : N_t$　**do**；

2：　**if** real/imag $(\tilde{s}_{K+1}(t)) > 7$

3：　　real/imag $(\hat{s}(t)) = 7\,\mathrm{sgn}(\mathrm{real/imag}\ (\tilde{s}_{K+1}(t)))$；

4：　**else**

5：　　$\mathrm{real/imag}(\tilde{s}_{K+1}(t)) = \dfrac{1}{2}\mathrm{real/imag}(\tilde{s}_{K+1}(t)) + \dfrac{m}{2}, m = 2i+1, i \in \mathbf{N}$；

6：　　$\mathrm{real/imag}(\hat{s}(t)) = \mathrm{round}(\mathrm{real/imag}(\tilde{s}_{K+1}(t)))$；

7：　　$\mathrm{real/imag}(\hat{s}(t)) = 2\mathrm{real/imag}(\hat{s}(t)) - m, m = 2i+1, i \in \mathbf{N}$；

8：　**end**

2.5.4　复杂度与并行性

在 TCG 算法中，第一部分是一系列初始值的计算，包括 y^{MF}、W 和 z_0。这些计算中包括 $N_t \times N_r$ 的矩阵 H^{H} 乘以 $N_r \times 1$ 的向量 y，$N_t \times N_r$ 的矩阵 H^{H} 乘以 $N_r \times N_t$ 的矩阵 H 得到 $N_t \times N_r$ 的矩阵 W，$N_t \times N_t$ 的矩阵 W 乘以 $N_t \times 1$ 的向量 $\tilde{s}_0$。这三个计算的复杂度分别为 $4N_tN_r$、$2N_rN_t^2$ 和 $4N_t^2$，其中因为 W 矩阵是一个对称矩阵，所以它的复杂度只有一半，为 $2N_rN_t^2$。因为这些参数仅仅在预迭代过程中计算一次，所以复杂度只统计一次。第二部分的计算包括迭代中矩阵与向量的乘法，$N_t \times N_t$ 的矩阵 W 乘以 $N_t \times 1$ 的向量 z，该计算的运算复杂度为 $4KN_t^2$。第三部分的计算是 (η_K, z_K) 和 (z_K, z_K) 两个内积的计算，它们的复杂度分别为 $4KN_t$ 和 $4KN_t$。最后一部分运算是对 $\tilde{s}$ 和 z 的更新，它们的复杂度分别为 $12KN_t$ 和 $12KN_t$。值得注意的是，当迭代次数 K 为 1 时，ρ 的值为 1，因此算法中的第 13 步和第 14 步不需要计算。所以，算法总的复杂度为 $2N_rN_t^2 + 4N_tN_r + 4N_t^2 + K(4N_t^2 + 32N_t) - 16N_t$。表 2.5.1 列出了在不同迭代次数时，各种算法的复杂度。从表中可以看出，TCG 算法的复杂度较低。例如，当 $N_r = 128$、$N_t = 8$、$K = 2$ 时，OCD 算法的复杂度最低为 16416 个实数乘法，TCG 算法有 21632 个实数乘法，高于 OCD 算法，而其他算法的复杂度均高于 TCG 算法的复杂度。

TCG 算法的并行性也是非常重要的。根据算法的第 2、3、6、7 步，计算矩阵乘以向量时，矩阵的每一行元素与向量相乘，每个乘累加运算均可以同时进行。除了矩阵乘以向量中的并行计算，算法的第 8、9 步，和第 14、15 步之间没有数据依赖关系，因此可以同时进行运算操作。本算法拥有两种情况的并行，与其他算法相比，步骤之间的并行性有着非常大的优势。

表 2.5.1　复杂度对比

	$K=2$	$K=3$	$K=4$	$K=5$
NSA[7]	$2N_rN_t^2+6N_tN_r+4N_t^2+2N_t$	$2N_rN_t^2+6N_tN_r+2N_t^3+4N_t^2$	$2N_rN_t^2+6N_tN_r+6N_t^3$	$2N_rN_t^2+6N_tN_r+10N_t^3-6N_t^2$
INS[17]	$2N_rN_t^2+6N_tN_r+10N_t^2+2N_t$	$2N_rN_t^2+6N_tN_r+14N_t^2+2N_t$	$2N_rN_t^2+6N_tN_r+18N_t^2+2N_t$	$2N_rN_t^2+6N_tN_r+22N_t^2+2N_t$
GAS[12]	$2N_rN_t^2+6N_tN_r+10N_t^2-2N_t$	$2N_rN_t^2+6N_tN_r+14N_t^2-6N_t$	$2N_rN_t^2+6N_tN_r+18N_t^2-10N_t$	$2N_rN_t^2+6N_tN_r+22N_t^2-14N_t$
CG[16]	$2N_rN_t^2+6N_tN_r+8N_t^2+33N_t$	$2N_rN_t^2+6N_tN_r+12N_t^2+49N_t$	$2N_rN_t^2+6N_tN_r+12N_t^2+49N_t$	$2N_rN_t^2+6N_tN_r+20N_t^2+81N_t$
CGLS[18]	$24N_tN_r+20N_t^2+8N_r+44N_t$	$32N_tN_r+28N_t^2+12N_r+66N_t$	$40N_tN_r+36N_t^2+16N_r+88N_t$	$48N_tN_r+44N_t^2+20N_r+110N_t$
OCD[19]	$16N_tN_r+4N_t$	$24N_tN_r+6N_t$	$32N_tN_r+8N_t$	$40N_tN_r+10N_t$
TCG	$2N_rN_t^2+4N_tN_r+12N_t^2+48N_t$	$2N_rN_t^2+4N_tN_r+16N_t^2+80N_t$	$2N_rN_t^2+4N_tN_r+20N_t^2+112N_t$	$2N_rN_t^2+4N_tN_r+24N_t^2+144N_t$

正如之前的分析，TCG 在复杂度和并行度方面比其他算法有显著的优势。加之 TCG 算法对迭代的初值和最终的找点方法进行了优化，更使本算法能够发挥最大的效益。通常，复杂度与精确度是一对矛盾体，更低的复杂度往往意味着更低的精度。所以，以上的性能虽然从一方面说明了 TCG 算法的优异性能，但并不能说明它是一种比较全面的算法，还需要从精度的角度对算法进行考量。

2.5.5　误符号率

图 2.5.3 显示了 128×8 的大规模 MIMO 系统中象限划分初值算法计算出的初值对 CG 算法性能的影响。很明显，在 SNR 相同时，对于相同迭代次数下的 CG 算法，有初值的算法能够达到更低的误符号率(symbol-error-rate，SER)，并且在迭代次数 $K=2$ 时，初值算法对算法性能的影响较大。

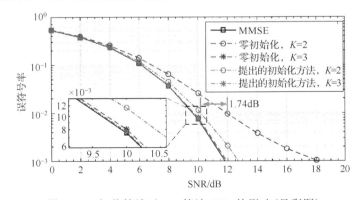

图 2.5.3　初值算法对 CG 算法 SER 的影响(见彩图)

图 2.5.4 是规模为 128×8 的大规模 MIMO 系统在调制阶数为 64-QAM 时各种算

法在不同迭代次数下的 SNR 与 SER 曲线。由图中可以很明显地看出，当迭代次数 $K=2$、SER 为 10^{-2} 时，NSA[7] 的 SNR 为 10.17dB，MMSE[8, 24]、CG[12] 和 OCD[31] 的 SNR 约为 9.66dB、10.10dB 和 10.11dB。而 WeJi[29] 的 SNR 约为 10.42dB，NSA[7] 的 SNR 大于 20dB。图 2.5.5 显示了各种算法对不同规模的 MIMO 系统的 SER 影响。可以看出，在不同规模的 MIMO 系统中，显然，TCG 算法的 SER 比 NSA 和 WeJi[29] 低。

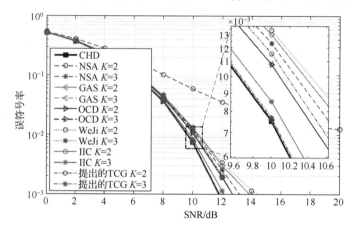

图 2.5.4　128×8 的大规模 MIMO 系统中不同算法不同迭代次数时的 SER 曲线（见彩图）

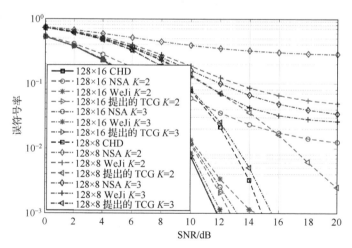

图 2.5.5　不同规模的 MIMO 系统中不同算法对 SER 的影响（见彩图）

因此，相对于 NSA、CG 和 CGLS 三种算法，TCG 算法的优势明显。在复杂度和并行性上 TCG 比三种方法好，而在 SER 的表现上，在相同的 SNR 下，TCG 算法仍然比以上三种方法差。与 PCI 算法相比，TCG 算法的复杂度更低，而在并行性上，除了拥有 PCI 中有的矩阵乘以向量的并行性，还存在算法中步骤之间的并行性，所以并行方面比 PCI 更优。与 OCD 算法相比，TCG 算法的复杂度高于 OCD 算法，并且 SER 也是 OCD 算法更优。然而 OCD 方法也有它的先天不足：因为 OCD 算法的数据依赖关系太强，并且其计算出来的数据需要存储在寄存器中，而每一次计算又需要从寄存器中读取数据，所以并行性太差，只能一步一步顺序执行运算。

通过与 NSA、CG、CGLS、PCI、OCD 等算法比较，TCG 算法虽然不是在所有的性能参数上都是最优的，但总体来说达到了一个较好的折中。在实际的大规模 MIMO 信号检测中，可以根据实际的应用需求，选择合适的算法。

参 考 文 献

[1] Andrews J G, Buzzi S, Wan C, et al. What will 5G be?[J]. IEEE Journal on Selected Areas in Communications, 2014, 32(6): 1065-1082.

[2] Kim S P, Sanchez J C, Rao Y N, et al. A comparison of optimal MIMO linear and nonlinear models for brain-machine interfaces.[J]. Journal of Neural Engineering, 2006, 3(2): 145-161.

[3] Burg A, Borgmann M, Wenk M, et al. VLSI implementation of MIMO detection using the sphere decoding algorithm[J]. IEEE Journal of Solid-State Circuits, 2005, 40(7): 1566-1577.

[4] Trimeche A, Boukid N, Sakly A, et al. Performance analysis of ZF and MMSE equalizers for MIMO systems[C]. International Conference on Design & Technology of Integrated Systems in Nanoscale Era, Gammarth, 2012: 1-6.

[5] Rusek F, Persson D, Lau B K, et al. Scaling up MIMO: Opportunities and challenges with very large arrays[J]. IEEE Signal Processing Magazine, 2012, 30(1): 40-60.

[6] 同济大学计算数学教研室. 数值分析基础[M]. 上海：同济大学出版社, 2000.

[7] Wu M, Yin B, Wang G, et al. Large-scale MIMO detection for 3GPP LTE: Algorithms and FPGA implementations[J]. IEEE Journal of Selected Topics in Signal Processing, 2014, 8(5): 916-929.

[8] Auras D, Leupers R, Ascheid G H. A novel reduced-complexity soft-input sof -output MMSE MIMO detector: Algorithm and efficient VLSI architecture[C]. IEEE International Conference on Communications, Sydney, 2014: 4722-4728.

[9] Golub G H, van Loan C F. Matrix computations[J]. Mathematical Gazette, 1996, 47(5 Series II): 392-396.

[10] Shahab M B, Wahla M A, Mushtaq M T. Downlink resource scheduling technique for maximized throughput with improved fairness and reduced BLER in LTE[C]. International Conference on Telecommunications and Signal Processing, Prague, 2015: 163-167.

[11] Zhang C, Li Z, Shen L, et al. A low-complexity massive MIMO precoding algorithm based on Chebyshev iteration[J]. IEEE Access, 2017, 5(99): 22545-22551.

[12] Dai L, Gao X, Su X, et al. Low-complexity soft-output signal detection based on Gauss-Seidel

method for uplink multiuser large-scale MIMO systems[J]. IEEE Transactions on Vehicular Technology, 2015, 64(10): 4839-4845.

[13] Peng G, Liu L, Zhang P, et al. Low-computing-load, high-parallelism detection method based on Chebyshev iteration for massive MIMO systems with VLSI architecture[J]. IEEE Transactions on Signal Processing, 2017, 65(14): 3775-3788.

[14] Gao X, Dai L, Ma Y, et al. Low-complexity near-optimal signal detection for uplink large-scale MIMO systems[J]. Electronics Letters, 2015, 50(18): 1326-1328.

[15] Gutknecht M H, Röllin S. The Chebyshev iteration revisited[J]. Parallel Computing, 2000, 28(2): 263-283.

[16] Yin B, Wu M, Cavallaro J R, et al. Conjugate gradient-based soft-output detection and precoding in massive MIMO systems[C]. Global Communications Conference, Austin, 2014: 3696-3701.

[17] Cirkic M, Larsson E G. On the complexity of very large multi-user MIMO detection[C]. IEEE International Workshop on Signal Processing Advances in Wireless Communications, Toronto, 2014:55-59.

[18] Yin B, Wu M, Cavallaro J R, et al. VLSI design of large-scale soft-output MIMO detection using conjugate gradients[C]. IEEE International Symposium on Circuits and Systems, Lisbon, 2015: 1498-1501.

[19] Wu M, Dick C, Cavallaro J R, et al. FPGA design of a coordinate descent data detector for large-scale MU-MIMO[C]. IEEE International Symposium on Circuits and Systems, Montreal, 2016: 1894-1897.

[20] Werner K, Jansson M. Estimating MIMO channel covariances from training data under the Kronecker model[J]. Signal Processing, 2009, 89(1): 1-13.

[21] Sun Q, Cox D C, Huang H C, et al. Estimation of continuous flat fading MIMO channels[J]. IEEE Transactions on Wireless Communications, 2002, 1(4): 549-553.

[22] Rappaport T S. Wireless Communications-Principles and Practice[M]. 2ed. Englewood: Prentice Hall. 2002: 33-38.

[23] Li X, Chen C P. Inequalities for the Gamma function[J]. Journal of Inequalities in Pure & Applied Mathematics, 2013, 8(1): 554-563.

[24] Prabhu H, Rodrigues J, Liu L, et al. A 60 pJ/b 300 Mb/s 128 × 8 massive MIMO precoder-detector in 28 nm FD-SOI[C]. Proceedings of International Solid-State Circuits Conference, New York, 2017.

[25] Wu Z, Zhang C, Xue Y, et al. Efficient architecture for soft-output massive MIMO detection with Gauss-Seidel method[C]. IEEE International Symposium on Circuits and Systems, Montreal, 2016: 1886-1889.

[26] Zhang P, Liu L, Peng G, et al. Large-scale MIMO detection design and FPGA implementations

using SOR method[C]. IEEE International Conference on Communication Software and Networks, Beijing, 2016: 206-210.

[27] Quan H, Ciocan S, Qian W, et al. Low-complexity MMSE signal detection based on WSSOR method for massive MIMO systems[C]. IEEE International Symposium on Broadband Multimedia Systems and Broadcasting, New York, 2015: 193-202.

[28] Kong B Y, Park I C. Low-complexity symbol detection for massive MIMO uplink based on Jacobi method[C]. IEEE International Symposium on Personal, Indoor, and Mobile Radio Communications, Valencia, 2016: 1-5.

[29] Peng G, Liu L, Zhou S, et al. A 1.58 Gbps/W 0.40 Gbps/mm² ASIC implementation of MMSE detection for $128×8$ 64-QAM massive MIMO in 65 nm CMOS[J]. IEEE Transactions on Circuits & Systems I Regular Papers, 2018, 65(5): 1717-1730.

[30] Chen J, Zhang Z, Lu H, et al. An intra-iterative interference cancellation detector for large-scale MIMO communications based on convex optimization[J]. IEEE Transactions on Circuits & Systems I Regular Papers, 2016, 63(11): 2062-2072.

[31] Wu M, Dick C, Cavallaro J R, et al. High-throughput data detection for massive MU-MIMO-OFDM using coordinate descent[J]. IEEE Transactions on Circuits & Systems I Regular Papers, 2016, 63(12): 2357-2367.

[32] 谷同祥. 迭代方法和预处理技术[M]. 北京：科学出版社, 2015.

第 3 章　线性大规模 MIMO 检测架构

在实际的大规模 MIMO 检测中，除了算法自身特性对检测结果的影响，硬件电路同样影响着信号检测的效率。第 2 章中介绍了四种典型的大规模 MIMO 线性检测迭代算法，并将它们与已有的一些线性检测算法进行了比较，说明了它们的优越性。本章将分别介绍如何将四种算法在 VLSI 中实现。首先介绍如何将算法在硬件电路中实现，以及需要注意的事项；然后将介绍芯片设计中的优化问题，包括如何提高芯片的数据吞吐率、降低芯片的功耗、减小芯片的面积等；最后将把设计芯片的各种参数与已有的线性检测算法芯片参数进行对比，以得到综合的比较结果。

3.1　纽曼级数近似硬件架构

基于 NSA，本节详细介绍两种适用于 3GPP LTE-A 中的大规模 MIMO 检测 VLSI 架构。第一，本节介绍 VLSI 顶层结构，从整体上分析大规模 MIMO 检测 VLSI 架构的设计方法。第二，本节详细介绍近似求逆以及匹配滤波模块。第三，对于均衡、SINR、快速傅里叶逆变换以及 LLR 模块进行描述。第四，本节介绍基于 Cholesky 分解的精确求逆模块设计方法以及细节。

3.1.1　VLSI 顶层结构

基于 NSA，所提出的通用架构如图 3.1.1 所示。整个框架由以下部分组成：预运算单元、子载波运算单元、用户处理单元。预运算单元包括匹配滤波计算单元和 Gram 矩阵及其逆矩阵的求解单元。该单元用以执行匹配的滤波器计算（即计算 $y^{\mathrm{MF}} = H^{\mathrm{H}} y$）和归一化的 Gram 矩阵 G 及其近似的逆矩阵。值得注意的是，对于近似求逆单元，这里也输出计算 SINR 所需的 D^{-1} 和 G。为了实现在 LTE-A 中要求的峰值吞吐率[1]，设计中使用了多个预运算单元。在预运算单元后，匹配的滤波器输出数据、近似求逆和归一化的 Gram 矩阵输出数据传送到子载波运算单元。子载波运算单元执行均衡处理，即计算 $s = A^{-1} y^{\mathrm{MF}}$ 和后均衡 SINR。为了对每个用户的数据进行检测，需要缓冲器来聚合所有均衡的符号和 SINR 值，这些符号是基于每个子载波计算的。在子载波运算单元后，该架构执行 IFFT，将来自子载波域的均衡符号转换成用户域（或时域）符号。近似 LLR 计算单元最终计算 LLR 的最大值，同时计算 NPI 的值。后面将讨论所提出的检测器体系结构中的关键细节。

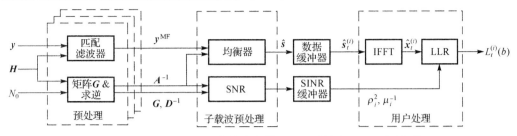

图 3.1.1　3GPP LTE-A 中的大规模 MIMO 检测 VLSI 顶层架构

3.1.2　近似求逆及匹配滤波模块

1. 近似求逆计算单元

为了实现更高的数据吞吐率，这里采用一个单一的脉动阵列。需要四个阶段来计算归一化的 Gram 矩阵和近似的逆矩阵。Gram 矩阵计算和近似求逆单元如图 3.1.2 所示，该结构在运行时可以选择多个纽曼级数的项数。如图 3.1.2 所示，下三角脉动阵列由两个不同的 PE 组成，即脉动阵列的主对角线上的 PE（PE-D）和非对角线上的 PE（PE-OD），两种 PE 在四个计算阶段中具有不同的模式。

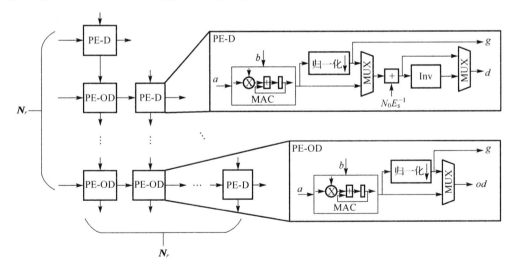

图 3.1.2　Gram 矩阵计算和近似求逆单元示意图

在第一阶段，计算 $N_t \times N_t$ 大小的归一化 Gram 矩阵 $\dfrac{A}{N_r} = \dfrac{G + N_0/E_s\, I}{N_r}$ 消耗 N_r 个时钟周期。因为 A 在对角线方向上渐进于 N_r，并且是对角占优的，所以可以通过归一化来减小其动态范围，这是常见的矩阵求逆电路与定点化算法。脉动阵列还从

$\dfrac{A}{N_r}$ 的对角元素计算了 $D^{-1}N_r$，这些元素用 PE-D 单元中的倒数单位（在图 3.1.2 中用 "Inv"表示）计算。然后，$D^{-1}N_r$ 和 $\dfrac{E}{N_r}$ 的结果将存储在脉动阵列分布的寄存器中。

在第二阶段，脉动阵列通过使用在第一阶段计算的矩阵 $D^{-1}N_r$ 和 $\dfrac{E}{N_r}$ 来计算 $-D^{-1}E$。因为矩阵 $-D^{-1}E$ 不是厄米（Hermitian）矩阵[2]，所以脉动阵列需要计算 $-D^{-1}E$ 的上三角部分和下三角部分。因为 D^{-1} 是一个对角矩阵，所以 $-D^{-1}E$ 的计算只需要一系列的标量乘法（而不是矩阵乘法）。

在第三阶段，脉动阵列计算 $K = 2$ 的 NSA，即 $\tilde{A}_2^{-1}N_r = D^{-1}N_r - D^{-1}ED^{-1}N_r$。首先，重要的是要认识到矩阵 $D^{-1}N_r - D^{-1}ED^{-1}N_r$ 是厄米矩阵，这意味着只需要计算矩阵的下三角部分。此外，因为 $D^{-1}N_r$ 是对角矩阵，所以 $-D^{-1}ED^{-1}N_r$ 的计算仅需要逐项相乘（而不是矩阵乘法）。这些标量乘法是通过将 $D^{-1}N_r$ 和 $-ED^{-1}$ 加载到所有 PE 中，并执行标量乘法来计算 $D^{-1}ED^{-1}N_r$ 的数值。然后，需要将 $D^{-1}N_r$ 加到对角线 PE 的结果中。该阶段的结果，即 $D^{-1}N_r - D^{-1}ED^{-1}N_r$ 存储在分布式寄存器中。

在第四阶段，计算项数为 K 的 NSA 值，结果同样存放在分布式寄存器中。特别地，脉动阵列首先执行 $-D^{-1}E$ 与 $\tilde{A}_{K-1}^{-1}N_r$ 的矩阵乘法，然后将 $D^{-1}N_r$ 加到对角线 PE 上。在这之后，将项数为 K 的近似值 $\tilde{A}_K^{-1}N_r$ 存储在寄存器中。这个阶段可以重复进行可配置次数的迭代，使该结构可以计算任意项数 K 的 NSA 值。

2. 匹配滤波单元

匹配滤波 MF 单元由一个包含 N_t 个 PE 的线性阵列组成。每个 PE 与矩阵 H^H 的一行相关，并且包含一个乘累加（multiple and accumulate，MAC）和一个归一化单元计来算 $\dfrac{y^{MF}}{N_r}$。MF 单元在每个时钟周期内读取一个新的 y 输入，并将其与每个 PE 中 H^H 的输入相乘，然后将其与之前的结果相加，并将相加后的结果进行归一化处理。

3.1.3　均衡和 SINR 模块

均衡单元由 MAC 单元的线性阵列组成，并且从匹配滤波单元读取归一化的近似求逆矩阵 $\tilde{A}_K^{-1}N_r$ 和 $\dfrac{y^{MF}}{N_r}$。每个时钟周期，该单元读取 $\tilde{A}_K^{-1}N_r$ 的一列，并将其与 $\dfrac{y^{MF}}{N_r}$ 中的一个元素相乘，然后将它与先前的结果相加。每 N_t 个时钟周期，该单元输出一个均衡向量 $\hat{s}$。

SINR 计算单元由 N_t 个 MAC 单元组成，并按顺序计算近似有效信道增益。此外，该单元还使用单个 MAC 单元计算近似 NPI。随后，该单元将 $\tilde{\mu}_K^{(i)}$ 与近似 NPI $\tilde{\nu}_i^2$ 的倒数相乘以获得后均衡 SINR ρ_i^2。相同的单元还将计算近似 LLR 计算单元中使用的 $\tilde{\mu}_K^{(i)}$ 的倒数。

3.1.4　IFFT 及 LLR 模块

为了将每个副载波的数据转换为用户（或时间）域的数据，需要部署一个 Xilinx IFFT IP LogiCORE 单元。该单元支持 3GPP LTE 中规定的所有 FFT 和 IFFT 模式，但本设计中仅使用其 IFFT 功能。IFFT 单元以串行方式读取和输出数据。对于处理 1200 个副载波的 IFFT，内核可以每 3779 个时钟周期处理一组新的数据。这款 IFFT 单元在 Virtex-7 XC7VX980T FPGA 上实现的频率超过 317MHz。因此，一个 8 用户、64-QAM 的 MIMO 系统，可以实现 20MHz 的带宽和超过 600Mbit/s 的数据吞吐率。

LLR 计算单元（LCU）输出最大 LLR 软输出值及有效信道增益 $\mu^{(i)}$。因为 LTE 规定了所有调制方案（BPSK、QPSK、16-QAM 和 64-QAM）的格雷映射，并且 $\lambda_b(\cdot)$ 是一个分段函数[3]，所以可以通过重写 $\boldsymbol{L}_t^{(i)}(b) = \rho_i^2 \lambda_b(\hat{x}_t^{(i)})$ 来简化最大 LLR 的计算。为此，LCU 首先通过有效信道增益的倒数 $\dfrac{1}{\mu^{(i)}}$ 将均衡时域符号的实部和虚部与有效信道增益进行缩放。然后，估算分段线性函数 $\lambda_b(\hat{x}_t^{(i)})$，并用后均衡 SINR ρ_i^2 对结果进行缩放。最后，得到的最大 LLR 值被传送到输出单元。为了最小化电路面积，所提出的架构仅用逻辑移位和逻辑与评估每个分段线性函数。倒数的计算通过查找一个存储在 B-RAM 单元[4]中的表进行。每个时钟周期 LCU 处理一位符号，从而 64-QAM 的硬件能够在频率为 317MHz 时达到 1.89Gbit/s 的数据峰值吞吐率。

3.1.5　基于 Cholesky 分解求逆模块

为了对所提出的近似矩阵求逆单元进行性能和复杂度评估，本节通过一个精确的求逆单元进行对比，求逆单元简单地取代了前面的近似求逆单元。本节首先总结使用的基于 Cholesky 分解算法的求逆算法，然后介绍相应的 VLSI 结构设计。

1. 求逆算法

在所提出的精确求逆单元中，需要分三步计算 $\boldsymbol{A}^{-1}$。首先，计算归一化的 Gram 矩阵 $\boldsymbol{A} = \boldsymbol{G} + \dfrac{N_0}{E_s}\boldsymbol{I}$；其次，根据 $\boldsymbol{A} = \boldsymbol{L}\boldsymbol{L}^{\mathrm{H}}$ 进行 Cholesky 分解，其中 $\boldsymbol{L}$ 是一个主对角线为实数的下三角矩阵；最后，利用有效的前向/后向替换过程来计算 $\boldsymbol{A}^{-1}$。具体来说，首先通过前向替换求解 $\boldsymbol{L}\boldsymbol{u}_i = \boldsymbol{e}_i$，其中 $i = 1,2,\cdots,N_t$，$\boldsymbol{e}_i$ 是第 i 个单位向量；然后通过后向替换 $\boldsymbol{L}^{\mathrm{H}}\boldsymbol{v}_i = \boldsymbol{u}_i$ 求解 $\boldsymbol{v}_i$，其中 $i = 1,2,\cdots,N_t$，则 $\boldsymbol{A}^{-1} = \left[\boldsymbol{v}_1, \boldsymbol{v}_2, \cdots, \boldsymbol{v}_{N_t}\right]$。

2. Cholesky 分解算法体系结构

基于 Cholesky 分解算法的 VLSI 体系结构不同于 3.1.2 节中的体系结构。特别地，这里部署了三个独立的单元，这些单元分别计算归一化的 Gram 矩阵、矩阵的精确求逆，以及前向/后向替换单元计算逆矩阵 A^{-1}。流水线将电路分为若干级，接下来分别进行详细介绍。

归一化的 Gram 矩阵是作为外积的和来计算的，即 $G = \sum_{i=1}^{N_r} r_i r_i^{H}$，其中 r_i 代表了矩阵 H 的第 i 行。因为 Gram 矩阵是对称矩阵，所以可以通过三角形的乘累加脉动阵列进行有效计算。Gram 矩阵的计算单元一次读取一行矩阵 H 的元素，并且在 N_r 个时钟周期后输出 Gram 矩阵的计算结果。为了获得归一化的 Gram 矩阵 A，在最后一个时钟周期，将矩阵 G 每个对角线元素加上 $\dfrac{N_0}{E_s}$。

接下来，利用脉动阵列对矩阵 A 进行 Cholesky 分解，得到下三角矩阵 L。脉动阵列由两个不同的运算单元(PE)组成：主对角线上的 PE 和非对角线上的 PE。数据流与文献[5]中提出的线性脉动阵列类似。不同之处在于本节使用多个 PE 来处理输入的矩阵 A 的一列，而在文献[5]中只使用一个 PE 进行处理。因此，本节能够实现 LTE-A 峰值吞吐率的要求。在本节中，一条流水线深度为 16 级，并且每个时钟周期输出矩阵 L 的一列。因此，本节的数据吞吐率与每 N_t 个周期的 Cholesky 分解算法有关。

3. 前向/后向替换单元架构

前向/向后替换单元输入一个下三角矩阵 L，并计算 $A^{-1} = (L^{H})^{-1} L^{-1}$ 作为输出。前向/后向替换单元由三部分组成。第一部分通过正向替换求解 $Lu_i = e_i$，其中 $i = 1, 2, \cdots, N_t$，e_i 是第 i 个单位向量；第二部分通过反向替代 $L^{H} v_i = u_i$ 求解 v_i，其中 $i = 1, 2, \cdots, N_t$；第三部分为共轭转置单元。因为前向替换单元和后向替换单元的计算是对称的，所以只需要设计前向替代单元并重复使用。为了方便，这里假设前向替换单元用以求解方程 $Lx = b$。前向替换单元求解的方程 $Lx_i = b_i$，$i = 1, 2, \cdots, N_t$ 是相互独立的，可以利用 N_t 个 PE 同时求解方程。PE 均采用流水线结构，并包含 N_t 级运算逻辑单元。每一级中含有两个多路复用器、一个复数乘法器、一个复数减法器。$\Delta_t = b_i - \sum_j L_{i,j} x_j$ 和 $\dfrac{\Delta_i}{L_i}$ 均通过控制信号计算。因此，对于一个矩阵 L，前向替代单元中有 N_t^2 个复数乘法，而整个前向后向替代单元中则有 $2N_t^2$ 个复数乘法。共轭转置单元中利用了多路复用器和 N_t 个先入先出 (first input first output，FIFO) 存储器，并且共轭转置矩阵 L^{H} 中的元素根据前向替代单元的输入序列被重新排列。

3.2　切比雪夫迭代硬件架构

本节描述一种大规模 MIMO 检测算法中用于实现 PCI 软输出的 VLSI 架构[6]。与其他用于大规模 MIMO 检测的最新 VLSI 架构一样，本节同样采用独立同分布的瑞利衰落信道[7, 8]。该 VLSI 架构用于实现 64-QAM、128×16 的大规模 MIMO 系统。基于第 2 章的证明与分析，算法选择 $K=3$（包括初始解 $K=0$ 和两次迭代 $K=1$，$K=2$）作为 PCI 的迭代次数，从而实现高的检测精度和低的资源消耗。

3.2.1　VLSI 顶层结构

图 3.2.1 为基于 PCI 的 VLSI 顶层架构框图。为了在硬件资源有限的情况下实现更高的数据吞吐率，顶层架构完全是流水线运作的。在初始块中计算匹配滤波向量 $\boldsymbol{y}^{\mathrm{MF}}$ 和初始解 $\hat{\boldsymbol{s}}^{(0)}$。在接下来的三个步骤中，估算的发送向量 $\hat{\boldsymbol{s}}^{(K)}$ ($K=1,2,3$)将在迭代模块 1 和迭代模块 2（包括预迭代块和迭代块）中计算。此外，另一个迭代也必须在初始模块中计算，在迭代模块中，$N_t \times N_r$ 的矩阵 $\boldsymbol{H}^{\mathrm{H}}$ 和 $N_t \times 1$ 的向量 $\dot{\boldsymbol{h}}^{(K)}$ 相乘，并结合减法运算，计算残差向量 $\boldsymbol{r}^{(K)}$。此外，校正向量 $\boldsymbol{\sigma}^{(K)}$ 和估算的发送信号 $\hat{\boldsymbol{s}}^{(K)}$ 也在其中计算。最后，结合估算的发送信号 $\hat{\boldsymbol{s}}^{(K)}$，分别计算参数 β 和 N_0，并输出 LLR。架构内存用于存储初始数据，包括信道矩阵 $\boldsymbol{H}$，接收向量 $\boldsymbol{y}$，参数 N_0 和 E_s。此外，中间结果，如 $\boldsymbol{y}^{\mathrm{MF}}$、$\dot{\boldsymbol{h}}^{(K)}$ 以及参数 ρ、φ 和 β 也将存储在内存中。四个体(bank)被用来存储四个不同的信道矩阵 $\boldsymbol{H}$，这满足了高并行数据访问的要求。在每个 block 中，有 32 个静态随机存取存储器用于存储信道矩阵的复数值，每个时钟周期读取 8 个信道矩阵的元素，并且向量 $\boldsymbol{y}$ 的 8 个元素同样在每个时钟周期中被读取。此外，三个 block 被用来存储不同的向量 $\boldsymbol{y}^{\mathrm{MF}}$ 以准备两个迭代模块的数据访问，它们每个时钟周期读取一个向量 $\boldsymbol{y}^{\mathrm{MF}}$ 的元素。这些模块将在后面进一步描述。

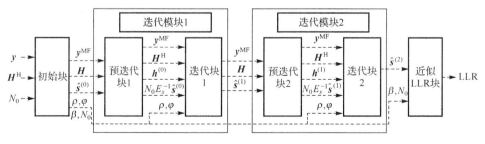

图 3.2.1　基于 PCI 的 VLSI 顶层架构框图

3.2.2　初始模块

初始模块的设计中主要有两方面的改进，包括一系列新的迭代参数计算方法和用户级流水线处理机制。对于第一个改进，根据 PCI，基于大规模 MIMO 系统的性质，需要计算参数 α、β、$\rho^{(K)}$ 和 $\varphi^{(K)}$。因为计算只依赖于 N_r 和 N_t，所以简化了这些参数的计算。为了在资源有限的情况下提高系统的数据吞吐率，这些参数中的冗余数据计算被预先存储在寄存器中。因此，这些计算由寄存器中的立即数转换而来，只需要计算一次(不论信号向量组的数量是多少)。对于第二个改进，用户级流水线机制主要用于实现 $\boldsymbol{y}^{\mathrm{MF}}$ 计算中的大规模矩阵乘法，因为如果已经计算了向量 $\boldsymbol{y}^{\mathrm{MF}}$，则 $\hat{\boldsymbol{s}}^{(0)}$ 的计算仅仅需要乘法。鉴于每次计算 $\boldsymbol{H}^{\mathrm{H}}$ 的某一行与向量 $\boldsymbol{y}$ 的乘积时均使用了 $\boldsymbol{y}$，因此向量 $\boldsymbol{y}$ 的输入被流水线化以便于减少存储器访问次数。图 3.2.2 为初始模块的用户级流水线架构，其中包含了 N_t 个 PE-A，每个 PE-A 实现一个乘累加运算。为了实现与下一级的良好匹配，该结构每个时钟周期读取一次输入数据(8 个元素)。输入数据的排列在整个系统中是高效并行的。图 3.2.3 为每个 PE-A 结构示意图，包括三个主要部分：实数部分、虚数部分、复数部分。每个 PE-A 中有两个算数逻辑单元(arithmetic logic unit，ALU)：一个实现 8 位的乘法和 7 个加法，另一个将 2 个输入重组为复数。此外，可以将矩阵 $\boldsymbol{H}^{\mathrm{H}}$ 和 $\boldsymbol{H}$ 先期准备好，然后将其存入寄存器中。

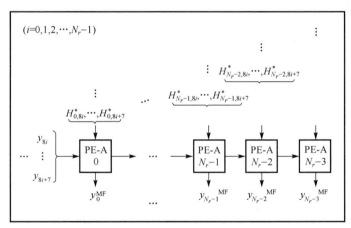

图 3.2.2　初始模块的用户级流水线架构

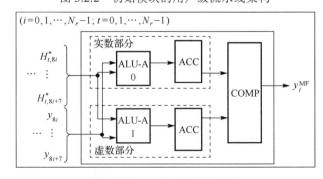

图 3.2.3　PE-A 结构示意图

在文献[7]和[8]中，使用了类似的运算单元阵列来实现 y^{MF} 的计算。在这些体系结构中，向量 y 的每个元素都被传送到第一个位置中所有运算单元中，因此这个模块的所有输出同时被传送到预迭代块中。与所提出的架构相比，文献[7]和[8]中的架构在初始块中的输出端需要 N_t 倍的寄存器，这意味着所提出的架构设计节省了 N_t 倍寄存器的面积和功耗。此外，由于输入数据的原因，与文献[7]和[8]相比，脉动阵列体系结构消耗了更多的时间。但是，时间消耗可以忽略不计，对整个系统的数据吞吐率没有影响，因此能量和面积效率也提高了。

3.2.3　迭代模块

用户级流水线处理机制同样也被用在迭代模块中。这个模块中有两种单元：预迭代单元和迭代单元。基于整个系统的数据吞吐率，$\dot{h}^{(K)}$ 的大规模矩阵乘法需要被加速以匹配流水线的时间消耗，因为每个周期初始解 $\hat{s}^{(0)}$ 被传送到预迭代块中。预迭代单元排列成阵列结构来实现用户级流水线（图 3.2.4）。PE-B 与 PE-A 类似，共有 $8 \times (N_t - 1)$ 个运算单元。PE-B 中的 ALU 是不同的，这个 ALU 中没有加法运算模块，因为中间数据是单独计算的。由于初始模块，预迭代单元的输入立即从寄存器读取，包括信道矩阵 H、初始解 $\hat{s}^{(0)}$ 和 N_0。预迭代单元输出 $\dot{h}^{(K)}$ 的元素并传送到迭代单元。因为预迭代单元工作在深度流水中，所以块矩阵 H^H 的输入和估算的发送信号同时被使用，这减少了存储器消耗和计算时间。迭代模块中迭代单元位于预迭代单元之后。基于 PCI，迭代单元计算了 K 次迭代的残差向量 $r^{(K)}$ 和估算的发送信号 $\hat{s}^{(K)}$。在这些计算中，矩阵 H^H 和 $\dot{h}^{(K)}$ 是最复杂的部分，它包含了减法、小规模实数乘法和大规模复数乘法。因此，迭代单元的体系结构同样被设计为用户级流水线体系结构（图 3.2.2）。这种架构满足了整个流水线的时间限制，从而减少了资源消耗（不影响数据吞吐率）。

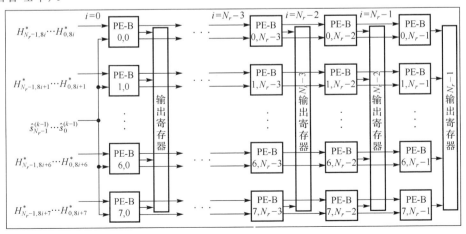

图 3.2.4　预迭代模块的用户级流水线结构

在文献[7]和[8]中，因为大规模的复数矩阵乘法，所以类似的计算在 8 组下三角脉动阵列中进行。在这里，资源和能量消耗更多（超过 400%）。此外，流水线延时是由脉动阵列的时间消耗决定的，这意味着整个系统的数据吞吐率受到资源的限制。在所提出的架构中，迭代模块最大化了输入数据 $\boldsymbol{H}^{\mathrm{H}}$ 的属性，减少了中间数据的寄存器。但是，对于文献[7]和[8]，每个迭代之间需要存储大规模矩阵。

3.2.4　LLR 模块

LLR 模块用来计算每个发送比特的近似 LLR。基于 PCI，将 $\xi_b(\hat{s}_i)$ 函数改写为格雷映射的分段线性函数。图 3.2.5 为 LLR 计算模块的体系结构。图中有三个相同的 PE-C。运算单元的输入参数 β 和 N_0 在 ALU-B 中相乘，并将它们乘积的倒数输出（通过表引用）。为了减少资源消耗，每个线性方程的系数 $\xi_b(\hat{s}_i)$ 存储在校正的查找表（look-up-table，LUT）中。接下来，在 ALU-C 中计算了最终的软输出。近似的 LLR 计算模块简化了软输出计算，加快了数据的处理速度，并且减小了电路的面积和功耗。尽管这个模块增加了寄存器的数量，但这个增加是微不足道的。

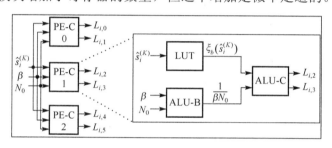

图 3.2.5　LLR 计算模块

3.2.5　实验结果与比较

VLSI 架构采用 Verilog 硬件描述语言（hardware description language，HDL）实现，并在 FPGA 平台（Xilinx Virtex-7）上进行验证。表 3.2.1 为在大规模 MIMO 系统中用于 MMSE 的架构，并列出了本节中所提出的体系结构与其他现有技术设计的关键实现结果。与文献[8]和[9]中的体系结构相比，该体系结构的数据吞吐率增加了 2.04 倍，资源消耗也大大降低。例如，与 Cholesky 分解算法和 NSA 结构相比，每个单元（LUT + FF 资源）分别减少了 66.60%和 61.08%。因此，每个单元（LUT + FF 资源）的数据吞吐率是文献[8]中的两种架构的 6.11 倍和 5.23 倍。所提出的结构与文献[10]相比，每个单元的吞吐率是文献[10]的 1.97 倍。此外，考虑到高频率和高资源利用率，这些架构[8]中的功耗远高于本书设计的架构。注意到文献[8]中的检测器被设计为明确地实现基于单载波频分多址的先进 LTE 系统的信号检测。信号被映射到传统的 OFDM 以便传输。因此，本节的架构和文献[8]之间有一个公平的比较。为了达到更高的公平性，这里还选择了用于 OFDM 系统的检测器(包括最小二乘共轭梯度检测器[11]和高斯-赛德尔检测器[12])。比较显示每个单元的数据吞吐率分别是文献[11]和[12]的 3.14 倍与 6.33 倍。

图 3.2.6 显示了本设计 ASIC 的版图。表 3.2.1 列出了所提出的 PCI 架构和文献[9]中其他现有技术设计的详细硬件特性。文献[9]中的算法包含了额外的处理单元。这些设计都是高效的 ASIC 架构，用于解决大规模 MIMO 系统检测问题。与文献[9]相比，所提出的架构实现了 2.04 倍的数据吞吐率，能量与面积效率分别提高了 2.12 倍和 1.23 倍。因为设计中使用了不同的技术，所以面积和能量效率被标准化为 65nm 技术。这种结构的能量和面积效率明显优于文献[9]，即 4.56 倍和 3.79 倍。为了实现高并行性的要求，这种架构将消耗更多的内存，并且内存访问的频率也将增加。四个 block(36.86KB)和三个 block(0.216 KB)分别用于存储四个信道矩阵与三个向量 y^{MF}。剩余的数据消耗 0.144KB 的内存。该架构的内存带宽为 6.53Gbit/s(为了支持高数据吞吐率)。在大规模 MIMO 系统中，数百个天线造成了相当大的计算复杂度，小型 MIMO 检测器不适用此设计。因此，这种设计与传统 MIMO 检测器[3, 13]的公平比较是困难的。出于这个原因，目前的工作主要是与大规模 MIMO 检测算法的架构进行比较。

表 3.2.1　Xilinx Virtex-7 FPGA 资源使用情况的比较

比较项	文献[8]		文献[10]	文献[11]	文献[12]	本书设计
求逆方法	CD	NS	OCD	CGLS	GS	PCI
LUT 资源	208161	168125	23955	3324	18976	70288
FF 资源	213226	193451	61335	3878	15864	70452
DSP48	1447	1059	771	33	232	1064
频率/MHz	317	317	262	412	309	205
吞吐率/(Mbit/s)	603	603	379	20	48	1230
吞吐率/资源数/(Mbit/(s·K slices))	1.43	1.67	4.44	2.78	1.38	8.74

表 3.2.2　大规模 MIMO 检测器的 ASIC 实现结果比较

比较项	文献[9]	本书设计
工艺	45nm	65nm 1P9M
MIMO 系统	128 × 8 64-QAM	128 × 16 64-QAM
求逆方法	NSA	PCI
逻辑门数/(M Gates)	6.65	4.39
存储器/KB	15.00	37.22
面积/mm²	4.65	7.70
频率/MHz	1000	680
功耗/W	1.72(0.81V)	1.66(1.00V)
吞吐率/(Gbit/s)	2.0	4.08

续表

比较项	文献[9]	本书设计
能量效率/(Gbit/(s·W))	1.16	2.46
面积效率/(Gbit/(s·mm²))	0.43	0.53
归一化*能量效率/(Gbit/(s·W))	0.54	2.46
归一化面积效率/(Gbit/(s·mm²))	0.14	0.53

* 将工艺归一到 65nm CMOS 工艺，假设：$f \sim s$、$A \sim 1/s^2$、$P_{dyn} \sim (1/s)(V_{dd}/V_{dd}')^2$。

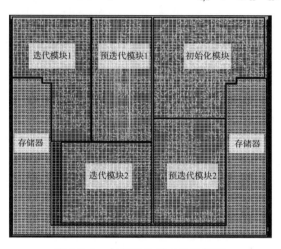

图 3.2.6　本书设计的 ASIC 版图

图 3.2.7 显示了 PCI 及其 ASIC 实现的 BER 结果，同时还包括了 NSA、GAS、RI、OCD、CG、MMSE 算法的 BER 结果。为了达到相同的 SNR，PCI 比 NSA 方法的 BER 低。与浮点检测器相比，PCI 的 ASIC 实现所带来的 BER 损失小于 1dB。

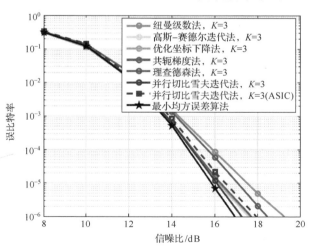

图 3.2.7　本书设计 ASIC 的 BER 性能曲线（见彩图）

3.3　加权雅可比迭代硬件架构

本节设计一种基于优化 MMSE 的 WeJi 硬件架构[13,14]，该结构用来实现 64-QAM，128×8 的大规模 MIMO 检测。

3.3.1　VLSI 顶层架构

图 3.3.1 为本节所设计的大规模 MIMO 检测器的顶层架构框图。为了在硬件资源有限的情况下实现更高的数据吞吐率，本节设计的架构是完全流水线的。VLSI 架构分为三个主要部分。在第一个预处理单元(基于对角线的脉动阵列)中，通过输入的接收矢量 y、信道矩阵 H、N_0 和 E_s 来计算 Gram 矩阵 G、P^{-1} 和匹配滤波向量 y^{MF}。这些输入数据存储在架构的不同存储器中。信道矩阵 H 和接收向量 y 的复数值总共使用了 32 个 SRAM 来存储。每个时钟周期，总共读取信道矩阵 H 和向量 y 的 8 个元素。信道矩阵 H 和向量 y 的存储器大小分别为 3KB 和约为 0.34KB。另外，各种参数，如 N_0 和 E_s，都存储在内存中。在第二个单元中，矩阵 G/P^{-1} 和矢量 y^{MF} 被用来进行迭代，利用 WeJi 实现矩阵求逆。WeJi 单元包括了各种模块。预迭代模块用于计算迭代矩阵 $R(R=P^{-1}Q)$ 和向量 $T(T=P^{-1}y^{MF})$。预迭代模块的结果被输出到初始模块和迭代模块以实现最终 $\hat{s}^{(K)}$ 的计算。基于第 2 章中的仿真结果和分析，这里选择 $K=2$ 作为 WeJi 实现的迭代次数，该迭代次数可以在低资源消耗下实现高检测精度。在第三个单元中，计算矢量 $\hat{s}^{(K)}$、MMSE 滤波矩阵的对角元素 P_{ii} 和参数 N_0 从而得到输出(LLR)。输出结果存储在 16 个 SRAM 中，大约为 0.1KB。

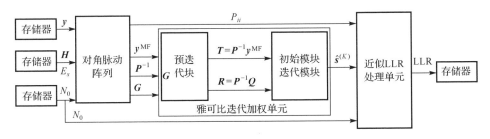

图 3.3.1　VLSI 顶层架构模型

图 3.3.2 为 WeJi VLSI 时序。在对角脉动阵列中，使用 45 个时钟周期计算所有结果。45 个时钟周期包含用于计算复数乘法的 32 个时钟周期、用于执行累加以计算矩阵 P 的 5 个时钟周期，以及用于计算矩阵 P 的倒数的 8 个时钟周期。在 38 个时钟周期之后，可以得到对角脉动阵列的结果，并且该结果将运用在预迭代模块

(WeJi 单元的第一个模块)中。在预迭代模块中，矩阵 **R** 和向量 **T** 的计算分别需要 15 个时钟周期和 8 个时钟周期。只要初始和迭代模块(WeJi 单元的第二个模块)能够开始计算初始解的第一个元素，初始解的其他元素可以立即被计算。经过 11 个时钟周期后，可以开始第一次迭代。类似于第一次迭代，当第一次迭代开始时，第二次迭代可以在 11 个时钟周期之后开始。总而言之，初始块和迭代块总共消耗了 37 个时钟周期。最后，从第二次迭代开始的 11 个时钟周期之后，近似的 LLR 运算单元可以使用向量 $\hat{s}^{(K)}$ 的第一个元素来实现 LLR 的计算。经过 3 个时钟周期后，可以计算出 LLR 的值，并存储在输出存储器中。然后，剩余的 15 个 LLR 的值陆续被计算出。LLR 单元总共消耗 18 个时钟周期。在所提出的 VLSI 架构中，对角脉动阵列、初始和迭代模块的平均利用率接近 100%。这两个模块比较复杂(与预迭代模块和近似的 LLR 运算单元相比)，并有更高的面积代价。为了精确地传输数据，预迭代模块和近似 LLR 运算单元的输入与输出数据必须与两个主要模型的数据匹配。因此，预迭代模块和近似 LLR 运算单元的平均利用率约为 60%。下面将分别对每个单元进行详细介绍。

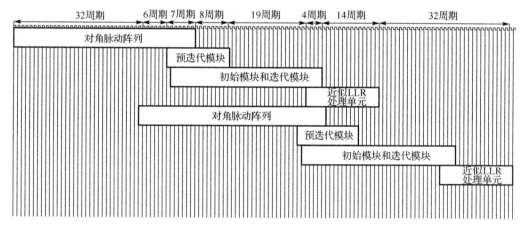

图 3.3.2　WeJi VLSI 时序图

3.3.2　对角脉动阵列

在第一个预运算单元中，设计了一个基于对角线的具有单边输入的脉动阵列来执行 Gram 矩阵和匹配滤波向量的计算。图 3.3.3 详细地画出了脉动阵列的架构。考虑到大规模 MIMO 系统的规模，该单元包含三个不同的运算单元(PE)。在深度流水中有 N_t 个 PE-A、$\dfrac{N_t^2 - N_t}{2}$ 个 PE-B 和 $N_t - 1$ 个 PE-C。例如，在 128×8 的 MIMO 系统中，有 8 个 PE-A、28 个 PE-B 和 7 个 PE-C。以第一个 PE-A、PE-B 和 PE-C 为例，

图 3.3.4 中详细地画出了它们的结构。PE-A 用来计算匹配滤波向量 $\boldsymbol{y}^{\mathrm{MF}}$、Gram 矩阵的对角线元素、$\boldsymbol{G}$ 及其逆矩阵、$\boldsymbol{P}^{-1}$。PE-A 包含四组算术逻辑单元(ALU)、三个累加器(ACC)和一个求倒单元(RECU)。ALU-A 和 ALU-B 分别用于计算输入矩阵中每个元素的实部与虚部(图 3.3.4(a))。$P_{i,i}^{-1}$ 以及 y_i^{MF} 的实部和虚部都被送到下一个模块中进行接下来的计算。在 RECU 中,矩阵 $\boldsymbol{P}$ 对角元素的倒数是通过 LUT 获得的。因为 $\boldsymbol{P}$ 的每个元素的值接近 128(BS 处的天线数量),所以 LUT 存储从 72~200 的倒数,这对检测精度影响最小。图 3.3.4(b) 为 PE-B 中矩阵 $\boldsymbol{A}$ 非对角元素计算的细节。PE-C 用来计算输入数据的共轭(图 3.3.4(c))。值得注意的是,PE 中不同类型的计算(这个大规模 MIMO 检测器中的所有 PE)是通过多个流水线实现的,每个计算之间都存在流水线寄存器。例如,在图 3.3.4 的 ALU-A 中,乘法器计算得到的结果存储在流水线寄存器中,并在下一步中作为加法器的输入。在加法计算中,输出 ALU-A 结果需要多个周期来实现,每个周期的结果存储在流水线寄存器中。所有其他 PE 遵循相同的多周期流水线架构。对于这个脉动阵列,转置矩阵 $\boldsymbol{H}^{\mathrm{H}}$ 和矩阵 $\boldsymbol{y}$ 的输入被同时传送到 PE-A。为了确保每个 PE 处理一组正确的操作数,$\boldsymbol{H}^{\mathrm{H}}$ 的第 i 行被延迟了 $i-1$ 个时钟周期。首先,$\boldsymbol{H}^{\mathrm{H}}$ 的每个值从 PE-A 传送到 PE-B,然后传送到 PE-C(按行),然后它们从 PE-C 传送到 PE-B(按列)。鉴于矩阵 $\boldsymbol{P}$ 的逆用于下一个单元(WeJi 单元)中的矩阵 $\boldsymbol{R}=\boldsymbol{P}^{-1}\boldsymbol{Q}$ 和矢量 $\boldsymbol{T}=\boldsymbol{P}^{-1}\boldsymbol{y}^{\mathrm{MF}}$ 的计算,则对角元素的倒数必须尽快计算。这就是每行 PE-A 都在阵列最左边的原因。在初始延迟之后,PE-A 的输出每个时钟周期传输到下一个单元。因此,这种对角、单边输入的脉动阵列可以实现高的数据吞吐率和高的硬件利用率。

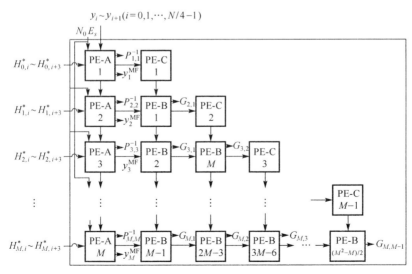

图 3.3.3　对角脉动阵列示意图

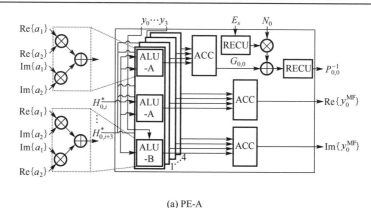

(a) PE-A

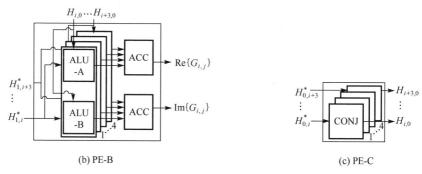

(b) PE-B　　　　　　　　　　　　　　(c) PE-C

图 3.3.4　PE-A、PE-B、PE-C 的结构示意图

文献[7]、[8]和[12]中提到过类似的脉动阵列。在这些体系结构中，PE-A 不是第一个运算单元，处于脉动阵列的对角线部分。因此，Gram 矩阵 G 对角元素的计算被延迟，从而消耗了 15 个时钟周期。这种结构将计算矩阵 P 所需的时钟周期数量减少了一半，即使数据吞吐率翻了一番。在文献[7]、[8]和[12]中，使用了 PE-A 的双侧输入，然而，在本书设计中使用的是单侧输入。因为共轭处理元件的存在，所以单侧输入可以使输入侧的寄存器数量减半。本书设计中的开销主要来自 PE-C，这是可以接受的。隐式方法的架构不包括 Gram 矩阵 G 的计算单元[11, 15, 16]，因为 Gram 矩阵被分成了两个向量乘法。这些架构的数据吞吐率较高，硬件资源使用和功耗较低。然而，在实际系统中，当考虑到大规模 MIMO 系统的独特属性时，与隐式体系结构中相同的 Gram 矩阵结果需要多次计算，因此，这些隐式体系结构的能量消耗和延迟在实际的大规模 MIMO 系统中是非常高的。相比之下，因为 Gram 矩阵结果的可重用性，所以 Gram 矩阵计算的脉动阵列能量消耗较低。

3.3.3　WeJi 模块

WeJi 单元中有两个模块：预迭代模块和初始化模块、迭代模块。预迭代模块用来满足初始模块和迭代模块中输入数据的请求。图 3.3.5 为预迭代模块示意图，其中 N_t+1 个 PE-D 在深度流水（用于 128×8 的 MIMO 系统的 9 个 PE-D）中并行计算。这个模块有两个主要的操作：矢量 $\boldsymbol{T} = \boldsymbol{P}^{-1}\boldsymbol{y}^{\text{MF}}$ 和迭代矩阵 $\boldsymbol{R} = \boldsymbol{P}^{-1}\boldsymbol{Q}$ 的计算。这两部分的计算是同时进行的，每个时钟周期计算一个 PE-E 的结果，从而实现高并行性。图 3.3.6 为 PE-D 的架构，它包含一个 ALU-C。这里，输入数据 $\boldsymbol{P}^{-1}$ 是实矩阵，因此可以简化计算。

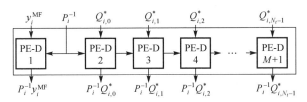

图 3.3.5　预迭代模块示意图

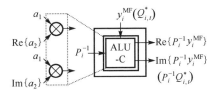

图 3.3.6　PE-D 结构示意图

文献[7]和[8]中，在计算了 Gram 矩阵和匹配滤波向量之后，矩阵 $\boldsymbol{R}$ 和 $\boldsymbol{T}$ 的计算在一个脉动阵列中执行，因此硬件消耗很小。然而，考虑到整个系统的吞吐率，第二个 $\boldsymbol{G}$ 和 $\boldsymbol{y}^{\text{MF}}$ 的计算因为矩阵 $\boldsymbol{T}$ 和 $\boldsymbol{R}$ 而被延迟，所以数据吞吐率降低。为了保持高的数据吞吐率，矩阵 $\boldsymbol{T}$ 和 $\boldsymbol{R}$ 的计算在另一个脉动阵列中执行，这需要更多的运算单元。在本体系结构中，预迭代模块使用流水线机制在精确的时间限制内计算矩阵 $\boldsymbol{T}$ 和 $\boldsymbol{R}$。与文献[7]和[8]相比，该体系结构考虑到时间限制，有效地利用了运算单元。和这两个文献相比，本节提出的结构数据吞吐率不会降低，并且能够实现更低的面积和功耗开销。

初始化、迭代模块达到高数据吞吐率和硬件处理速度时有着有限的面积开销（图 3.3.7）。因为前面的模块的时间限制，所以该模块利用流水线的体系结构进行迭代计算。为了适应高频，这个块有 N_t 个运算单元，称为 PE-E。例如，在 128×8 的 MIMO 系统中有 8 个 PE-E。图 3.3.8 画出了一个 PE-E 的细节，它包括两个 ALU（ALU-D 和 ALU-E）。PE-E 用来计算 $\hat{\boldsymbol{s}}_i^{(K)}$ 的实部和虚部。在 PE-E 的每个输入端有 8 个流水线寄存器。输入向量按元素（从左到右）被传送到 PE-E 单元，并且当矩阵被计算时，输入矩阵 $\boldsymbol{R} = \boldsymbol{P}^{-1}\boldsymbol{Q}$ 被传输到每个 PE-E 中。在第一阶段，PE-E 用来计算基于 WeJi 的初始解，并计算在收到第一个数据后的总时间。在第二阶段，PE-E 迭代计算发送

向量 $\hat{s}^{(K)}$。PE-E 的结果 $\hat{s}_m^{(K)}$ 存储在 PE-E 的输入流水线寄存器中。

在文献[7]和[8]中，因为需要进行矩阵乘法，所以这些计算同样在脉动阵列中执行。因此，这需要额外的运算单元。并且脉动阵列的每个元素都在不断地执行计算，这意味着有很大的面积和功耗。与文献[7]和[8]相比，本架构模块可以在较小的面积开销和更低的功耗情况下执行矢量乘法。与文献[12]相比，WeJi 可以达到比所提到的 GAS 算法高 8 倍的并行性。用户级并行单元可以在这个模块中使用，因此这个模块可以用来获得一个完全流水线的架构。

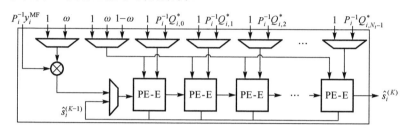

图 3.3.7 初始化、迭代模块示意图

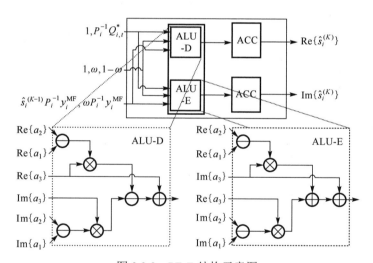

图 3.3.8 PE-E 结构示意图

3.3.4 LLR 模块

近似 LLR 运算单元用于计算基于 WeJi 每个发送比特的 LLR 值。根据文献[7]、[8]、[17]，将近似 LLR 处理方法应用于 WeJi 并用于设计架构。NPI 方差 σ_{eq}^2 和 SINR ς_i^2 可以用式(3.3.1)和式(3.3.2)计算：

$$\sigma_{\text{eq}}^2 = E_s U_{ii} - E_s U_{ii}^2 \tag{3.3.1}$$

$$\varsigma_i^2 = \frac{1}{E_s}\frac{U_{ii}}{1-U_{ii}} \approx \frac{1}{E_s}\frac{\dfrac{P_{ii}}{P_{ii}+N_0/E_s}}{1-\dfrac{P_{ii}}{P_{ii}+N_0/E_s}} = \frac{P_{ii}}{N_0} \tag{3.3.2}$$

图 3.3.9 为近似 LLR 运算单元的框图，它包含用于 Q-QAM 调制的 $\frac{1}{2}\log_2 Q$ 个 PE-F。第一步计算需要使用 P_{ii} 和 N_0 来计算 SINR ς_i^2。SINR 的值可以用于相同的第 i 个用户。线性方程 $\varphi_b(\hat{s}_i)$ 用不同的 $\hat{s}_i$ 来计算，在硬件结构中 $\varphi_b(\hat{s}_i)$ 可以有效地实现。接下来的计算中，使用 SINR ς_i^2 计算比特 LLR 值 $\boldsymbol{L}_{i,b}$。图 3.3.9 还给出了 PE-F 的细节。这里，每个线性方程的系数 $\varphi_b(\hat{s}_i)$ 存储在校正 LUT 中；另外，有效信道增益和 P_{ii} 从 Gram 矩阵和匹配滤波模块中传输。在 RECU 中，N_0 的倒数由 LUT 实现。该模块便于简化 LLR 的计算，这提高了处理速度并减小了面积和功耗。虽然这种方法增加了 LUT 的数量，但是增加得很少，因此该方法是可以接受的。

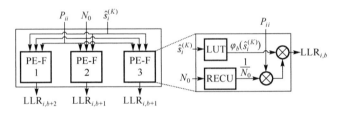

图 3.3.9　近似 LLR 运算单元架构示意图

3.3.5　实验结果与比较

将所提出的硬件架构在 FPGA 平台（Xilinx Virtex-7）上进行验证，并使用 TSMC 65nm 1P8M CMOS 技术实现流片。可以从芯片的实现中得到硬件详细的参数信息，并将它们与最先进的设计进行比较。此外，本节中还将介绍定点的设计及其在检测精度方面的实现性能。检测器 Θ 的数据吞吐率表示为

$$\Theta = \frac{\log_2 Q \times N_t}{T_s} \times f_{\text{clk}} \tag{3.3.3}$$

式中，f_{clk} 是时钟频率；Q 是星座图大小；N_t 是用户数；T_s 是每个符号向量计算所需的时钟周期数。根据式 (3.3.3)，本架构的数据吞吐率与时钟频率、用户数量、星座图大小和处理周期密切相关。此外，迭代次数、硬件资源规模以及天线和用户数量都会影响处理周期。在这个架构中，时钟周期数的设计满足 $T_s = \dfrac{N_r}{4}$。

1. 定点方案

为了减少硬件资源消耗，在整个设计中使用了定点设计。通过多次的仿真，确

定了相关的定点参数。应该注意，字宽是指复数值的实数或虚数部分。该架构的输入全部量化为 14 位，包括接收信号 v、平坦的瑞利衰落信道矩阵 $\boldsymbol{H}$ 和噪声的功率谱密度 N_0。因此，乘法量化为 14 位，并将结果传送到对角脉动阵列中的累加器，该阵列设置为 20 位。用于实现矩阵 $\boldsymbol{P}$ 中元素倒数的 LUT 单元，它由 128 个具有 12 位输出的地址组成。预处理模块使用 14 位输入，这是初始和迭代块的输入，表示乘法量化为 14 位，并将结果传输到累加器。此外，输出被设置为 16 位并被发送到 LLR 预处理模块中。在这个模块中，乘法被设置为 14 位，输出被设置为 12 位。对于 128×8 的 MIMO 系统，所得的定点性能如图 2.4.2 所示（标记为"定点"）。在这种结构中，实现 10^{-2} 的 FER 所需的 SNR 损失为 0.2dB，其中包括来自算法的大约 0.11dB 的误差和来自芯片实现的大约 0.09dB 的定点误差。在硬件实现过程中，整个架构采用定点算法来降低硬件资源消耗。因此，由于定点参数产生的误差，与软件仿真相比，硬件实现将增加 SNR 损失，例如，由硬件的有限字长导致的截断误差、近似倒数单元、LUT 等。在迭代过程中，定点误差应该会增加，因为所提出的架构是一种迭代架构。但是，根据图 2.4.2 的仿真结果，算法的迭代次数越多，检测精度越高，因此检测精度随着迭代次数的增加而增加。图 2.4.2 显示了精确的 MMSE 的 FER 性能、所提出的算法、定点实现以及与其他算法的比较。与现有技术相比，WeJi(0.2dB) 的误码率性能损失低于 NSA[7, 8](0.36dB)、RI(0.43dB)[18]、内迭代干扰消除(intra-iterative interference cancellation，IIC)[16](0.49dB)、CG[11](0.66dB)、GAS[12, 17](0.81dB) 以及 OCD[15](1.02dB) 所得结果。

2. FPGA 验证及比较

表 3.3.1 总结了在 FPGA 平台(Xilinx Virtex-7)上的关键实验结果。将结果与其他架构进行比较，并用 FPGA 实现代表大规模 MIMO 检测器的最佳解决方案。与基于 Cholesky 分解算法的架构相比，本书所提出架构的数据吞吐率/单元高 4.72 倍。该架构将数据吞吐率降低至 64.67%，但将基于 NSA 的检测器的(LUT + FF)单元消耗降低了 87.40%，DSP 的消耗也降低了。在相同资源的情况下，本书设计的吞吐率将比基于 NSA 的架构[7]高出 4.05 倍，这可归因于所提出的算法及其 VLSI 架构。GAS 方法体系结构[12]与 WeJi 体系结构相比，实现了较低的硬件资源消耗。然而，低数据吞吐率(48 Mbit/s)是 GAS 方法体系结构的限制，这是因为估算的向量中每个元素的计算并行性低(如 3.2 节所述)。所以与 GAS 方法相比，基于 WeJi 的架构实现了 4.90 倍的吞吐率/单元。另外，本书设计提出的 WeJi 架构与隐式架构进行了比较。基于 CG 的架构[11]实现了低的硬件开销，但数据吞吐率仅为 20 Mbit/s，远小于 WeJi。考虑吞吐率/单元，与基于 CG 的架构相比，WeJi 方法的吞吐率高出 2.43 倍。与基于 OCD 的架构[15]相比，WeJi 架构实现了 1.20 倍的数据吞吐率/单元。基于 IIC 的体系结构[19]实现了高数据吞吐率，但消耗了许多单元和 DSP。因此，WeJi 方法在数据

吞吐率/单元方面保持其优势，比基于 IIC 的体系结构高出 1.65 倍。最后，具有非线性算法的大规模 MIMO 检测器的 FPGA 实现架构已经被开发出来，例如，文献[20]中的两种设计。非线性检测算法，如三角近似半定松弛(triangular approximate semidefinite relaxation，TASER)算法的检测精度优于基于 MMSE(WeJi、Cholesky 分解算法、NSA、CG、IIC)等线性检测算法。与基于 GAS 和 CG 的体系结构类似，这两种基于 TASER 的体系结构实现了低数据吞吐率(38 Mbit/s 和 50 Mbit/s)。这种低数据吞吐率限制了这些架构的使用。与基于 TASER 的两种架构相比，WeJi 架构的数据吞吐率/单元数提高了 1.23 倍和 2.79 倍。

表 3.3.1 FPGA 平台上各种算法资源消耗的情况比较

比较项	本书设计	文献[7]		文献[12]	文献[11]	文献[15]	文献[16]	文献[20]	
MIMO 系统	128×8 64-QAM	128×8 64-QAM	128×8 64-QAM	128×8 64-QAM	128×8 64-QAM	128×8 64-QAM	128×8 64-QAM	128×8 BPSK	128×8 QPSK
求逆方法	WeJi	Cholesky	NS	GS	CG	OCD	IIC	TASER	TASER
预处理	包含 (显式)	包含 (显式)	包含 (显式)	包含 (显式)	包含 (隐式)	包含 (隐式)	包含 (隐式)	不包含	不包含
LUT 资源	20454	208161	168125	18976	3324	23914	72231	4790	13779
FF 资源	25103	213226	193451	15864	3878	43008	151531	2108	6857
DSP48	697	1447	1059	232	33	774	1245	52	168
频率/MHz	205	317	317	309	412	258	305	232	225
吞吐率/(Mbit/s)	308	603	603	48	20	376	915	38	50
吞吐率/资源数 /(Mbit/(s·K slices))	6.76	1.43	1.67	1.38	2.78	5.62	4.09	5.51	2.42

3. ASIC 验证及比较

本书设计利用 TSMC 65nm 1P8M CMOS 技术实现，芯片面积为 2.57mm^2，图3.3.10(a)为芯片的显微照片，能量与面积效率分别定义为数据吞吐率/功率和数据吞吐率/面积。文献[7]中的检测器包括了附加处理(如快速傅里叶逆变换处理)部分，为了确保公平的比较，这里使用了相同的体系结构作为与本书设计体系结构的比较。此外，对于不同的技术，能量与面积效率(表 3.3.2)归一化为 65nm 技术和 1V 电源电压，对应式(3.3.4)为

$$f_{clk} \sim s, \quad A \sim \frac{1}{s^2}, \quad P_{dyn} \sim \frac{1}{s}\left(\frac{V_{dd}}{V'_{dd}}\right)^2 \tag{3.3.4}$$

式中，s、A、P_{dyn} 和 V_{dd} 分别代表缩放比例、面积、功率和电压。这种缩放方法被广泛用于比较不同技术的不同架构。该架构实现了 0.54Gbit/(s·W) 的归一化能量效率和 0.14Gbit/(s·mm^2) 的归一化面积效率。比较表明，能量与面积效率分别是文献[21]中的 2.93 倍和 2.86 倍。

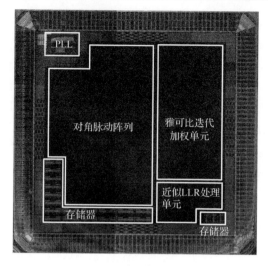

(a) 芯片显微照片

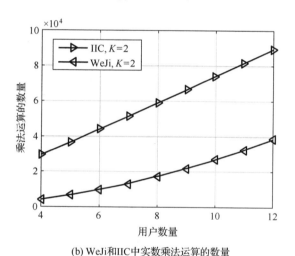

(b) WeJi和IIC中实数乘法运算的数量

图 3.3.10　芯片显微照片以及 WeJi 和 IIC 中实数乘法运算的数量

　　文献[22]提出了两个基于 TASER 算法的架构，可以实现高检测精度。但是，它们的吞吐率都非常低（0.099Gbit/s 和 0.125Gbit/s）。所提出的 WeJi 架构实现了1.02Gbit/s 的吞吐率，是文献[22]中两种架构的 10.3 倍和 8.16 倍。另外，来自文献[22]的架构只能用于 BPSK 或 QPSK。这些体系结构不适用于高阶调制，这限制了它们的应用和发展。为了比较，结果被归一化为 65nm 技术，如表 3.3.2 所示。与文献[22]相比，WeJi 架构在归一化能量和面积效率方面表现出了更好的性能。具体而言，与用于 BPSK 和 QPSK 的两个 TASER 检测器相比，WeJi 检测器有 1.42 倍和 2.39 倍的归一化能量效率，以及 2.67 倍和 6.67 倍的归一化面积效率。但是需要说明的是，预处理部分不包括在检测器中。根据图 3.3.10(a)，预处理部分占据了芯片的大部分（大于 50%）。因此，预处理部分将消耗芯片的大量功率。如果考虑在 TASER 检测器中包括预处理部分，因为能量和面积效率的提高，所以提出的 WeJi 检测器应该具有更好的性能。文献[22]提出了基于 Cholesky 分解算法的检测器设计，该检测器具有相对低的数据吞吐率(0.3Gbit/s)，从而限制了其应用。而本书设计的 WeJi 架构可以实现 1.02Gbit/s 的数据吞吐率(约 3.4 倍)。文献[22]的面积开销为 1.1mm^2，小于WeJi。然而，在文献[22]中，WeJi 的面积效率是其 1.48 倍。考虑到文献[22]采用 28nm FD-SOI 技术，其结果被归一化为 65 nm 技术。WeJi 的归一化面积效率约为文献[22]中的 18.18 倍。在文献[22]架构下实现的归一化能量效率是 WeJi 架构的 1.58 倍。文献[22]开发的芯片中采用了 FD-SOI 技术，FD-SOI 技术的功耗在归一化到 65nm 时低于 CMOS 技术。同时，文献[22]的结果不包括预处理部分(即不包括预处理所消耗的功率)，WeJi 体系结果包括预处理部分。因此，基于上述两个原因，文献[22]中的体系结构的能源效率应该显著降低。文献[23]提出了一个信息传递检测器(message-passing detector，MPD)，可以实现非常高的数据吞吐率与归一化能量和面积效率。文献[23]处理 128×32 MIMO 系统，与 128×8 MIMO 系统相比，数据吞吐率有明显的提高。在文献[23]中的架构不包括预处理部分，根据计算复杂度分析，在 128×8 的MIMO 系统中，预处理部分的资源消耗比例大于 128×32 MIMO 系统。因此，考虑到架构中的预处理部分，为了确保 2.76Gbit/s 的高数据吞吐率，面积和功率要求是显著的。因此，WeJi 架构的归一化能量和面积效率可与文献[22]、[23]中的架构相媲美。

表 3.3.2　ASIC 结果比较

比较项	本书设计	文献[21]	文献[16]	文献[20]		文献[23]	文献[22]
工艺	65nm CMOS	45nm CMOS	65nm CMOS	40nm CMOS		40nm CMOS	28nm FD-SOI
MIMO 系统	128×8 64-QAM	128×8 64-QAM	128×8 64-QAM	128×8 BPSK	128×8 QPSK	128×32 256-QAM	128×8 256-QAM
求逆方法	WeJi	NSA	IIC	TASER	TASER	MPD	CHD
硅验证	是	否(版图)	否(版图)	否(版图)	否(版图)	是	是
预处理	包含(显式)	包含(显式)	包含(隐式)	不包含	不包含	不包含	不包含
逻辑门数/(M Gates)	1.07	6.65	4.3	0.142	0.448	—	0.148
存储器/KB	3.52	15.00	—	—	—	—	—
面积/mm^2	2.57	4.65	9.6	0.15	0.483	0.58	1.1
频率/GHz	0..68	1.00	0.60	0.598	0.56	0.425	0.30
功耗/W (电压)	0.65 (1.00V)	1.72 (0.81V)	1.00 (—)	0.041 (1.1V)	0.0087 (1.1V)	0.221 (0.9V)	0.018 (0.9V)

续表

比较项	本书设计	文献[21]	文献[16]	文献[20]		文献[23]	文献[22]
吞吐率/(Gbit/s)	1.02	2.0	3.6	0.099	0.125	2.76	0.3
能量效率[①]/(Gbit/(s·W))	1.58	1.16	3.6	2.41	1.44	12.49	16.67
面积效率[①]/(Gbit/(s·mm²))	0.40	0.43	0.375	0.66	0.26	4.76	0.27
归一化[②]能量效率/(Gbit/(s·W))	1.58 (2.93[③]×)	0.54	3.6	1.11	0.66	3.83	2.51
归一化[②]面积效率/(Gbit/(s·mm²))	0.40 (2.86[③]×)	0.14	0.375	0.15	0.06	1.11	0.022

① 能量与面积效率分别通过吞吐率/功耗和吞吐率/面积计算。

② 将工艺归一到 65nm CMOS 工艺，假设： $f \sim s$，$A \sim 1/s^2$，$P_{dyn} \sim (1/s)(V_{dd}/V'_{dd})^2$。

③ 本书设计的归一化能量、面积效率与文献[21]中结果的比较。

表 3.3.2 中的 ASIC 的结果来自文献[16]，文献[16]提出了一种采用 ASIC 实现的隐式方法架构下的 IIC 检测器。该架构实现了 $0.375Gbit/(s·mm^2)$ 的归一化面积效率，低于所提出的架构。而 IIC 检测器的能量效率高于 WeJi 检测器。当信道频率平缓慢变化时，信道硬化效应明显，显式方法预处理结果可重复使用。在实际系统中，当考虑大规模 MIMO 系统的独特属性（即信道硬化）时，隐式体系结构需要计算相同的 Gram 矩阵 T_c 次，而显式体系结构只需要一次计算相同的 Gram 矩阵。例如，当考虑到当前 LTE-A 标准中的典型系统参数时，信道相干时间满足 $T_c=7$。图 3.3.10(b) 为显式（WeJi）架构和隐式（IIC）架构。隐式架构在实际的大规模 MIMO 系统中承受着非常高的计算复杂度和能量损耗（约 T_c 倍）。因此，IIC 检测器的能量开销显著增加（约 T_c 倍），IIC 的能量效率（$3.6Gbit/(s·W)$）要低 T_c 倍。在考虑 Gram 矩阵的可重复使用时，WeJi 检测器的能量效率要高于隐式 IIC 架构。缓慢变化的信道导致 T_c 倍的缓冲来存储通道，这是 WeJi 架构的限制。根据设计，当天线或用户数量增加时，通过采用相似的算法和架构设计，图 3.3.3、图 3.3.5 和图 3.3.7 中的 PE 数量和相应增加。例如，对于一个 $N_r \times N_t$ 的 MIMO 系统，PE-A、PE-B、PE-C、PE-D、PE-E 和 PE-F 的数目应该是 N_t、$\dfrac{N_t^2 - N_t}{2}$、N_t-1、N_t+1，N_t 和 $\dfrac{1}{2}\log_2 Q$。如果采用这种架构，数据吞吐率将满足式(3.3.3)。另外，面积和功耗会随着 PE 数量的增加而增加。在最新的体系结构中，如 NSA、IIC 和 Cholesky 分解算法，PE 数量也将增加以实现规模可调的 MIMO 系统。考虑到芯片的复用，当天线或用户数目增加时，芯片可以实现复用，因为此芯片可以将大规模的信道矩阵和接收向量分解为更小规模的矩阵与向量。因为控制和中间数据的存储需要其他芯片，所以与最新的芯片相比，此芯片的数据吞吐率和效率损耗都很小。综合考虑效率、时间和人力，没有必要重新进行芯片设计。概念上的芯片复用可以在本架构下实现，以增加天线或用户的数量。

3.4　共轭梯度法硬件架构

3.4.1　VLSI 顶层结构

本节介绍基于 TCG 的 VLSI 硬件架构设计。设计基于 64-QAM 的 128×8 大规模 MIMO 系统，并且迭代次数 K 为 3（包括预迭代部分 $K=0$，以及两次迭代过程 $K=1$ 和 $K=2$）。图 3.4.1 为硬件的顶层架构框图，它由 JTAG 输入输出模块、控制寄存器、顶层控制块、存储器、乘法模块、预迭代模块、迭代模块和信号产生及 LLR 模块构成。其中乘法模块和迭代模块可分成四级流水结构，每一级流水需要 16 个时钟周期。

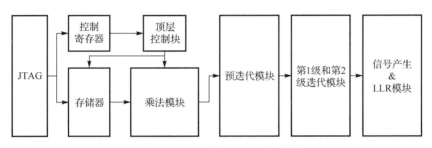

图 3.4.1　TCG 的 VLSI 顶层架构

3.4.2　输入输出模块

输入输出模块由 JTAG（joint test action group）接口、存储阵列和寄存器构成。为了获得更高的的数据吞吐率，硬件结构完全采用流水线机制。对于本节的大规模 MIMO 系统，输入的信道矩阵 $\boldsymbol{H}$ 的规模为 128×8，因此输入数据量非常庞大，很难与硬件要求匹配，所以设计中采用 JTAG 接口来简化端口的设计。JTAG 接口利用 JTAG 协议完成调试，控制寄存器的读写和输入、输出数据。存储阵列用来存储外部数据，此外寄存器可以控制 MIMO 检测系统的开始、执行与结束。JTAG 利用 ARM7 ETM 模块，因此系统中的 JTAG 连接线、软件结构和内部扫描结构可以在芯片测试时使用，从而降低设计的负载和测试风险。内部存储器和寄存器由 AMBA（advanced microcontroller bus architecture）和 ARM7 ETM 连接，如图 3.4.2 所示。控制寄存器在 JTAG 接口的最顶层，JTAG 用来控制内部存储器。数据由 JTAG 输入内部存储阵列中，然后控制寄存器和执行数据由 JTAG 进行分配。MIMO 系统的读写单元用于读写内部存储器中的数据，与此同时 MIMO 检测系统开始进行计算。此外，此时计数器减一，并且每 16 个周期计数器减一。

存储阵列由 9 个 32×128 的单端口 SRAM 阵列构成。1 个 SRAM 阵列用来存储

接收向量 y，另外 8 个 SRAM 阵列则用来存储信道矩阵 H（每一个 SRAM 阵列存储 H 的一列）的值。存储阵列的外部端口为 32bit，其中 10bit 是地址位度，它的构成为 {A[9], CS[2:0], A[5:0]}。内部端口用 128bit，其中 10bit 是地址位度，它的构成为 {A[5:0]}。

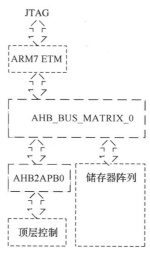

图 3.4.2　输入输出模块示意图

3.4.3　乘法模块

乘法模块计算矩阵乘法 $W = H^H H$ 和匹配滤波向量 $y^{MF} = H^H y$，并将它们的计算结果提供给下一级。其中矩阵 W 需要计算出 8 个对角元素和 28 个非对角元素的值（由于矩阵 W 为对角矩阵）。此外乘法模块还将计算 y^{MF} 向量中的 8 个元素。乘法模块的所有计算用 16 个周期完成。

信道矩阵 H 是一个 128×8 的矩阵，本书设计将 $W = H^H H$ 和 $y^{MF} = H^H y$ 的计算分为 16 个步骤完成，每个步骤计算 $W_k = H_k^H H_k$ 和 $y_k^{MF} = H_k^H y_k$，其中 $k = 0,1,\cdots, 15$，即矩阵 W 和 y^{MF} 向量的一部分。因此，本书设计通过 16 个步骤完成整个矩阵 W 和 y^{MF} 向量的计算。图 3.4.3 表示了乘法模块的框架结构，其中一共包含 8 个 PE-A 和 36 个 PE-B。图 3.4.4 与图 3.4.5 分别画出了 PE-A 与 PE-B 的结构图，每个 PE-A 与 PE-B 均用来计算一个 8 位的复数乘累加，但 PE-A 与 PE-B 的区别在于 PE-A 的输入为一组向量，向量中的每个元素与自己相乘，向量元素的实部和虚部分别进行平方运算再求和，并进行累加。而 PE-B 的输入为两组向量，两组向量中元素的实部、虚部互相相乘后再做与 PE-A 中相同的运算，图中 $i = 0,2,\cdots,7$。在这里之所以要区分 PE-A 与 PE-B，是因为单独设计 PE-A 可以节约乘法器个数，从而减少芯片的面积。因为矩阵 W 是对称矩阵，所以整个乘法模块的结构是三角形结构。

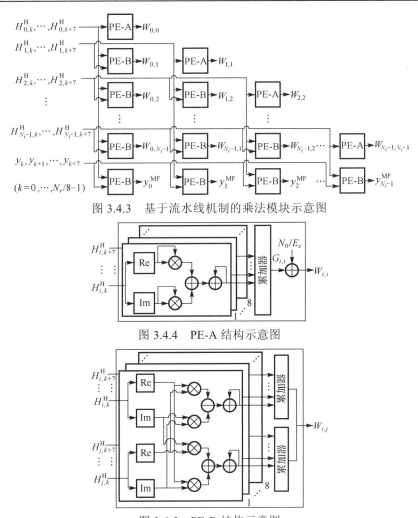

图 3.4.3　基于流水线机制的乘法模块示意图

图 3.4.4　PE-A 结构示意图

图 3.4.5　PE-B 结构示意图

因为乘法模块将 $\boldsymbol{W} = \boldsymbol{H}^{\mathrm{H}} \boldsymbol{H}$ 和 $\boldsymbol{y}^{\mathrm{MF}} = \boldsymbol{H}^{\mathrm{H}} \boldsymbol{y}$ 的计算分成了多步骤，而每个步骤的计算相同，所以该模块在硬件中可以复用，并节省了面积和功耗开销。尽管此设计增加了硬件的时间损耗，但因为时间损耗不是硬件设计主要考虑的因素，并可以忽略不计，而如此设计对整个系统的数据吞吐率没有影响，所以这种设计可以提高系统的能量和面积效率。

3.4.4　迭代模块

迭代模块中采用了流水线处理机制。整个迭代模块包含了预迭代单元和迭代单元。预迭代单元完成对迭代初值的计算，为迭代计算做准备。迭代单元对发送信号 $\boldsymbol{s}$ 和残差 $\boldsymbol{z}$ 进行更新。整个迭代单元分为两级，第一级单元通过预迭代单元输出的迭代初值，计算参数 γ，并更新 s 和 z 的值；第二级单元根据第一级模块的输出，计算参数 ρ 和 γ，并更新 s 和 z 的值。根据 TCG，当迭代次数 $K=1$ 时，算法中的判断语句将不执行，ρ 将保持 1，因此算法的第 13 和 14 步中的运算将简化成为 $s_1 = s_0 + \gamma_0 z_0$ 和 $z_1 = z_0 - \gamma_0 \eta_0$。在第一次迭代后，$\rho$ 将进行更新，并不再等于 1，则算法的第 13 和 14 步还原到原始的形式。通过比较两次的迭代计算，可以很轻易地发现第二次迭代中的运算在第一次迭代中均出现过，因此两级模块中有一部分硬件表现为重复。图 3.4.6 为迭代模块的结构，其中 PE-C 用来完成常数乘以向量并加上一个向量的运算，PE-D 用来完成常数乘以向量并减去一个向量的计算。图 3.4.7 和图 3.4.8 分别为 PE-C 与 PE-D 的结构示意图。整个迭代模块的计算用 16 个周期完成。

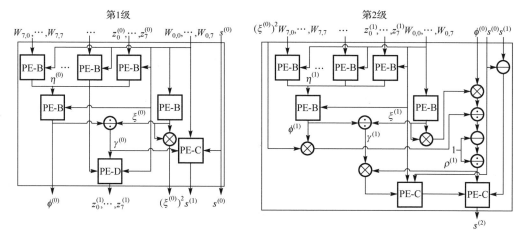

图 3.4.6　基于流水线机制的迭代模块结构示意图

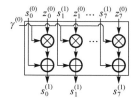

图 3.4.7　PE-C 结构示意图

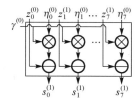

图 3.4.8　PE-D 结构示意图

3.4.5　实验结果及比较

TCG 的 VLSI 设计利用 Verilog 硬件语言在 FPGA 平台和 ASIC 上进行了验证，表 3.4.1 列出了 FPGA 验证中的一些关键参数。在本书设计中，基本单元(LUT + FF slices)的数量与其他设计相比相对较少，如与 GAS[12]、OCD[10] 和 PCI[6] 相比，基本单元的数量分别减少了 32.94%、72.60% 和 83.40%，因此数据吞吐率/单元则分别增长了 19.54 倍、6.07 倍和 3.08 倍。从表 3.4.1 中也可以轻易地看出，TCG 硬件设计的数据吞吐率/单元比其他算法高很多。

表 3.4.1　FPGA 平台上各种算法资源消耗的情况比较

比较项	本书设计	文献[8]		文献[12]	文献[11]	文献[10]	文献[6]
求逆方法	TCG	CHD	NSA	GAS	CGLS	OCD	PCI
LUT 资源	4587	208161	168125	18976	3324	23914	70288
FF 资源	18782	213226	193451	15864	3878	43008	70452
DSP48	972	1447	1059	232	33	774	1064
频率/MHz	210	317	317	309	412	258	205
吞吐率/(Mbit/s)	630	603	603	48	20	376	1230
吞吐率/资源数/(Mbit/(s·K slices))	26.96	1.43	1.67	1.38	2.78	5.62	8.74

本书设计还进行了流片，得到的 ASIC 芯片显微照片如图 3.4.9 所示。由图 3.4.9 可以看到整个芯片的分区。为了使芯片可以工作在较高的频率，在芯片的设计中加入了 PLL 部分。本书设计采用 TSMC 65nm CMOS 技术，芯片面积为 1.87mm×1.87mm，可以工作在 500MHz 的频率下，并达到 1.5Gbit/s 的数据吞吐率，此时芯片的功率为 557mW。表 3.4.2 中为各种大规模 MIMO 检测算法的最新 ASIC 硬件设计中的一些具体参数。为了得到相对公平的比较结果，表格中计算了各种设计的归一化能量和归一化面积效率。与文献[14]、[24]、[25]的芯片相比，本书设计的归一化能量效率分别提高了 1.72 倍、1.66 倍和 13.14 倍，归一化面积效率分别提高了 1.15 倍、13.17 倍和 49.68 倍。如果不考虑预处理部分，本书设计的能量效率与面积效率分别可以达到 12.5Mbit/(s·mW) 和 3.79Mbit/(s·kGE)。这个数据与 Cholesky 分解算法[22]、MPD[26]、SD[27]的芯片相比，能量效率分别提高了 4.99 倍、1.59 倍和 13.01 倍，面积效率分别提高了 1.87 倍、3.59 倍和 48.56 倍。基于表 3.4.2 中的数据，本书设计的芯片可以运行在较高的频率下，并且可以实现较高的数据吞吐率。此外本书设计还实现了较小的面积和较低的功率。

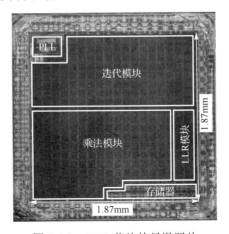

图 3.4.9　TCG 芯片的显微照片

表 3.4.2 各种最新大规模 MIMO 检测器的 ASIC 结果比较

比较项	文献[14]	文献[24]	文献[25]	文献[22]	文献[26]	文献[27]	本书设计	
算法	MMSE	MMSE	SD	MMSE	MPD	SD	MMSE	
MIMO 系统	128×8	4×4	4×4	128×8	32×8	4×4	128×8	
电压/V	1.0	1.0	1.2	0.9	0.9	1.2	1.0	
工艺/nm	6.5	65	65	28	40	65	65	
频率/MHz	680	517	445	300	500	333	500	
吞吐率/(Gbit/s)	1.02	1.379	0.396	0.3	8	0.807	1.5	
预处理	是	是	是	否	否	否	是	否
面积(逻辑门数)/kGE	1070	347	383	148	1167	215	1372	396
功耗/mW	650	26.5	87	18	77.89	38	557	120
归一化[①②]能量效率/(Mbit/(s·mW))	1.569	1.626	0.205	2.505	7.876	0.956	2.693	12.5
归一化[①②]面积效率/(Mbit/(s·kGE))	0.953	0.083	0.022	2.027	1.055	0.078	1.093	3.788

① 将工艺归一到 65nm CMOS 工艺, 假设: $f \sim s$、$P_{dyn} \sim (1/s)(V_{dd}/V'_{dd})^2$。

② 归一化到 128×8 MIMO 系统后, 面积和关键路径延时分别按以下规律增长: $(128/N_r)\times(8/N_t)$、$(\log_2 8/\log_2 N_t)$。

参 考 文 献

[1] Gpp T S. 3rd generation partnership project; technical specification group radio access network; evolved universal terrestrial radio access (E-UTRA); physical channels and modulation (release 8)[EB/OL]. 3GPP TS 36.211 V.8.6.0, 2007.

[2] Bartlett M S, Gower J C, Leslie P H. The characteristic function of Hermitian quadratic forms in complex normal variables[J]. Biometrika, 1960, 47(1/2): 199-201.

[3] Studer C, Fateh S, Seethaler D. ASIC Implementation of soft-input soft-output MIMO detection using MMSE parallel interference cancellation[J]. IEEE Journal of Solid-State Circuits, 2011, 46(7): 1754-1765.

[4] Wu M, Yin B, Vosoughi A, et al. Approximate matrix inversion for high-throughput data detection in the large-scale MIMO uplink[C]. IEEE International Symposium on Circuits and Systems, Beijing, 2013: 2155-2158.

[5] Schreiber R, Tang W P. On systolic arrays for updating the Cholesky factorization[J]. BIT, 1986, 26(4): 451-466.

[6] Peng G, Liu L, Zhang P, et al. Low-computing-load, high-parallelism detection method based on Chebyshev iteration for massive MIMO systems with VLSI architecture[J]. IEEE Transactions on Signal Processing, 2017, 65(14): 3775-3788.

[7] Yin B, Wu M, Wang G, et al. A 3.8Gb/s large-scale MIMO detector for 3GPP LTE-Advanced[C]. IEEE International Conference on Acoustics, Speech and Signal Processing, Florence, 2014:

3879-3883.

[8]　Wu M, Yin B, Wang G, et al. Large-scale MIMO detection for 3GPP LTE: Algorithms and FPGA implementations[J]. IEEE Journal of Selected Topics in Signal Processing, 2014, 8(5): 916-929.

[9]　Wu M, Dick C, Cavallaro J R, et al. FPGA design of a coordinate descent data detector for large-scale MU-MIMO[C]. IEEE International Symposium on Circuits and Systems, Montreal, 2016: 1894-1897.

[10]　Yin B, Wu M, Cavallaro J R, et al. VLSI design of large-scale soft-output MIMO detection using conjugate gradients[C]. IEEE International Symposium on Circuits and Systems, Lisbon, 2015: 1498-1501.

[11]　Wu Z, Zhang C, Xue Y, et al. Efficient architecture for soft-output massive MIMO detection with Gauss-Seidel method[C]. IEEE International Symposium on Circuits and Systems, Montreal, 2016: 1886-1889.

[12]　Choi J W, Lee B, Shim B, et al. Low complexity detection and precoding for massive MIMO systems[C]. Wireless Communications and Networking Conference, New York, 2013: 2857-2861.

[13]　Liu L. Energy-efficient soft-input soft-output signal detector for iterative MIMO receivers[J]. IEEE Transactions on Circuits & Systems I Regular Papers, 2014, 61(8): 2422-2432.

[14]　Peng G, Liu L, Zhou S, et al. A 1.58 Gbps/W 0.40 Gbps/mm ASIC implementation of MMSE detection for $128x8$ 64-QAM massive MIMO in 65 nm CMOS[J]. IEEE Transactions on Circuits & Systems I Regular Papers, 2017, 5:1-14.

[15]　Wu M, Dick C, Cavallaro J R, et al. High-throughput data detection for massive MU-MIMO-OFDM using coordinate descent[J]. IEEE Transactions on Circuits & Systems I Regular Papers, 2016, 63(12): 2357-2367.

[16]　Chen J, Zhang Z, Lu H, et al. An intra-iterative interference cancellation detecto: for large-scale MIMO communications based on convex optimization[J]. IEEE Transactions on Circuits & Systems I Regular Papers, 2016, 63(11): 2062-2072.

[17]　Dai L, Gao X, Su X, et al. Low-complexity soft-output signal detection based on Gauss-Seidel method for uplink multiuser large-scale MIMO systems[J]. IEEE Transactions on Vehicular Technology, 2015, 64(10): 4839-4845.

[18]　Gao X, Dai L, Ma Y, et al. Low-complexity near-optimal signal detection for uplink large-scale MIMO systems[J]. Electronics Letters, 2015, 50(18): 1326-1328.

[19]　Kincaid D, Cheney W. Numerical Analysis: Mathematics of Scientific Computing[M]. Pacific Grove: Brooks/Cole, 2002.

[20]　Casta eda O, Goldstein T, Studer C. Data detection in large multi-antenna wireless systems via

approximate semidefinite relaxation[J]. IEEE Transactions on Circuits & Systems I Regular Papers, 2016, 5(9): 1-13.

[21] Yin B. Low complexity detection and precoding for massive MIMO systems: Algorithm, architecture, and application[D]. Doctor of Philosophy, Houston: Rice University, 2014.

[22] Prabhu H, Rodrigues J, Liu L, et al. A 60 pJ/b 300 Mb/s 128×8 massive MIMO Precoder-Detector in 28 nm FD-SOI[C]. Proceedings of IEEE-Institute of Electrical and Electronics Engineers Inc, New York, 2017: 2334-2346.

[23] Tang W, Chen C H, Zhang Z. A 0.58mm^2 2.76Gb/s 79.8pJ/b 256-QAM massive MIMO message-passing detector[C]. VLSI Circuits, Honolulu, 2016: 1-5.

[24] Chen C, Tang W, Zhang Z. 18.7A 2.4mm^2 130mW MMSE-nonbinary-LDPC iterative detector-decoder for 4×4 256-QAM MIMO in 65nm CMOS[C]. IEEE International Solid- State Circuits Conference, San Francisco, 2015: 1-3.

[25] Noethen B, Arnold O, Perez Adeva E, et al. 10.7 A 105GOPS 36mm^2 heterogeneous SDR MPSoC with energy-aware dynamic scheduling and iterative detection-decoding for 4G in 65nm CMOS[C]. IEEE International Solid-State Circuits Conference, San Francisco, 2014: 188-189.

[26] Chen Y T, Cheng C C, Tsai T L, et al. A 501mW 7.6lGb/s integrated message-passing detector and decoder for polar-coded massive MIMO systems[C]. 2017 Symposium on VLSI Circuits, Kyoto, 2017: C330-C331.

[27] Winter M, Kunze S, Adeva E P, et al. A 335Mb/s 3.9mm^2 65nm CMOS flexible MIMO detection-decoding engine achieving 4G wireless data rates[C]. IEEE International Solid-State Circuits Conference, San Francisco, 2012, 13B(4):216-218.

第 4 章　非线性大规模 MIMO 信号检测算法

现有的针对 MIMO 系统的信号检测器可以分为两类：线性信号检测器和非线性信号检测器[1]。线性信号检测算法包括传统的 ZF 算法和 MMSE 算法[2]，以及最近提出的一些线性信号检测算法[3-5]，这些线性信号检测算法虽然具有低复杂度的优点，但是其在检测精确度方面的损失不可忽略，特别是当用户天线数和基站天线数相近或者相等时[3]。最优信号检测器是非线性最大似然（maximum likelihood，ML）信号检测器，但是它的复杂度随着发送端天线数呈指数增长，对于大规模 MIMO 系统是不可实现的[6]。SD 检测器[7]和 K-best 检测器[8]是 ML 检测器的两种不同变化形式，它们可以通过控制每个搜索层的节点数来实现计算复杂度和性能之间的平衡。然而，这些非线性信号检测器中的 QR 分解因为包含如元素消除等矩阵操作，会导致很高的计算复杂度和较低的并行性。因此，目前急需具有低复杂度、高精确度和高处理并行性的检测器。

本章将在 4.1 节介绍几种传统非线性 MIMO 信号检测算法。首先介绍最优的非线性 ML 信号检测算法，然后介绍由非线性 ML 信号检测算法演变出的 SD 和 K-best 信号检测算法。

4.2 节将介绍一种在高阶 MIMO 系统中结合 Cholesky 排序 QR 分解和部分迭代格基规约（Cholesky sorted QR decomposition and partial iterative lattice reduction，CHOSLAR）的 K-best 信号检测预处理算法[9]。该算法绕过了在 QR 分解中对具体矩阵 $\boldsymbol{Q}$ 的计算，并且在排序 QR 分解时对矩阵 $\boldsymbol{R}$ 进行预调整，因此大大减少了 LR 操作的规模。同时该算法运用部分迭代格基规约（partial iterative lattice reduction，PILR）算法来获得更加渐进正交的矩阵 $\boldsymbol{R}$。经过预处理，结合了排序减少和扩展分支的 K-best 信号检测器可以实现近似 ML 的检测精确度。

4.3 节将介绍另一种新的信号检测算法——TASER 算法[10]。TASER 算法基于半定松弛[11]，在低比特率和调制方案固定的系统中可以在多项式（以发送端天线数或时隙为自变量）计算复杂度内实现近似 ML 的信号检测性能[12]。同时该算法采用 Cholesky 分解来近似解决相干 ML 与联合信道估计和数据检测（joint channel estimation and data detection，JED）ML 的半定松弛问题，采用预处理前后划分（forward-backward splitting，FBS）程序来解决非凸问题[13,14]，并针对该算法提供理论上的收敛保证。

4.1　传统非线性 MIMO 信号检测算法

4.1.1　ML 信号检测算法

ML 信号检测算法可以实现对发送信号的最优估计，其检测过程为：在所有星座点集合中找出最接近的一个星座点作为对发送信号的估计。具体分析如下。

考虑 N_t 根发送天线和 N_r 根接收天线的 MIMO 系统，将所有接收天线收到的符号用矢量 $\boldsymbol{y} \in C^{N_r}$ 来表示，那么有

$$\boldsymbol{y} = \boldsymbol{Hs} + \boldsymbol{n} \tag{4.1.1}$$

式中，$\boldsymbol{s} \in \Omega^{N_t}$，为包含所有用户数据符号的发送信号矢量（$\Omega$ 代表星座点的集合）；$\boldsymbol{H} \in C^{N_r \times N_t}$ 为瑞利平坦衰落信道矩阵，其元素 $h_{j,i}$ 是发射天线 $i(i=1,2,\cdots,N_t)$ 到接收天线 $j(j=1,2,\cdots,N_r)$ 的信道增益；$\boldsymbol{n} \in C^{N_r}$ 为各分量独立且都服从 $N(0,\sigma^2)$ 分布的加性高斯白噪声矢量。

接收信号的条件概率密度可以表示为

$$P(\boldsymbol{y}|\boldsymbol{H},\boldsymbol{s}) = \frac{1}{(\pi\sigma^2)^M} \exp\left(-\frac{1}{\sigma^2}\|\boldsymbol{y}-\boldsymbol{Hs}\|^2\right) \tag{4.1.2}$$

作为最优信号检测算法，ML 信号检测算法通过有限集约束最小均方优化来求解 $\boldsymbol{s}$，如式（4.1.3）所示。

$$\tilde{\boldsymbol{s}} = \arg\max_{\boldsymbol{s}\in\Omega} P(\boldsymbol{y}|\boldsymbol{H},\boldsymbol{s}) = \arg\min_{\boldsymbol{s}\in\Omega} \|\boldsymbol{y}-\boldsymbol{Hs}\|^2 \tag{4.1.3}$$

对信道矩阵 $\boldsymbol{H}$ 进行 QR 分解，可以得到

$$\begin{aligned}
\|\boldsymbol{y}-\boldsymbol{Hs}\|^2 &= \left\|\boldsymbol{QQ}^{\mathrm{H}}(\boldsymbol{y}-\boldsymbol{Hs}) + (\boldsymbol{I}_{N_r}-\boldsymbol{QQ}^{\mathrm{H}})(\boldsymbol{y}-\boldsymbol{Hs})\right\|^2 \\
&= \left\|\boldsymbol{QQ}^{\mathrm{H}}(\boldsymbol{y}-\boldsymbol{Hs})\right\|^2 + \left\|(\boldsymbol{I}_{N_r}-\boldsymbol{QQ}^{\mathrm{H}})(\boldsymbol{y}-\boldsymbol{Hs})\right\|^2 \\
&= \left\|\boldsymbol{Q}^{\mathrm{H}}\boldsymbol{y}-\boldsymbol{Rs}\right\|^2 + \left\|(\boldsymbol{I}_{N_r}-\boldsymbol{QQ}^{\mathrm{H}})\boldsymbol{y}\right\|^2 \\
&= \left\|\boldsymbol{Q}^{\mathrm{H}}\boldsymbol{y}-\boldsymbol{Rs}\right\|^2 \\
&= \left\|\boldsymbol{y}'-\boldsymbol{Rs}\right\|^2
\end{aligned} \tag{4.1.4}$$

式中，$\boldsymbol{y}' = \boldsymbol{Q}^{\mathrm{H}}\boldsymbol{y}$，根据矩阵 $\boldsymbol{R}$ 的上三角特性，有

$$\begin{aligned}
\tilde{\boldsymbol{x}} &= \arg\min_{\boldsymbol{s}\in\Omega} \|\boldsymbol{y}'-\boldsymbol{Rs}\|^2 \\
&= \arg\min_{\boldsymbol{s}\in\Omega} \left(\sum_{i=1}^{N_t}\left|y_i' - \sum_{j=i}^{N_t}R_{i,j}s_j\right|^2 + \sum_{i=N_t+1}^{N_r}\left|y_i'\right|^2\right)
\end{aligned}$$

$$= \arg\min_{s \in \Omega} \left(\sum_{i=1}^{N_t} \left| y_i' - \sum_{j=i}^{N_t} R_{i,j} s_j \right|^2 \right) \tag{4.1.5}$$

$$= \arg\min_{s \in \Omega} \left[f_{N_t}(s_{N_t}) + f_{N_t-1}(s_{N_t}, s_{N_t-1}) + \cdots + f_1(s_{N_t}, s_{N_t-1}, \cdots, s_1) \right]$$

式中，$f_k(s_{N_t}, s_{N_t-1}, \cdots, s_k)$ 中的函数可以表示为

$$f_k(s_{N_t}, s_{N_t-1}, \cdots, s_k) = \left| y_k' - \sum_{j=k}^{N_t} R_{k,j} s_j \right|^2 \tag{4.1.6}$$

对于所有星座点的集合，这里构造一个搜索树来寻求最优解，如图 4.1.1 所示。

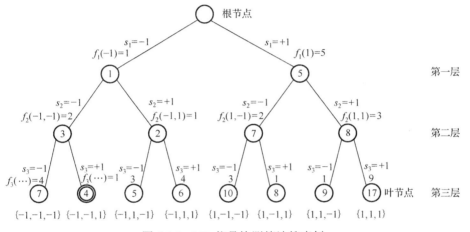

图 4.1.1　ML 信号检测算法搜索树

第一层有 S 个节点（S 为调制方式中每个点可能值的个数），由根节点扩展得到，每个节点的值为 $f_{N_t}(s_{N_t})$（$s_{N_t} \in \Omega$），第一层每个节点扩展出 S 个子节点，得到第二层的结构，一共有 S^2 个节点，这层节点的值为 $f_{N_t}(s_{N_t}) + f_{N_t-1}(s_{N_t}, s_{N_t-1})$，以此类推，最后生成的第 N_t 层有 S^{N_t} 个子节点，值为 $f_{N_t}(s_{N_t}) + f_{N_t-1}(s_{N_t}, s_{N_t-1}) + \cdots + f_1(s_{N_t}, s_{N_t-1}, \cdots, s_1)$，通过寻找所有节点就可以找到最优解。

ML 信号检测算法通过搜索所有的节点来寻找最优的节点，进而对发送信号进行估计，这显然是最优的估计算法。ML 信号检测算法虽然在性能方面可以达到最优，但是其计算复杂度随着发送端天线数、调制后每符号包含的比特数和处理数据长度的增加而呈指数增长，计算复杂度为 $O(M^{N_t})$（M 为星座点的点数，N_t 为发送端天线数）。例如，在 4×4 的 MIMO 系统中，采用 16-QAM 调制，则对每个符号块的搜索量就高达 $4^{16} = 65536$。因此，在高阶调制（M 很大）和发送端天线数较多（N_t 较大）的应用场景下，ML 信号检测算法很难适用于实际的通信系统。为了降低算法的计算复杂度，需要一些近似的检测算法[15]。

4.1.2 SD 信号检测算法和 *K*-best 信号检测算法

为了实现近似最优的性能，同时降低计算复杂度，几个非线性信号检测器被提出。其中一类典型算法为基于树搜索的算法[16,17]。迄今为止，已经有很多近似 ML 信号检测算法的性能，同时拥有低复杂度的基于树搜索的算法被提出。*K*-best 信号检测算法[18]通过对每层搜索层的 K 个节点进行搜索来寻找可能的发送信号，而 SD 信号检测算法[19]通过对接收信号矢量附近的超球面进行搜索来寻找可能的发送信号。然而，除了 ML 信号检测算法，其他信号检测算法都不能实现全分集增益[20]。固定复杂度 SD（fixed-complexity sphere decoding，FSD）信号检测算法[21]利用了接收信号潜在的网格结构，被认为是最有希望实现 ML 检测性能同时降低计算复杂度的算法。在传统的小规模 MIMO 系统中，该算法表现良好，但是当天线规模增大或者调制阶数增大时（如发送端天线数为 128，64-QAM 调制）[6]，其计算复杂度依旧不可承受。

下面对上述提到的算法进行详细介绍。

1. *K*-best 信号检测算法

K-best[18]信号检测算法是一种只进行前向搜索的深度优先搜索算法，该算法在每层只保留拥有最优度量的 K 条路径。图 4.1.2 为 $N_t = 2$ 时的 *K*-best 信号检测算法搜索树[15]，该算法从根节点开始扩展出所有可能的候选节点，然后按度量排序，选出拥有最小度量的前 K 个路径作为下一层，以此类推，直到叶节点。*K*-best 信号检测算法具体实现如算法 4.1.1 所示。

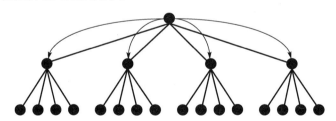

图 4.1.2　*K*-best 信号检测算法搜索树

算法 4.1.1　*K*-best 信号检测算法

1: for 层数 $i = N_t$ 到 1，do

2: 将每一条存活路径扩展出 $\sqrt{2^Q}$ 个可能的路径；

3: 更新每一条路径的部分欧氏距离（partial Euclidean distance，PED）；

4: 根据 PED 将所有路径进行排序；

5: 筛选出 K 个最好路径，并更新历史路径；

6: 若层数 $i = 1$，则结束算法，否则跳转到步骤 2。

　　K-best 信号检测算法能够在固定复杂度和适度的并行度内实现近似最优的性能，固定复杂度依赖于保留候选节点的个数 K、调制阶数和发送端天线数。在 *K*-best 信号检测算法搜索数里，总的搜索的节点数为 $2^Q + (N_t - 1)K2^Q$。虽然 *K*-best 信号检测算法具有上述优点，但是它没有考虑噪声方差和信道条件，除此之外，*K*-best 信号检测算法将每一层 K 条保留的路径全部扩展出 2^Q 个可能的子节点，因此，需要巨大的复杂度来枚举这些子节点，特别是在高阶调制和存活路径数目较多时。而且该算法还需要对每一层的 $2^Q K$ 个路径进行计算和排序，其中 $K(2^Q - 1)$ 为裁剪过后的树的路径，该排序也是非常消耗时间的。同时，该算法在低 K 值时有很大的误码率。

　　2. SD 信号检测算法

　　SD 信号检测算法适用的 SNR 范围较广，在实现近似最优的性能的同时，还可以保持多项式级别的平均计算复杂度[7]。SD 信号检测算法原本被用于计算最小长度网格矢量，然后进一步发展为解决短网格矢量，最后被用于 ML 估计[19]。SD 信号检测算法的基本原则是将最优 ML 解的搜索空间限制到接收矢量附近半径为 r_s 的超球面，如图 4.1.3 所示[15]，用公式表述为式(4.1.7)。因此，只需验证位于超球

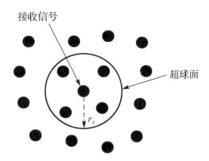

图 4.1.3　SD 信号检测算法原理

面内部的网格点，而非发送信号的所有可能点，由此降低了计算复杂度。

$$\hat{\boldsymbol{s}}_{\mathrm{SD}} = \underset{\boldsymbol{s} \in 2^{QN_t}}{\arg\min} \left\{ \|\boldsymbol{y} - \boldsymbol{H}\boldsymbol{s}\|^2 \leqslant r_s^2 \right\} \tag{4.1.7}$$

　　信道矩阵 $\boldsymbol{H}$ 可以分解为矩阵 $\boldsymbol{Q}$ 和 $\boldsymbol{R}$，即 $\boldsymbol{H} = \boldsymbol{QR}$，式(4.1.7)等同于

$$\hat{\boldsymbol{s}}_{\mathrm{SD}} = \underset{\boldsymbol{s} \in 2^{QN_t}}{\arg\min} \left\{ \|\tilde{\boldsymbol{y}} - \boldsymbol{R}\boldsymbol{s}\|^2 \leqslant r_s^2 \right\} \tag{4.1.8}$$

式中，$\boldsymbol{R}$ 为上三角矩阵；欧氏距离被定义为 $d_1 = \|\tilde{\boldsymbol{y}} - \boldsymbol{R}\boldsymbol{s}\|^2$，PED 如式(4.1.9)所示：

$$d_i = d_{i+1} + \left| \tilde{y}_i - \sum_{j=i}^{N_t} R_{i,j} s_j \right|^2 = d_{i+1} + |e_i|^2 \tag{4.1.9}$$

　　有 $N_t + 1$ 个节点的树搜索过程可以用图 4.1.4 来表示，其中第 i 层代表第 i 个发送天线。

　　搜索算法首先从根节点或者从位于第 N_t 层的第一个子节点开始，其中第 N_t 层代表第 N_t 个发送端天线符号。然后计算 PED，如果 PED 即 d_{N_t} 小于球体半径 r_s，那么搜索过程一直持续到 $N_t - 1$ 层，否则，如果 d_{N_t} 大于球体半径 r_s，那么说明搜索已

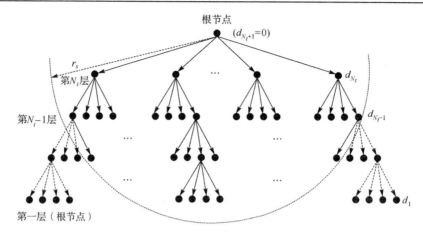

图 4.1.4　SD 信号检测算法搜索树

经超出设定的超球面，不再搜索该节点以下的所有子节点，而是换另一条路径继续搜索。这样一步一步向下搜索，直到估计出一个有效的位于第一层的叶节点。

　　SD 信号检测算法中 D 的选择对搜索过程有一定的影响，选得过小将会导致第一层节点的值超过 D 或者搜到中间某一层时所有节点的值都超过了 D，从而得不到最优解。SD-pruning 信号检测算法有效地解决了这个问题，它将预设值先定为无穷大，然后搜到最后一层时更新这个预设值，后面搜到更小的值时持续更新，这样 SD-pruning 信号检测算法的性能就可以达到 ML 信号检测算法的性能。

　　3. FSD 信号检测算法

　　FSD 信号检测算法是另一种次最优 MIMO 信号检测算法，可以进一步降低 K-best 检测算法的计算复杂度[17]。FSD 信号检测算法检测过程基于两个阶段的树搜索，如图 4.1.5 所示[15]。算法实现如算法 4.1.2 所示。

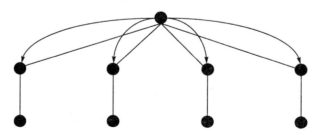

图 4.1.5　FSD 信号检测算法搜索树

算法 4.1.2　FSD 信号检测算法

全扩展：首先对前 p 层进行全扩展，即将所有可能的候选节点保留；

单个扩展：对剩下的 $N_t - p$ 层进行单个扩展，即每个节点只保留具有最小度量的候选节点。

传统的 FSD 信号检测算法有固定的复杂度，但是没有考虑噪声和信道条件。文献[22]中提出了一种 FSD 信号检测算法的简化版本，将路径选择引进剩下的层，这样 FSD 信号检测算法可以高度并行化和全流水化[23]。

4.2　CHOSLAR 算法

4.2.1　系统模型

CHOSLAR 算法采用发送端天线数和接收端天线数相同的复数域系统，即有 $N_r = N_t = N$，并且假定信道矩阵已经被估计出来[8,10,24-26]。信道模型如式 (4.1.1) 所示。ML 信号检测如式 (4.1.3) 所示。信道矩阵 $\boldsymbol{H}$ 经过 QR 分解之后，式 (4.1.3) 可以写为

$$\hat{s}_{\mathrm{ML}} = \arg\min_{s \in \Omega} \left\| \boldsymbol{Q}^{\mathrm{H}} \boldsymbol{y} - \boldsymbol{Rs} \right\|^2 = \arg\min_{s \in \Omega} \left\| \hat{\boldsymbol{y}} - \boldsymbol{Rs} \right\|^2 \tag{4.2.1}$$

式中，$\boldsymbol{H} = \boldsymbol{QR}$；$\boldsymbol{Q}$ 是酉矩阵；$\boldsymbol{R}$ 是上三角矩阵。ML 信号检测器通过 LLR 产生软输出，即寻找和 $\hat{\boldsymbol{y}}$ 最相近的其他符号矢量。根据文献[27]，第 i 个符号的第 b 个比特的 LLR 可以用式 (4.2.2) 来计算：

$$\mathrm{LLR}(s_{i,b}) = \frac{1}{\sigma^2} \left(\min_{s \in s_{i,b}^0} \left\| \hat{\boldsymbol{y}} - \boldsymbol{Rs} \right\|^2 - \min_{s \in s_{i,b}^1} \left\| \hat{\boldsymbol{y}} - \boldsymbol{Rs} \right\|^2 \right) \tag{4.2.2}$$

式中，$s_{i,b}^0$ 和 $s_{i,b}^1$ 分别代表当 $s_{i,b}$ 等于 0 和 1 时的来自调制星座点 Ω 的符号集合。

因为矩阵 $\boldsymbol{R}$ 是一个上三角矩阵，所以树搜索从 s 的最后一个元素开始。信道矩阵 $\boldsymbol{H}$ 的规模随着 MIMO 系统尺寸的增加而增加 (如从 2×2 到 16×16)。因为高复杂度和数据依赖性，QR 分解很难在硬件上实现，特别是对于高阶 MIMO 系统，所以 QR 分解的计算复杂度和并行性是现在限制高阶 MIMO 系统吞吐率的主要因素。

4.2.2　QR 分解

QR 分解是将估计信道矩阵 $\boldsymbol{H}$ 分解为一个酉矩阵 $\boldsymbol{Q}$ 和一个上三角矩阵 $\boldsymbol{R}$ 的过程[8]。格拉姆-施密特 (Gram-Schmidt，GS)[25,28,29]、豪斯霍尔德变换 (Householder transformation，HT)[30] 和 GR[26,31] 是三种被广泛使用的 QR 分解算法。文献[32]中提出了一种简化的 GS 算法来实现稳定置换 QR 分解。在 GR 算法中，矩阵 $\boldsymbol{Q}$ 的计算可以被替换成与计算上三角矩阵 $\boldsymbol{R}$ 同样的旋转操作，然而，在高阶 MIMO 系统中，随着矩阵 $\boldsymbol{H}$ 规模的增大，一次仅仅消除一个元素会使得效率低下，GR 算法的另一个缺点是，只有当左边两个元素被消除后才能开始执行旋转操作，因此，GR 算法并行性会受到约束，导致高阶 MIMO 系统具有较低的数据吞吐率。为了在保持分级

增益的同时降低计算复杂度，文献[24]中提出了一种格基规约 (lattice reduction，LR) 算法，作为根据 LLL (Lenstra-Lenstra-Lovasz) 算法在多项式时间内调整估计信道矩阵的预处理手段[24]。除此之外，文献[25]中提出的基于 LR 的 MMSE 信号检测算法和文献[33]中提出的基于 LR 的迫零决策反馈 (zero-forcing decision feedback，ZF-DF) 算法，与传统线性检测算法相比具有更好的性能。然而，LR 需要数量巨大的条件验证和列交换，导致在硬件实现时有不确定的数据吞吐率、低并行性和长延时，特别是当 MIMO 系统的规模增大时。在基于 LR 的 ZF-DF 算法中同样需要信道矩阵的 QR 分解，而 QR 分解对于搜索层的顺序是很敏感的，而且随着系统维度的增大，规模也逐渐加大。因此，随着用户和天线数的增加，作为 K-best 信号检测算法一部分的预处理部分 (包括 QR 分解和 LR 算法) 具有高复杂度和低并行性[24]，这成为阻碍整个检测器性能的主要因素之一，特别是当信道矩阵非缓慢变化时。经过预处理之后，检测程序本身也是整个过程中比较复杂的一部分。K-best 信号检测算法的复杂度由每一层的子节点的数目来决定，在更小的矢量空间范围内寻找最优解可以大大减少子节点的数目，因此，当由预处理获得的信道矩阵有更优的性能时 (当预处理更加渐进正交时)，检测程序本身的复杂度可以大大降低。

　　文献[8]中有关于 GS、HT 和 GR 三种算法的基于实数计算量的计算复杂度的具体比较。对于复数域的系统，GS 算法和 GR 算法需要近似 $O(4N^3)$ 的实数域上的乘法，而 HT 算法因为需要对酉矩阵 $\boldsymbol{Q}$ 进行计算，所以需要更多的计算量[30]。因此，虽然 HT 算法能够按列消除元素，但是它的硬件消耗也是不可承受的。文献[29]中提出了一个针对 4×4 QR 分解的改进 GS 算法的实现，矩阵 $\boldsymbol{Q}$ 和 $\boldsymbol{R}$ 以及计算时的中间数都被展开以进行并行设计。然而，与传统的 GS 算法相比，乘法数目并没有减少。在文献[27]中，一个针对矩阵分解的简化 GS 算法被提出。该算法可以实现低复杂度，特别是针对缓慢变化的信道的稳定置换的 QR 分解，然而当信道不是缓慢变化时，该算法在检测精度上有不可忽略的损失。文献[34]中提出了一个时间相关的信道矩阵，其中只有部分矩阵的列随着时间会有更新，同时提出了一个结合了近似 $\boldsymbol{Q}$ 矩阵保持的方案和精确 QR 分解更新方案的算法，用于降低计算复杂度。文献[8]中，采用使用坐标旋转数字计算机 (coordinate rotation digital computer，CORDIC) 单元的 GR 算法通过迭代移位和加法操作来简化 QR 分解中的复杂的算术单元。文献[8]中提出了一个基于实数域系统的新的分解方案来进一步降低算术操作的次数。然而，结合了 K-best 信号检测的简化 QR 分解和 ML 信号检测算法相比有很严重的精度损失，其他非线性信号检测算法，如 TASER[10]和概率数据互联 (probabilistic data association，PDA) 算法[35]同样不适合高阶调制系统，会有严重的精度损失，并且在硬件实现上很困难。

　　排序 QR 分解可以降低搜索范围，并在保持低复杂度的同时进一步提高 K-best 信号检测算法的精度。在 K-best 信号检测算法执行的过程中，$\hat{s}^{\mathrm{ML}}$ 的每个元素估计

如式 (4.2.3) 所示。

$$\hat{s}_i = \left(\hat{y}_i - \sum_{j=i+1}^{N} R_{i,j} s_j \right) \Big/ R_{i,i} \tag{4.2.3}$$

虽然 $\hat{y}_i$ 包含噪声，但是主对角线元素 $R_{i,i}$ 可以很好地避免噪声和信号干扰的影响。QR 分解按列执行，这意味着矩阵 $\boldsymbol{R}$ 是按行产生的。因为矩阵 $\boldsymbol{H}$ 的绝对值是固定的，所以 $\boldsymbol{R}$ 所有对角线元素的乘积也是常数，在分解第 i 列时，有

$$R_{i,i} = \mathrm{norm}(\boldsymbol{H}(i:N,i)) = \sqrt{\sum_{j=i}^{N} H_{j,i}^2} \tag{4.2.4}$$

式中，$R_{i,i}$ 随着 i 的增加而下降。排序筛选出拥有最小范数的列作为分解的下一列，这样可以确保剩下的对角线元素的乘积尽可能大。

4.2.3 格基规约

LR 算法可以实现更有效率的检测性能，例如，在文献[34]中将 LR 算法与 MMSE 信号检测算法结合，在文献[33]中将 LR 算法与 ZF-DF 算法结合。在基于 LR 算法的 K-best 信号检测算法和 ZF-DF 算法中，预处理部分 (QR 分解和 LR 算法) 对于降低计算复杂度起着重要的作用，特别是当 MIMO 系统的规模增大时。当 LR 用于信道矩阵 $\boldsymbol{H}$ 时，可以获得一个近似正交的信道矩阵，即

$$\bar{\boldsymbol{H}} = \boldsymbol{HT} \tag{4.2.5}$$

式中，$\boldsymbol{T}$ 是单模矩阵；$\bar{\boldsymbol{H}}$ 是一个条件比 $\boldsymbol{H}$ 好很多的矩阵，因此 $\bar{\boldsymbol{H}}$ 包含更少的噪声。LLL 算法是一个凭借多项式时间计算复杂度而知名的 LR 算法[24]，该算法检查和修正了矩阵 $\boldsymbol{R}$，使得它满足两个条件。本节采用不同的 LLL 算法，需要满足式 (4.2.6) 表述的西格尔条件[24]和式 (4.2.7) 中表述的尺寸规约条件，参数 δ 满足 $0.25 < \delta < 1$。西格尔条件使得两个邻近的对角线元素的差异保持在很小的范围内，以防止产生过分小的对角线元素。尺寸规约条件确保对角线元素轻微占优以实现近似正交性。调整后的信道矩阵 $\boldsymbol{H}$ 或者上三角矩阵 $\boldsymbol{R}$ 可以抑制不同天线之间的干扰。

$$\delta \left| R_{k-1,k-1} \right| > \left| R_{k,k} \right|, \; k = 2,3,\cdots,N \tag{4.2.6}$$

$$\frac{1}{2} \left| R_{k-1,k-1} \right| > \left| R_{k-1,r} \right|, \; 2 \le k \le r \le N \tag{4.2.7}$$

然而，LR 算法需要多次的条件检查和列交换，导致不确定的数据吞吐率、低复杂度和长延时。排序 QR 分解和 LR 算法在本质上是相似的，它们都是通过调整矩阵 $\boldsymbol{R}$ 来获得更有利的性质。因此，K-best 信号检测算法在分支扩展数量较小时可以实现近似 ML 的精确度，然而，一旦 MIMO 系统的规模增加，预处理阶段的计算复

杂度就变得不可控。同时，排序 QR 分解和 LR 算法都会造成更高的计算复杂度，特别是 LR 算法，需要不确定数目的低并行性的操作。

4.2.4　Cholesky 预处理

1. Cholesky 排序 QR 分解

在 K-best 信号检测器中，矩阵预处理需要很高的检测精度和计算效率，K-best 信号检测器的预处理的第一步是信道矩阵 H 的 QR 分解，在分解过程中，对酉矩阵 Q 的计算会导致很高的计算复杂度。本节所提出的 QR 分解算法利用矩阵 Q 和 R 的性质来避免对矩阵 Q 的计算。QR 分解即 $H = QR$，有

$$H^{\mathrm{H}}H = (QR)^{\mathrm{H}}QR = R^{\mathrm{H}}(Q^{\mathrm{H}}Q)R = R^{\mathrm{H}}R \tag{4.2.8}$$

信道矩阵 H 的元素是独立同分布的复高斯变量，其均值为 0，方差为 1。因此，矩阵 H 是非奇异的，即 $A = H^{\mathrm{H}}H = R^{\mathrm{H}}R$ 是正定的。因此，A 是一个厄米(Hermite)半正定矩阵。Cholesky 分解是将半正定厄米矩阵分解为一个下三角矩阵及其共轭转置矩阵的乘积，即 $A = LL^{\mathrm{H}}$。当运用 Cholesky 分解时，矩阵 R 就相当于上三角矩阵 L^{H}，那么对于特殊酉矩阵 Q 的计算就被避免了。虽然通过捷径获得了矩阵 R，但由式 (4.2.1) 可知，矩阵 Q 仍然需要被计算出，用来求解 $Q^{\mathrm{H}}y$。而 $H = QR$，所以可以通过 $Q = HR^{-1}$ 来计算 Q。因此，对于 $Q^{\mathrm{H}}y$ 的计算被转化为

$$Q^{\mathrm{H}}y = (HR^{-1})^{\mathrm{H}}y = (R^{-1})^{\mathrm{H}}H^{\mathrm{H}}y \tag{4.2.9}$$

式 (4.2.9) 通过对上三角矩阵 R 求逆和两个矩阵与矢量的乘法来代替直接求解 $Q^{\mathrm{H}}y$。计算上三角矩阵的复杂度为 $O(N^3)$，比直接计算矩阵 Q 在复杂度上有显著的降低。GR 算法中，在消除矩阵 H 的元素时，可以运用对于矢量 y 的同样的转化来求解 $Q^{\mathrm{H}}y$，而不用直接求解矩阵 Q，但是，在计算矩阵 R 时已经花费了 $O(4N^3)$ 的复杂度的乘法，在以后章节中会具体比较这些算法的计算复杂度。

下一个问题是如何将排序操作和 QR 分解结合起来。在基于 Cholesky 的算法中，QR 分解是通过 Gram 矩阵 $A = H^{\mathrm{H}}H$ 来实现的。基于 Cholesky 分解，矩阵 R 可以按行产生，Cholesky 分解的伪代码如算法 4.2.1 所示。

算法 4.2.1　Cholesky 分解算法

1: **for** $i = 1$；$i \leqslant N-1$；$i+1$　**do**

2:　　　$R_{i,i} = \sqrt{A_{i,i}}$；

3:　　　**for** $j = i+1$；$j \leqslant N$；$j+1$　**do**

4:　　　　　$R_{i,j} = A_{i,j}/R_{i,i}$；

5:　　　**end for**

6:　　　**for**　$m = i+1$; $m \leqslant N$; $m+1$　**do**

7:　　　　**for**　$n = m$; $n \leqslant N$; $n+1$　**do**

8:　　　　　　$A_{m,n} \leftarrow A_{m,n} - R_{i,m}^{H} R_{i,n}$;

9:　　　　**end for**

10:　　　**end for**

11:　**end for**

12:　$R_{N,N} = \sqrt{A_{N,N}}$;

下面以一个 4×4 的矩阵进行举例说明。当 $i=1$ 时（排序的第一轮），有 $\boldsymbol{A} = \boldsymbol{H}^{H}\boldsymbol{H}$，在排序中进行比较的值如式（4.2.10）所示：

$$V_k = \boldsymbol{h}_k^{H} \boldsymbol{h}_k = \mathrm{norm}^2(\boldsymbol{h}_k) = A_{k,k}, \ k=1,2,3,4 \tag{4.2.10}$$

即每一个对角元素 $A_{k,k}$ 都是矩阵 $\boldsymbol{H}$ 相对应列的范数的平方，因此，$\boldsymbol{A}$ 中最小对角元素对应的行和列中的元素与第一行和第一列的元素进行交换，然后就可以开始第一轮的分解。在 $i=2$ 时（排序的第二轮），V_k 的值满足：

$$\begin{aligned} V_k &= \mathrm{norm}^2(\boldsymbol{h}_k) - R_{i-1,k}^{H} R_{i-1,k} \\ &= A_{k,k} - R_{i-1,k}^{H} R_{i-1,k}, \ k=2,3,4 \end{aligned} \tag{4.2.11}$$

根据式（4.2.11）和算法 4.2.1 中的第 8 行可知，V_k 是矩阵 $\boldsymbol{A}$ 的对角线元素（在上一轮分解中进行更新），因此 $i=2$ 时，更新过的矩阵 $\boldsymbol{A}$ 的对角线元素可以重新作为排序的基，$i=3,4$ 时，分析过程类似。因此，Gram 矩阵 $\boldsymbol{A}$ 的对角线元素可以一直作为排序操作的每一列的范数。在传统的 GR 算法中，$i=2$ 时（第一轮分解之后），矩阵 $\boldsymbol{H}$ 可以写为

$$\begin{bmatrix} H_{1,1}, & H_{1,2}, & H_{1,3}, & H_{1,4} \\ H_{2,1}, & H_{2,2}, & H_{2,3}, & H_{2,4} \\ H_{3,1}, & H_{3,2}, & H_{3,3}, & H_{3,4} \\ H_{4,1}, & H_{4,2}, & H_{4,3}, & H_{4,4} \end{bmatrix} \rightarrow \begin{bmatrix} R_{1,1}, & R_{1,2}, & R_{1,3}, & R_{1,4} \\ 0, & H'_{2,2}, & H'_{2,3}, & H'_{2,4} \\ 0, & H'_{3,2}, & H'_{3,3}, & H'_{3,4} \\ 0, & H'_{4,2}, & H'_{4,3}, & H'_{4,4} \end{bmatrix} \tag{4.2.12}$$

式中，$H'_{i,j}$ 是矩阵 $\boldsymbol{H}$ 第 i 行、第 j 列更新过的元素。而 GR 算法不改变每一列的范数，因此当执行第 2 列的分解时，对第 k 列进行排序时需要比较的值为

$$V_k = \sum_{j=i}^{4} (H'_{j,k})^{H} H'_{j,k}, \quad k=2,3,4 \tag{4.2.13}$$

为了获得正确的排序，在每一轮排序时被比较的值一定要根据更新过的矩阵 $\boldsymbol{H}$ 进行计算。这个计算花费了 $\dfrac{2}{3}N^3$ 个实数乘法运算时间。图 4.2.1 展示了本节所提出的 Cholesky 排序 QR 分解算法和传统的算法的不同，其中假定在第 2 轮分解时第 4

列有最小的范数值。在所提出的算法中，排序是在仅仅依赖于对角线元素的矩阵更新之后通过交换行和列来实现的。在传统的算法中，在排序之前需要获得所有 3 列矢量的范数的平方值，再进行列交换。

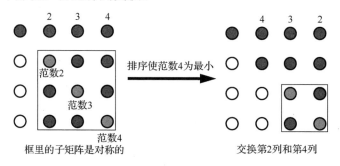

(a) 采用本节算法进行排序QRD

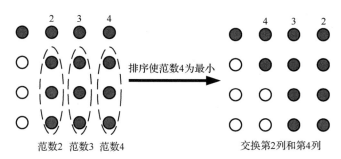

(b) 采用传统算法进行排序QRD

图 4.2.1　Cholesky 排序 QR 分解算法与传统算法的不同

　　和其他用于 MIMO 检测的 Cholesky 分解算法相比[33,36,37]，本节所提出的算法在目的性和实现细节方面都稍有不同。在 ZF-DF 算法和连续干扰消除 (successive interference cancellation，SIC) 检测器中[33,37]，R 的对角线元素需要通过 QR 分解进行计算，Gram 矩阵通过 LDL 算法进行分解，Gram 矩阵被分解成一个对角线元素为 1 的下三角矩阵 L 和一个均为实数元素的对角矩阵 D。分解得到矩阵 D 之后，就可以计算 R 的对角线元素。然而，在 K-best 信号检测算法中，需要计算整个上三角矩阵 $N = 33$，因此，矩阵 R 不能简单地用 LDL 算法来计算，而是需要运用其他算法，那么随后的 K-best 程序就会受到影响。在本节提出的 CHOSLAR 算法中，矩阵 R 和 Q 可以直接通过矩阵分解进行求解，这就使得随后的 K-best 程序的执行可以在极短的时间之后开始。在文献[36]中，Cholesky 算法用于线性 MMSE 信号检测算法中的 Gram 矩阵的分解和求逆。和上述这些算法比起来，在 CHOSLAR 算法中，首先执行 Cholesky QR 分解，然后执行 LR 算法和 K-best 算法，因此该算法可以被应用到非线性算法中，并且有较高的性能。总而言之，本节所提出的算法和其他算法比起

来更有利于随后的 K-best 搜索。除此之外，该算法在分解过程中包含排序操作，和文献[33]、[36]、[37]中的 Cholesky 分解算法比起来，检测器的精确度得到了大大提升。所得矩阵有平整对角元素，有利于随后的 LR 和 K-best 的计算，增加检测的精确度。在传统的 QR 分解中，排序操作用于优化矩阵 $\boldsymbol{R}$[25,28,29,31]，在本节提出的排序 QR 分解算法中，矩阵 $\boldsymbol{H}$ 的每一列的范数在矩阵 $\boldsymbol{A}$ 被调整时已经被计算出来，因此，该算法不需要额外的加法操作，因为矩阵 $\boldsymbol{A}$ 的调整作为 Cholesky 分解过程的一部分已经被执行。而传统的 QR 分解，无论是采用 GR[31]还是 GS 算法[25,28,29]，都是直接用矩阵 $\boldsymbol{H}$ 来实现的，分解的过程是按列操作的，排序操作需要一个额外的步骤来计算剩下未被分解的所有列的范数。

2. PILR

本节提出一个部分迭代格基规约(partial iterative lattice reduction，PILR)的算法，在保持常吞吐率的同时还能降低列交换的次数。该算法采用迭代的方法从倒数第一行到 $N/2+1$ 行依次运行 T 次。在每一次迭代的第 k 步，该算法首先检测式(4.2.6)的西格尔条件，如果条件不符合，依照式(4.2.14)计算参数 μ，round() 为四舍五入函数：

$$\mu = \text{round}(R_{k-1,k}/R_{k-1,k-1}) \tag{4.2.14}$$

其次，$\boldsymbol{R}$ 的第 $k-1$ 列乘以 μ，所得数被第 k 列减去，如式(4.2.15)所示：

$$R_{1:k,k} \leftarrow R_{1:k,k} - \mu R_{1:k,k-1} \tag{4.2.15}$$

信道矩阵 $\boldsymbol{H}$ 做如式(4.2.16)所示的操作：

$$H_{:,k} \leftarrow H_{:,k} - \mu H_{:,k-1} \tag{4.2.16}$$

式(4.2.16)中描述的操作是单次的尺寸规约，以确保西格尔条件可以正确执行。经过单次尺寸规约，$\boldsymbol{R}$ 和 $\boldsymbol{H}$ 中的第 k 列和 $k-1$ 列的元素进行交换以获得 $\hat{\boldsymbol{R}}$ 和 $\hat{\boldsymbol{H}}$，这次交换操作改变了矩阵 $\boldsymbol{R}$ 的三角形式，因此，需要一个 2×2 的 GR 矩阵 $\boldsymbol{\theta}$，即

$$\boldsymbol{\theta} = \begin{bmatrix} a^{\text{H}}, & b^{\text{H}} \\ -b, & a \end{bmatrix} \tag{4.2.17}$$

式中，a 和 b 的大小为

$$a = \frac{\hat{R}_{k-1,k-1}}{\sqrt{\hat{R}_{k-1,k-1}^2 + \hat{R}_{k,k-1}^2}}, \quad b = \frac{\hat{R}_{k,k-1}}{\sqrt{\hat{R}_{k-1,k-1}^2 + \hat{R}_{k,k-1}^2}} \tag{4.2.18}$$

最后，第 k 行和第 $k-1$ 行通过左乘矩阵 $\boldsymbol{\theta}$ 进行更新，以恢复矩阵 $\boldsymbol{R}$ 的三角形式，即

$$\begin{bmatrix} \hat{R}_{k-1,k-1}, & \hat{R}_{k-1,k}, & \cdots \\ 0, & \hat{R}_{k,k}, & \cdots \end{bmatrix} \leftarrow \boldsymbol{\theta} \times \begin{bmatrix} \hat{R}_{k-1,k}, & \hat{R}_{k-1,k-1}, & \cdots \\ \hat{R}_{k,k}, & 0, & \cdots \end{bmatrix} \tag{4.2.19}$$

整体的尺寸规约过程和单步尺寸规约过程很相似，只是对整个矩阵 $\hat{R}$ 进行操作。当执行整体尺寸规约操作时，该算法从 $\hat{R}_{k,k}$ 逐个元素遍历到 $\hat{R}_{1,1}$，例如，图 4.2.2 展示了针对 16×16 MIMO 系统的排序和未经排序的矩阵 R 的每个元素的值。因为经过排序 QR 分解后的对角线元素的值是平整的，所以可以将 LR 算法运用到 R 的右下角的 8×8 的子矩阵。该算法从第 16 列到第 9 列进行迭代。完整的预处理算法包括 Cholesky 排序 QR 分解和 PILR，如算法 4.2.2 所示。

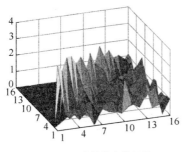

(a) 未经排序的矩阵 R 　　　　　　　　(b) 经过排序的矩阵 R

图 4.2.2　经过排序和未经排序的矩阵 R 的元素值

算法 4.2.2　CHOSLAR 算法

1: 输入：$N \times N$ 的信道矩阵 H；$N \times 1$ 的接收矢量；$N \times 1$ 的每个元素均为 $1+1j$ 矢量；参数 δ；

2: 输出：矩阵 R；矢量 $\hat{y} = Q^{\mathrm{H}} y$；

3: //初始化：

4: 　$A = H^{\mathrm{H}} H$；$\dot{y} = 0.5 \times (y - Hv)$；

5: //排序 QR 分解：

6: **for** $k = 1$；$k \leqslant N-1$；$k+1$ **do**

7: 　　　将 i 以 $A_{i,j} = \underset{d=k,k+1,\cdots,N}{\arg\min} (A_{d,d})$ 进行排序；

8: 　　　交换矩阵 H 的第 i 列与第 k 列以获取矩阵 $\dot{H}$；
　　　　交换矩阵 A 的第 i 行与第 k 行、第 i 列和第 k 列；

9: 　　　$R_{k,k} = \sqrt{A_{k,k}}$；

10: 　　　**for** $j = k$；$j \leqslant N$；$j+1$ **do**

11: 　　　　　$R_{k,j} = A_{k,j}/R_{k,k}$；

12: 　　　**end for**

13: 　　　**for** $m = k+1$；$m \leqslant N$；$m+1$ **do**

14: 　　　　　**for** $n = m$；$n \leqslant N$；$n+1$ **do**

15: 　　　　　　　$A_{m,n} \leftarrow A_{m,n} - R_{k,m}^{\mathrm{H}} R_{k,n}$；

16: 　　　　　**end for**

17: 　　　**end for**

18: **end for**

19: $R_{N,N} = \sqrt{A_{N,N}}$;// 获得矩阵 $\boldsymbol{R}$

20: //PILR：

21: **for** $t=1$; $t \leqslant T$; $t+1$ **do**

22: 　　**for** $k = N$; $k \geqslant N/2+1$; $k-1$ **do**

23: 　　　　**if** $\delta |R_{k-1,k-1}| > |R_{k,k}|$ **then**

24: 　　　　　　$\mu = R_{k-1,k}/R_{k-1,k-1}$;

25: 　　　　　　$R_{1:k,k} \leftarrow R_{1:k,k} - \mu R_{1:k,k-1}$; $\dot{H}_{:,k} \leftarrow \dot{H}_{:,k} - \mu \dot{H}_{:,k-1}$;

26: 　　　　　　交换矩阵 $\boldsymbol{R}$ 和矩阵 $\dot{\boldsymbol{H}}$ 的第 k 列与第 $k-1$ 列以获得 $\hat{\boldsymbol{R}}$ 和 $\hat{\boldsymbol{H}}$;

27: 　　　　　　$a = \dfrac{\hat{R}_{k-1,k-1}}{\sqrt{\hat{R}_{k-1,k-1}^2 + \hat{R}_{k,k-1}^2}}$; $b = \dfrac{\hat{R}_{k,k-1}}{\sqrt{\hat{R}_{k-1,k-1}^2 + \hat{R}_{k,k-1}^2}}$;

28: 　　　　　　$\theta = \begin{bmatrix} a^H & b^H \\ -b & a \end{bmatrix}$;

29: 　　　　　　更新矩阵 $\hat{\boldsymbol{R}}$ 的第 k 行和第 $k-1$ 行，

$$\begin{bmatrix} \hat{R}_{k-1,k-1} & \hat{R}_{k-1,k} & \cdots \\ 0 & \hat{R}_{k,k} & \cdots \end{bmatrix} \leftarrow \theta \times \begin{bmatrix} \hat{R}_{k-1,k} & \hat{R}_{k-1,k-1} & \cdots \\ \hat{R}_{k,k} & 0 & \cdots \end{bmatrix} ;$$

30: 　　　　**end if**

31: 　　**end for**

32: **end for**

33: // 全尺寸规约：

34: **for** $m = N-1$; $m \geqslant 2$; $m-1$ **do**

35: 　　**for** $n = m+1$; $n \leqslant N$; $n+1$ **do**

36: 　　　　$\mu = \text{round}(\hat{R}_{k-1,k}/\hat{R}_{k-1,k-1})$;

37: 　　　　$\hat{R}_{1:k,k} \leftarrow \hat{R}_{1:k,k} - \mu \hat{R}_{1:k,k-1}$;

38: 　　　　$\hat{H}_{:,k} \leftarrow \hat{H}_{:,k} - \mu \hat{H}_{:,k-1}$;

39: 　　**end for**

40: **end for**

41: // 矩阵 $\hat{\boldsymbol{R}}$ 的求逆：

42: **for** $i = N$; $i \geqslant 2$; $i-1$ **do**

43: 　　$R^{\text{inv}}_{i,i} = 1/\hat{R}_{i,i}$;

44: 　　**for** $j = i+1$; $j \leqslant N$; $j+1$ **do**

45: 　　　　$R^{\text{inv}}_{i,j} = -\left(\sum_{k=j}^{N} \hat{R}_{i,k} R^{\text{inv}}_{k,j} \right) R^{\text{inv}}_{i,i}$;

46: 　　**end for**

47: **end for**

48: // 后矢量计算：

49: $\hat{\boldsymbol{y}} = (\boldsymbol{R}^{\text{inv}})^H (\hat{\boldsymbol{H}}^H \dot{\boldsymbol{y}})$

在文献[38]中，传统的 LR 和部分 LR 操作被用于优化矩阵 $\boldsymbol{R}$ 。首先，传统的算法中用单位矩阵 $\boldsymbol{T}$ 作为所有列调整的迹，这里，信道矩阵 $\boldsymbol{H}$ 可以直接使用。其次，当执行整体尺寸规约时，原始的 LR[33] 和部分 LR[38] 算法逐个元素从 $\hat{R}_{1,1}$ 遍历到 $\hat{R}_{k,k}$，而本节所提算法是按相反的方向操作的，从而有更大的可能按行操作，以提高并行性。在第 5 章中将会提到，该算法可以实现高吞吐率的 ASIC 硬件架构设计，由此证明它的高并行性。最后，在传统的 LR 算法中，整个矩阵 $\hat{R}$ 都需要被调整，而本节所提算法将 LR 算法和排序 QR 分解结合起来，两者都需要调整矩阵 $\hat{R}$ 使其拥有更多有利的特性，PILR 算法采用迭代的方法从倒数第一行到 $N/2+1$ 行依次运行 T 次，该算法利用了这一特点并将其结合起来，以降低列交换的总次数。

4.2.5　改进 K-best 检测器及其性能仿真

基于前面所提出的预处理算法，本节采用 $K=10$ 的改进 K-best 检测器。该检测器分为 N 个阶段来求解输出信号 $\hat{s}$。以 16×16 的 MIMO 系统为例，搜索树如图 4.2.3 所示。在阶段 1，计算出一个近似解 $\hat{s}_N$，如式 (4.2.20) 所示。

$$\hat{s}_N = \hat{y}_N / \hat{R}_{N,N} \tag{4.2.20}$$

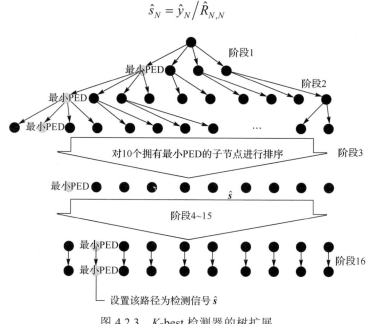

图 4.2.3　K-best 检测器的树扩展

然后，按一定的顺序获得在 64-QAM 星座图中最接近于 $\hat{s}_N$ 的 4 个高斯整数，如图 4.2.4 所示。这 4 个点以基于 PED 上升的顺序作为阶段 2 的父节点。在阶段 2，4 个父节点依次执行干扰消除的操作，然后，最小 PED 的父节点采用和阶段 1 同样的方法扩展出 4 个子节点，其余 3 个父节点以一定的顺序分别扩展出 2 个子节点。这 10 个以它们的 PED 升序排列的子节点作为阶段 3 的父节点，阶段 3~15 在结构上是相似的。首先，10 个父节点依次执行干扰消除操作，其次，拥有最小 PED 的父

节点扩展出 4 个子节点，其余父节点分别扩展出 2
个子节点，然后，选出 10 个拥有最小 PED 的子节点
作为下一阶段的父节点。在最后一个阶段，执行完干
扰消除后，每个父节点只扩展出 1 个子节点，最后，
选出拥有最小 PED 的子节点作为最终的解，该子节
点对应的路径作为输出信号 $\hat{s}$ 。

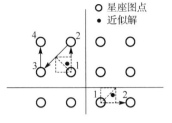

图 4.2.4　星座点的枚举方式

　　下面对 BER 进行仿真，以估计该算法的性能。
所有的算法均考虑 64-QAM 调制的高阶 MIMO 系统，
并采用码率为 1/2 的随机交织的卷积码[1,5]。编码的符号数为 120，帧数为 100000。
信道为独立同分布瑞利衰减信道，在接收端定义 SNR。图 4.2.5(a) 比较了 16×16
MIMO 系统中全矩阵 LR 和 PILR 算法在不同迭代次数下的 BER 性能。可以看出，
$K=10$ 时排序减少的 K-best 信号检测算法在迭代次数为 3 时已经可以实现近似最优
的性能。因此，当本节所提的右下角 8×8 PILR 算法专门针对 16×16 MIMO 系统定
制化时，该算法以迭代的方式从最后一行到第 9 行遍历 3 次，图 4.2.5(b) 比较了采
用 CHOSLAR 预处理的 K-best 信号检测算法不同 K 值($K=8,10,12$)下的 BER 性能，
可以看出，与 ML 和 CHOSLAR($K=12$)算法比较，CHOSLAR($K=10$)算法分别
有 1.44dB 和 0.53dB 的性能损失(BER 为 10^{-5})，是在可接受范围的。然而，当 $K=8$
时，与 ML 算法比起来有 3.46dB 的性能损失，所以本节采用 $K=10$ 。图 4.2.5(c) 比
较了 64-QAM 调制下 16×16 MIMO 系统不同检测算法($K=10$)的 BER 性能。和
ML 算法比起来，本节采用的 CHOSLAR 预处理 K-best 算法在 BER 为 10^{-5} 时有 1.44dB
的性能损失，与采用排序 QR 分解和 LR 的 K-best 算法(0.89dB)以及采用 QR 分解
和 LR 的 K-best 算法(1.2dB)的性能损失很接近[24]。除此之外，本节所采用算法的性
能和文献[26]、[28]中的采用排序 QR 分解的 K-best 算法(3.37dB)，文献[29]中采用
QR 分解的 K-best 算法(3.88dB)，文献[39]中采用简化 QR 分解的 K-best 算法
(4.96dB)，文献[25]中 MMSE-LR 算法(超过 8dB)以及 MMSE 算法(超过 8dB)都是
具有可比性的。同时，图 4.2.5(c) 证明了采用排序 QR 分解和 LR 结合的算法的性能
要明显优于只采用排序 QR 分解的算法的性能。需要注意的是，仿真结果是基于
64-QAM 调制的，所以不支持 TASER 算法[10]。

　　上述的仿真结果全都基于 16×16 MIMO 系统，可以看出本节所采用的
CHOSLAR 算法在 BER 性能方面具有巨大优势。为了证明所采用算法在更高阶
MIMO 系统和不同的调制类型下都具有优势，图 4.2.6 展示了该算法在不同仿真类
型下的 BER 性能。图 4.2.6(a) 和(b) 分别比较了 64-QAM 调制下 64×64 和 128×128
MIMO 系统下的 BER 性能。因为 ML 信号检测算法在 64×64 和 128×128 MIMO 系统
下的复杂度极高，所以图中并没有呈现 ML 信号检测算法的仿真结果。由图 4.2.6(a)

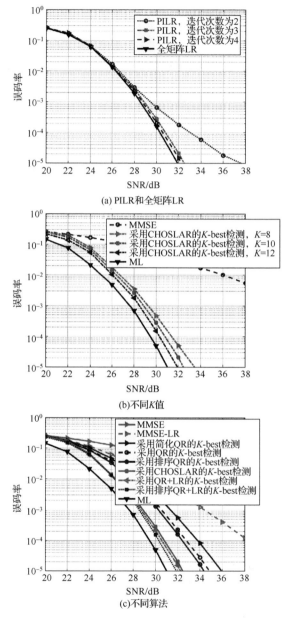

图 4.2.5 BER 性能比较(见彩图)

可以看出,与 64×64 MIMO 系统下采用排序 QR 分解和 LR 算法的 K-best 信号检测算法比起来,所采用算法有 0.77dB 的性能损失,而图 4.2.6(b)中128×128 MIMO系统下有 1.41dB 的性能损失。除此之外,所采用算法的 BER 性能要优于文献[25]、[26]、[28]、[39]中所提的算法。所以,所采用的 CHOSLAR 算法在更高阶 MIMO 系统下保持了它的优势。图 4.2.6(c) 展示了更高阶调制(256-QAM) 的 BER 性能。K-best 信号检测算法采用 $K=14$。根据图 4.2.6(c)，所采用 CHOSLAR 算法在保持它的优势的同时只有 1.01dB 的性能损失。

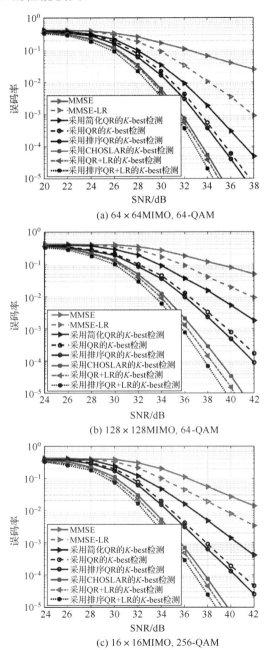

图 4.2.6　不同配置和不同调制方式下的 BER 性能比较(见彩图)

　　虽然目前针对所采用算法只讨论了接收端天线数与发送端天线数相等的对称 MIMO 系统，对于接收端天线数大于发送端天线数的非对称的 MIMO 系统[40]，该算法同样适用。纵观整个算法，QR 分解转化为 Cholesky 分解，接收端天线数只影响初始化阶段（算法 4.2.2 的第 4 行）和矩阵 **H** 的更新与列交换过程（算法 4.2.2 的第 8、25、26、38 行），随着接收端天线数的增加（超过发送端天线数），这些元素的处理过程会受到影响。初始化只有简单的矩阵和矢量乘法，依旧可以实现，而矩阵 **H** 的更新和列交换过程只基于矩阵 **H** 的单个列，同样可以实现，因此，所采用 CHOSLAR 算法同样适用于非对称 MIMO 系统。图 4.2.7（a）展示了非对称（16×32）MIMO 系统的 BER 性能。结果显示 CHOSLAR 算法同样适用于非对称 MIMO 系统，即依旧保持了它的优势。

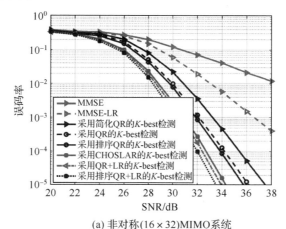

(a) 非对称(16×32)MIMO系统

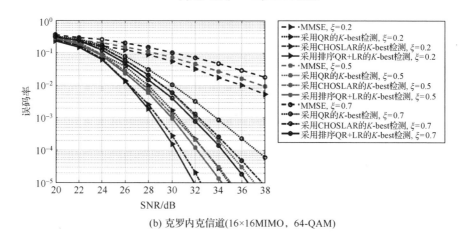

(b) 克罗内克信道(16×16MIMO，64-QAM)

图 4.2.7　BER 性能比较（见彩图）

　　为了更好地反映不同信道特征如何影响算法和仿真结果，这里采用克罗内克信

道模型对性能进行估计[5]。该信道模型信道矩阵的元素遵循形式为 $N(0, d(z)\boldsymbol{I}_B)$ 的分布，其中 $d(z)$ 代表信道衰减(如路径衰减和遮蔽)。采用经典的路径衰减模型，信道衰减变量 $d(z) = C/\|z - b\|^{\kappa}$，其中 $b \in \mathbf{R}^2$、κ 和 $\|\cdot\|$ 分别代表基站的位置、路径衰减指数和欧氏范数。C 代表的独立遮蔽衰减满足 $10\lg C \sim N(0, \sigma_{\mathrm{sf}}^2)$。克罗内克信道模型另外一个不同的特征是它对信道相关性的考量。$\boldsymbol{R}_r$ 与 $\boldsymbol{R}_t$ 分别代表接收天线的信道相关参数和发送天线的信道相关参数。采用指数相关模型[5]，ξ 代表相关因子，因此信道矩阵 $\boldsymbol{H}$ 可以表示为

$$\boldsymbol{H} = \boldsymbol{R}_r^{1/2} \boldsymbol{H}_{\mathrm{i.i.d.}} \sqrt{d(z)} \boldsymbol{R}_t^{1/2} \tag{4.2.21}$$

式中，$\boldsymbol{H}_{\mathrm{i.i.d.}}$ 为每一项元素均为均值为 0、方差为 1 的独立同分布的复高斯分布的随机矩阵。在仿真过程中，每个六角形单元的半径 $r = 500\mathrm{m}$，用户位置 $z \in \mathbf{R}^2$ 独立且随机。仿真同时采用下面的假设：$\kappa = 3.7$，$\sigma_{\mathrm{sf}}^2 = 5$，发送功率 $\rho = r^{\kappa}/2$。图 4.2.7(b) 比较了采用三个不同相关因子($\xi = 0.2$，0.5，0.7)的克罗内克信道模型的算法的 BER 性能。根据图 4.2.7(b)，CHOSLAR 算法在此实际模型下依旧保持了它的优势。

4.2.6　总结和分析

本节比较 CHOSLAR 算法和其他算法(GS、GR 和 HT)的计算复杂度和并行性，文献[8]中进行了具体的总结。分析表明，计算复杂度的大部分要归因于 QR 分解和 LR 过程。本节算法采用复数系统，而 QR 分解算法的复杂度用所需要的实数操作数来表示。在 QR 分解的计算复杂度中，实数乘法(real-valued multiplication，RMUL)和实数加法(real-valued addition，RADD)占主要部分。在文献[27]、[39]中，假设实数除法和平方根的操作等同于 RMUL。一个复数乘法操作需要 4 个RMUL 和 2 个 RADD，而一个复数加法操作需要 2 个 RADD。表 4.2.1 列出了 GS、GR、HT 和 Cholesky 排序 QR 分解算法所需要的实数操作的数目。所采用的Cholesky 排序 QR 分解算法包括两部分：$\boldsymbol{H}^{\mathrm{H}}\boldsymbol{H}$ 的矩阵乘法和 Gram 矩阵 $\boldsymbol{A}$ 的分解。$\boldsymbol{H}^{\mathrm{H}}\boldsymbol{H}$ 的矩阵乘法需要 $2N^3 + 2N^2$ 个 RMUL 和 $N^3 - N$ 个 RADD，因为它需要共轭对称矩阵乘法。矩阵 $\boldsymbol{A}$ 的 Cholesky 分解需要 $N^3 - 2N^2 + 5N$ 个 RMUL 和 $N^3 - 3N^2 + 3N$ 个 RADD。因为 GR 中不需要直接计算矩阵 $\boldsymbol{Q}$，所以在表 4.2.1 中省略了它的计算复杂度。为了在每个算法中执行排序操作，需要额外的 $\dfrac{2}{3}N^3$ 个 RMUL[31]。由表 4.2.1可以看出，与其他算法相比，所采用的 Cholesky 排序 QR 分解算法的计算复杂度较低。例如，当 $N = 16$ 时，与 GS、GR 及 HT 算法比起来，该算法所需要的 RMUL 的数目依次减少了 25.1%、44.6%和 93.2%，RADD 的数目依次减少了 55.1%、58.9%和 95.2%。

表 4.2.1　　大规模 MIMO 系统中不同非线性检测算法的计算复杂度

算法	实数加法	实数乘法
GS	$4N^3+N^2-2N$	$\dfrac{14}{3}N^3+4N^2+N$
GR	$4N^3+\dfrac{15}{2}N^2-\dfrac{23}{2}N$	$\dfrac{18}{3}N^3+\dfrac{23}{2}N^2-\dfrac{107}{6}N$
HT	$2N^4+5N^3+\dfrac{21}{2}N^2$	$\dfrac{8}{3}N^4+\dfrac{22}{3}N^3+14N^2$
Cholesky 排序 QR 分解	$2N^3-3N^2+2N$	$\dfrac{11}{3}N^3+5N$

图 4.2.8 为在16×16 MIMO 系统中采用非排序 QR 分解的 LR 算法与采用排序 QR 分解的 LR 算法的平均列交换次数和最大列交换次数的仿真结果。结果显示,采用排序 QR 分解的算法列交换的次数减少, 所采用的具有常吞吐率的 PILR 算法需要 3 次迭代, 每次迭代需要 8 次矩阵交换, 因此, 一共需要 24 次矩阵交换, 要少于整个矩阵进行 LR 的算法的 44 次矩阵交换(减少 45.5%)。行更新所需要的乘法数也有所减少, 因为矩阵交换的次数减少, 所以只需要在三角矩阵的右下角执行 PILR。在16×16 MIMO 系统中,LR 和 PILR 算法中所需乘法的平均数目分别为3960 和 1296, 即所采用的 PILR 算法可以减少 67.3%的乘法数目。在 K-best 计算中, 为了实现同样的检测精度, 所采用的 K-best 信号检测算法在每个阶段只需要 33 个比较器, 而未经排序的算法每个阶段需要 216 个比较器, 即每个阶段的比较器数目减少了 84.7%。

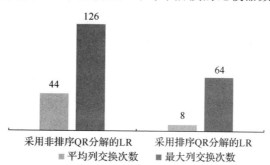

图 4.2.8　采用非排序 QR 分解的 LR 和采用排序 QR 分解的 LR 的列交换比较

考虑到硬件实现的并行性, 所采用的 Cholesky 排序 QR 分解算法可以一次消除矩阵 **A** 的一整列, 而常用的基于成对的 CORDIC 的 GR 算法一次只能消除矩阵 **H** 的一个元素, 同时, 在消除新的一列元素之前, 左边列的元素必须已经被消除。这些消除之间的相关性限制了它的并行性, 特别是在高阶 MIMO 系统中用户和天线数增加时, 这种现象尤甚。例如, 对于一个16×16的矩阵, 基于成对的 CORDIC 的 GR 算法需要 4 轮才能消除第一列的所有元素。因此, 和传统的 QR 分解相比, 所采用的 Cholesky 排序 QR 分解算法可以实现更高的并行度和更低的预处理延时，除此之外，LR 算法中的尺寸规约过程的并行度也有所提升，因为矩阵 $\boldsymbol{H}$ 和 $\boldsymbol{R}$ 的列更新是按行实现的，而不是按元素实现的。

4.3　TASER 算法

4.3.1　系统模型

TASER 算法适用于两个场景：一是 MU-MIMO 无线系统的相干数据检测；二是大规模单输入多输出 (single-input multiple-output，SIMO) 无线系统的联合信道估计和数据检测 (joint channel estimation and data detection，JED)。

首先考虑第一个适用场景，即 MU-MIMO 无线系统的相干数据检测。信道模型如式 (4.1.1) 所示，ML 检测如式 (4.1.3) 所示，假设信道矩阵 $\boldsymbol{H}$ 已经估计得出。

针对传统的小规模 MIMO 系统，文献 [19] 提出了一系列的 SD 算法，然而，这些算法的计算复杂度是随着发送端天线数 N_t 呈指数增长的，因此不适用于大规模 MIMO 系统。当大规模 MU-MIMO 系统的接收端天线数和发送端天线数之比超过 2 时，最新提出的一些线性算法可以实现近似 ML 的性能 [3]。然而，当发送端天线数增多，使得接收端天线数和发送端天线数之比接近 1 时，这些线性算法的 BER 性能已然恶化到难以接受 [3]。

为了确保在此应用场景下，在保证低复杂度的同时达到近似最优的性能，这里将 ML 问题中的式 (4.1.3) 松弛为一个半定问题 (semidefinite program，SDP) [11]，在松弛的过程中需要重写 ML 检测问题。假定调制模式固定为 QAM 调制，如二进制相移键控 (binary phase shift keying，BPSK) 和正交相移键控 (quadrature phase shift keying，QPSK)。首先将系统模型转化为实数域的分解，如式 (4.3.1) 所示。

$$\bar{\boldsymbol{y}} = \bar{\boldsymbol{H}}\bar{\boldsymbol{s}} + \bar{\boldsymbol{n}} \tag{4.3.1}$$

式中，各部分的定义为

$$\bar{\boldsymbol{y}} = \begin{bmatrix} \mathrm{Re}\{\boldsymbol{y}\} \\ \mathrm{Im}\{\boldsymbol{y}\} \end{bmatrix}, \quad \bar{\boldsymbol{H}} = \begin{bmatrix} \mathrm{Re}\{\boldsymbol{H}\} & -\mathrm{Im}\{\boldsymbol{H}\} \\ \mathrm{Im}\{\boldsymbol{H}\} & \mathrm{Re}\{\boldsymbol{H}\} \end{bmatrix}$$

$$\bar{\boldsymbol{s}} = \begin{bmatrix} \mathrm{Re}\{\boldsymbol{s}\} \\ \mathrm{Im}\{\boldsymbol{s}\} \end{bmatrix}, \quad \bar{\boldsymbol{n}} = \begin{bmatrix} \mathrm{Re}\{\boldsymbol{n}\} \\ \mathrm{Im}\{\boldsymbol{n}\} \end{bmatrix} \tag{4.3.2}$$

式 (4.3.1) 的分解使得 ML 问题可以写为

$$\bar{\boldsymbol{s}}^{\mathrm{ML}} = \underset{\tilde{\boldsymbol{s}} \in \chi N}{\arg\min} \mathrm{Tr}(\tilde{\boldsymbol{s}}^{\mathrm{H}} \boldsymbol{T} \tilde{\boldsymbol{s}}) \tag{4.3.3}$$

对于 QPSK，$\boldsymbol{T} = [\bar{\boldsymbol{H}}^{\mathrm{H}}\bar{\boldsymbol{H}}, -\bar{\boldsymbol{H}}^{\mathrm{H}}\bar{\boldsymbol{y}}; -\bar{\boldsymbol{y}}^{\mathrm{H}}\bar{\boldsymbol{H}}, \bar{\boldsymbol{y}}^{\mathrm{H}}\bar{\boldsymbol{y}}]$ 为 $N \times N$（$N = 2N_t + 1$）的矩阵，$\tilde{\boldsymbol{s}} = [\mathrm{Re}\{\boldsymbol{s}\}; \mathrm{Im}\{\boldsymbol{s}\}; 1]$，其元素取值范围 $\chi \in \{-1, +1\}$。这样，解 $\bar{\boldsymbol{s}}^{\mathrm{ML}}$ 就可以重新转化为复数

域 上 的 解 $[\hat{s}^{\mathrm{ML}}]_i = [\overline{s}^{\mathrm{ML}}]_i + \mathrm{j}[\overline{s}^{\mathrm{ML}}]_{i+U}, i = 1, \cdots, U$ 。 对 于 BPSK ， $\boldsymbol{T} = [\underline{\boldsymbol{H}}^{\mathrm{H}}\underline{\boldsymbol{H}}, -\underline{\boldsymbol{H}}^{\mathrm{H}}\overline{\boldsymbol{y}};$ $-\overline{\boldsymbol{y}}^{\mathrm{H}}\underline{\boldsymbol{H}}, \overline{\boldsymbol{y}}^{\mathrm{H}}\overline{\boldsymbol{y}}]$ 为 $N \times N$ （ $N = N_t + 1$ ）的矩阵， $\tilde{s} = [\mathrm{Re}\{s\};1]$ 。 定 义 $2N_r \times N_t$ 的 矩 阵 $\underline{\boldsymbol{H}} = [\mathrm{Re}\{\boldsymbol{H}\}; \mathrm{Im}\{\boldsymbol{H}\}]$ 。此时有 $\mathrm{Im}\{s\} = 0$ ， 故 $[\hat{s}^{\mathrm{ML}}]_i = [\overline{s}^{\mathrm{ML}}]_i, i = 1, \cdots, U$ 。

　　第二个适用场景是大规模 SIMO 无线系统中的 JED。假设单个用户的发送时隙为 $K+1$ ，接收端天线数为 N_r ，窄带平坦衰减的 SIMO 无线信道的系统模型为[41]

$$\boldsymbol{Y} = \boldsymbol{h}s^{\mathrm{H}} + \boldsymbol{N} \tag{4.3.4}$$

式中， $\boldsymbol{Y} \in \boldsymbol{C}^{N_r + (K+1)}$ 是在 $K+1$ 时隙中获得的接收矢量； $\boldsymbol{h} \in \boldsymbol{C}^{N_r}$ 是未知的 SIMO 信道矢量，并且假定其在 $K+1$ 时隙中保持不变。 $s^{\mathrm{H}} \in \boldsymbol{O}^{1 \times (K+1)}$ 是包含 $K+1$ 时隙中所有数据符号的发送矢量， $\boldsymbol{N} \in \boldsymbol{C}^{N_r \times (K+1)}$ 是独立同分布的循环对称的高斯噪声，方差为 N_0 。ML JED 问题可以表述为[41]。

$$\{\hat{s}^{\mathrm{JED}}, \hat{\boldsymbol{h}}\} = \underset{s \in \boldsymbol{O}^{K+1}, \boldsymbol{h} \in \boldsymbol{C}^B}{\arg\min} \left\| \boldsymbol{Y} - \boldsymbol{h}s^{\mathrm{H}} \right\|_{\mathrm{F}} \tag{4.3.5}$$

　　注意 JED 的两个输出均存在相位多值性，即对于某一相位 ϕ ，若 $\hat{s}^{\mathrm{ML}}\mathrm{e}^{\mathrm{j}\phi} \in \mathcal{O}^{K+1}$ ，那么 $\hat{\boldsymbol{h}}\mathrm{e}^{\mathrm{j}\phi}$ 也是其中的一个解。为了避免出现此问题，在此假设第一个发送项已被接收端所知。

　　因为假设 s 是以固定模式进行调制的矢量（如 BPSK 和 QPSK），所以发送矢量的 ML JED 估计可以表述为[41]。

$$\hat{s}^{\mathrm{JED}} = \underset{s \in \boldsymbol{O}^{K+1}}{\arg\max} \|\boldsymbol{Y}s\|_2 \tag{4.3.6}$$

$\hat{\boldsymbol{h}} = \boldsymbol{Y}\hat{s}^{\mathrm{JED}}$ 是对信道矢量的估计。当时隙值 $K+1$ 很小时，式(4.3.6)可以用低复杂度的 SD 算法精确求出[41]。然而，当时隙值很大时，SD 算法的复杂度将会变得很高。对比前述式(4.3.3)的相干 ML 检测算法，由线性算法来近似求解式(4.3.6)同样不可取，因为将约束 $s \in \boldsymbol{O}^{K+1}$ 松弛为 $s \in \boldsymbol{C}^{K+1}$ 后， s 的每一项的可能值是无穷的。

　　下面将式(4.3.6)的 ML JED 问题松弛为与式(4.3.3)的相干 ML 问题统一为 SDR 问题。前述已经假定第一个发送端的符号 s_0 是已知的，那么有 $\|\boldsymbol{Y}s\|_2 = \|y_0 s_0 + \boldsymbol{Y}_r s_r\|_2$ ，其中 $\boldsymbol{Y}_r = [y_1, \cdots, y_K]$ ， $s_r = [s_1, \cdots, s_K]^{\mathrm{H}}$ 。和相干 ML 问题相似，在此将其转化为实数域上的分解，首先定义

$$\overline{\boldsymbol{y}} = \begin{bmatrix} \mathrm{Re}\{y_0 s_0\} \\ \mathrm{Im}\{y_0 s_0\} \end{bmatrix}, \ \overline{\boldsymbol{H}} = \begin{bmatrix} \mathrm{Re}\{\boldsymbol{Y}_r\} & -\mathrm{Im}\{\boldsymbol{Y}_r\} \\ \mathrm{Im}\{\boldsymbol{Y}_r\} & \mathrm{Re}\{\boldsymbol{Y}_r\} \end{bmatrix}, \ \overline{\boldsymbol{s}} = \begin{bmatrix} \mathrm{Re}\{s_r\} \\ \mathrm{Im}\{s_r\} \end{bmatrix} \tag{4.3.7}$$

　　由式(4.3.7)可得 $\|y_0 s_0 + \boldsymbol{Y}_r s_r\|_2 = \|\overline{\boldsymbol{y}} + \overline{\boldsymbol{H}}\,\overline{\boldsymbol{s}}\|_2$ 。式(4.3.6)就可以写成与式(4.3.3)相同的形式，即

$$\overline{\boldsymbol{s}}^{\mathrm{JED}} = \underset{\tilde{s} \in \chi N}{\arg\min} \mathrm{Tr}(\tilde{s}^{\mathrm{T}} \boldsymbol{T} \tilde{s}) \tag{4.3.8}$$

　　对于 QPSK ， $\boldsymbol{T} = -[\overline{\boldsymbol{H}}^{\mathrm{H}}\overline{\boldsymbol{H}}, \overline{\boldsymbol{H}}^{\mathrm{H}}\overline{\boldsymbol{y}}; \overline{\boldsymbol{y}}^{\mathrm{H}}\overline{\boldsymbol{H}}, \overline{\boldsymbol{y}}^{\mathrm{H}}\overline{\boldsymbol{y}}]$ 是 $N \times N$ （ $N = 2K+1$ ）的矩阵， $\tilde{s} = [\mathrm{Re}\{s_r\}; \mathrm{Im}\{s_r\}; 1]$ ，其元素取值范围 $\mathcal{X} \in \{-1, +1\}$ 。对于 BPSK ， $\boldsymbol{T} = -[\underline{\boldsymbol{H}}^{\mathrm{H}}\underline{\boldsymbol{H}}, \underline{\boldsymbol{H}}^{\mathrm{H}}\overline{\boldsymbol{y}};$

$\overline{\boldsymbol{y}}^H \underline{\boldsymbol{H}}, \overline{\boldsymbol{y}}^H \overline{\boldsymbol{y}}]$ 是 $N \times N$ ($N = K+1$) 的矩阵，$\tilde{\boldsymbol{s}} = [\text{Re}\{\boldsymbol{s}_r\};1]$。定义 $2N \times K$ 的矩阵 $\underline{\boldsymbol{H}} = [\text{Re}\{\boldsymbol{Y}_r\};\text{Im}\{\boldsymbol{Y}_r\}]$。和相干 ML 问题相似，解 $\overline{\boldsymbol{s}}^{\text{JED}}$ 可以转化为复数域上的解。

下面介绍如何用相同的基于 SDR 的算法来近似求解式 (4.3.3) 和式 (4.3.8)。

4.3.2   半定松弛

SDR 以求解相干 ML 问题为人所知[11]。对于使用 BPSK 和 QPSK 调制的系统，它能够显著降低其计算复杂度。SDR 不仅可以提供近似 ML 的性能，并且可以实现和 ML 检测器相同的分集数量级[12]。与此同时，像前述所说的用 SDR 来解决 ML JED 问题还不多见。

基于 SDR 的数据检测首先将式 (4.3.3) 和式 (4.3.8) 改写为式 (4.3.9) 的形式[11]，即

$$\hat{\boldsymbol{S}} = \underset{\boldsymbol{S} \in \mathbf{R}^{N \times N}}{\arg\min} \text{Tr}(\boldsymbol{TS}), \text{ s.t. diag}(\boldsymbol{S}) = 1, \text{ rank}(\boldsymbol{S}) = 1 \qquad (4.3.9)$$

式中，$\text{Tr}(\boldsymbol{s}^H \boldsymbol{Ts}) = \text{Tr}(\boldsymbol{Tss}^H) = \text{Tr}(\boldsymbol{TS})$，$\boldsymbol{S} = \boldsymbol{ss}^H$ 是秩为 1 的矩阵，$\boldsymbol{s} \in \mathcal{X}^N$，维度为 N。但是，式 (4.3.9) 中秩为 1 的约束使得该式和式 (4.3.3) 与式 (4.3.8) 一样复杂，所以 SDR 的关键是松弛秩这一约束，使得 SDR 可以在多项式时间内求解。将 SDR 应用于式 (4.3.9)，就得到式 (4.3.10) 所示的著名的优化问题[11]。

$$\hat{\boldsymbol{S}} = \underset{\boldsymbol{S} \in \mathbf{R}^{N \times N}}{\arg\min} \text{Tr}(\boldsymbol{TS}), \text{ s.t. diag}(\boldsymbol{S}) = 1, \boldsymbol{S} \geq 0 \qquad (4.3.10)$$

约束 $\boldsymbol{S} \geq 0$ 使得 $\boldsymbol{S}$ 为半正定 (positive semidefinite，PSD) 矩阵。如果式 (4.3.10) 所得结果的秩为 1，那么 $\hat{\boldsymbol{S}} = \hat{\boldsymbol{s}}\hat{\boldsymbol{s}}^H$ 中的 $\hat{\boldsymbol{s}}$ 就是对式 (4.3.3) 和式 (4.3.8) 的精确估计，即 SDR 按照最优的方法解决了原始的问题。如果 $\hat{\boldsymbol{S}}$ 的秩大于 1，那么可以通过取 $\hat{\boldsymbol{S}}$ 的先导特征矢量的符号或者采用随机方案来获取对 ML 解的估计值[11]。

4.3.3   算法分析

下面介绍一种新的用于近似求解如式 (4.3.10) 所呈现的 SDP 问题的算法——TASER。

TASER 算法是建立在实数域的 PSD 矩阵 $\boldsymbol{S} \geq 0$ 可以利用 Cholesky 分解 $\boldsymbol{S} = \boldsymbol{L}^H \boldsymbol{L}$ 进行因式分解这一事实上的，其中 $\boldsymbol{L}$ 是 $N \times N$ 的主对角线均为非负项的下三角矩阵。因此，可以将式 (4.3.10) 的 SDP 问题转化为

$$\hat{\boldsymbol{L}} = \underset{\boldsymbol{L}}{\arg\min} \text{Tr}(\boldsymbol{LTL}^H), \text{ s.t. } \|\boldsymbol{l}_k\|_2 = 1, \forall k \qquad (4.3.11)$$

式 (4.3.11) 用二范数约束来替代式 (4.3.10) 中的 diag$(\boldsymbol{L}^H \boldsymbol{L}) = 1$，其中 $\boldsymbol{l}_k = [\boldsymbol{L}]_k$。取式 (4.3.11) 中所得解 $\hat{\boldsymbol{L}}$ 的最后一行的符号位来作为式 (4.3.3) 和式 (4.3.8) 中的问题的解，因为如果 $\hat{\boldsymbol{S}} = \hat{\boldsymbol{L}}^H \hat{\boldsymbol{L}}$ 的秩为 1，那么 $\hat{\boldsymbol{L}}$ 的最后一行作为唯一的矢量，一定包含相关的特征矢量。如果 $\hat{\boldsymbol{S}} = \hat{\boldsymbol{L}}^H \hat{\boldsymbol{L}}$ 的秩大于 1，那么就需要提取出近似的 ML 解。文献[42]

中提出，取 Cholesky 分解所得结果的最后一行可以作为 PSD 矩阵的秩为 1 的近似。在接下来的第 5 章中，仿真结果也证明这种近似所能达到的性能接近于由特征值分解所得精确的 SDR 检测器。这种近似的方法避免了传统方案中特征值的分解和随机求解，因此降低了复杂度。

一个有效的算法被提出用来直接解决式(4.3.11)的三角 SDP，然而，式(4.3.11) 的矩阵 L 是非凸的，因此寻找最优解变得很困难。针对 TASER 算法，这里应用一个专门解决凸优化问题的方法——预处理前后划分(forward-backward splitting, FBS) 方法来解决式(4.3.11)的非凸问题[14]。这个方法不能保证针对式(4.3.11)的非凸问题能收敛到最佳解，因此，在第 5 章会证明 TASER 算法将收敛到一个关键点，同时仿真结果也证明此方法可以保证近似 ML 的 BER 性能。

FBS 是一个能有效解决凸优化问题的迭代方法，它的形式为 $\hat{x} = \arg\min_x f(x) + g(x)$，其中 f 是光滑的凸函数，g 是凸函数，但不一定是光滑或有界的。FBS 求解公式为[13,14]

$$x^{(t)} = \text{prox}_g(x^{(t-1)} - \tau^{(t-1)}\nabla f(x^{(t-1)}); \tau^{(t-1)}), \ t = 1, 2, \cdots \tag{4.3.12}$$

式(4.3.12)的停止条件为达到收敛或者最大迭代次数 $t_{\max}$。$\{\tau^{(t)}\}$ 是步长参数序列，$\nabla f(x)$ 是函数 f 的梯度函数，函数 g 的临近算子定义为[13,14]

$$\text{prox}_g(z; \tau) = \arg\min_x \left\{ \tau g(x) + \frac{1}{2}\|x - z\|_2^2 \right\} \tag{4.3.13}$$

为了用 FBS 近似解决式(4.3.12)问题，定义 $f(L) = \text{Tr}(LTL^H)$，$g(L) = \chi(\|l_k\|_2 = 1, \forall k)$，其中 χ 是特征函数（满足约束时值为 0，否则值为无穷大）。梯度函数 $\nabla f(L) = \text{tril}(2LT)$，其中 $\text{tril}(\cdot)$ 表示提取出其中的下三角部分。尽管函数 g 是非凸的，近似算子依旧有封闭解 $\text{prox}_g(l_k; \tau) = l_k/\|l_k\|_2, \forall k$。

为了在硬件实现方面更友好，这里不采用文献[14]中提出的复杂的步长规则，而采用一个固定的步长，其值正比于梯度函数 $\nabla f(L)$ 的利普希茨常数的倒数 $\tau = \alpha/\|T\|_2$，其中 $\|T\|_2$ 是矩阵 T 的谱范数，$0 < \alpha < 1$ 是依赖于系统的调节参数，用于提高 TASER 算法的收敛率[13]。而为了进一步提高 FBS 的收敛率，需要将式(4.3.11) 的问题预处理。首先计算对角缩放矩阵 $D = \text{diag}(\sqrt{T_{1,1}}, \cdots, \sqrt{T_{M,M}})$，用于缩放矩阵 T 以得到 $\tilde{T} = D^{-1}TD^{-1}$，$\tilde{T}$ 为主对角线全为 1 的矩阵，实现这个操作的处理器称为雅可比预处理器，用于提高原始 PSD 矩阵 T 的条件数[43]。然后运行 FBS 得到下三角矩阵 $\tilde{L} = LD$。预处理的过程中同样要修正临近算子，此时 $\text{prox}_g(\tilde{l}_k) = D_{k,k}\tilde{l}_k/\|\tilde{l}_k\|_2$，其中 $\tilde{l}_k$ 是 $\tilde{L}$ 的第 k 列。因为仅取 $\hat{L}$ 的最后一行的符号位来对 ML 问题进行估计，所以这里可以只取正规化三角矩阵 $\tilde{L}$ 的符号。

TASER 算法的伪代码如算法 4.3.1 所示。输入为预处理矩阵 $\tilde{T}$、缩放矩阵 D 和步长 τ，$\tilde{L}^{(0)} = D$ 用于初始化。TASER 算法的主要循环体是运行梯度函数和临近算子，直到得到最后的迭代次数 $t_{\max}$，在多数情况下，只需要极少数的迭代次数就可以得到近似 ML 的 BER 性能。

算法 4.3.1　TASER 算法

1: **输入**：$\tilde{T}$，D 和 $\tau = \alpha / \|\tilde{T}\|_2$

2: **初始化**：$\tilde{L}^{(0)} = D$

3: **for**　$t = 1, \cdots, t_{\max}$　**do**

4:　　　　$V^{(t)} = \tilde{L}^{(t-1)} - \operatorname{tril}(2\tau \tilde{L}^{(t-1)} \tilde{T})$

5:　　　　$\tilde{L}^{(t)} = \operatorname{prox}_{\tilde{g}}(V^{(t)})$

6: **end for**

7: **输出**：$\bar{s}_k = \operatorname{sign}(\tilde{L}_{N,k}^{(t_{\max})}), k = 1, \cdots, N-1$

TASER 算法尝试用 FBS 来解决一个非凸问题，这会产生两个问题：一是该算法是否会收敛到最小值；二是非凸问题的局部最小值是否对应于针对凸优化问题的 SDP 的最小值。下面解答这两个问题。

针对第一个问题，尽管用 FBS 来求解半正定问题的最小值还属新颖，但是关于 FBS 用来解决非凸问题的收敛性已经有大量的研究，文献[44]中提出了用 FBS 解决非凸问题收敛的条件，待解问题必须是半代数的。式 (4.3.11) 正好满足这个条件，下面严格证明这个问题。

引理 4.3.1　　如果用 FBS（算法 4.3.1）来解决式 (4.3.11)，步长 $\tau = \alpha / \|T\|_2$ $(0 < \alpha < 1)$，那么迭代序列 $\{L^{(t)}\}$ 会收敛到一个关键点。

证明　　函数 $\|l_k\|_2^2$ 是一个多项式，式 (4.3.11) 的约束集是多项式系统 $\|l_k\|_2^2 = 0, (\forall k)$ 的解，因此它是半代数的，由文献[44]中的定理 5.3 可知，如果步长的上界是目标的梯度函数的利普希茨常数的求逆，那么迭代序列 $\{L^{(t)}\}$ 是收敛的，针对这里的二次目标函数，利普希茨常数是矩阵 T 的光谱半径（二范数）。

证毕。

雅可比预处理器会引出和式 (4.3.11) 一样形式的问题，不同的是约束为 $\|\tilde{l}_k\|_2^2 = D_{k,k}^2$，步长 $\tau = \alpha / \|\tilde{T}\|_2$，因此引理 4.3.1 同样适用。但是这个命题不能保证寻找出一个最小点，只能保证找到一个稳定点（实际中往往能找到最小点）。尽管如此，这个命题还是比其他已知的低复杂度 SDP 算法的收敛保证要强很多，如文献[45]中采用非凸增强拉格朗日方案来求解，并不能保证收敛性。第二个问题是，式 (4.3.11) 的局部最小值是否对应式 (4.3.10) 的凸 SDP 的最小值。文献[45]中提出，当因子 L 和 L^H 不被约束为三角形式时，式 (4.3.11) 中的局部最小值就是式 (4.3.10) 中 SDP 的最小值。尽管如此，下面还是将 L 和 L^H 约束为三角形式，因为这样可以简化第 5 章中设计的硬件架构。

4.3.4　性能分析

图 4.3.1(a) 和 (b) 分别是采用 BPSK 和 QPSK 调制的 TASER 算法的误矢量率 (vector error rate，VER) 的仿真结果。针对 128×8 ($N_r × N_t$)，64×16 和 32×32 的大规模 MU-MIMO 系统，采用相干数据检测，信道为平坦瑞利衰减信道。同时给出 ML 检测 (采用文献[19]中的 SD 算法)、式 (4.3.9) 的精确 SDR 检测、线性 MMSE 检测和文献[46]中给出的 K-best 检测 ($K=5$) 的性能，并给出 SIMO 的性能作为参考下界。

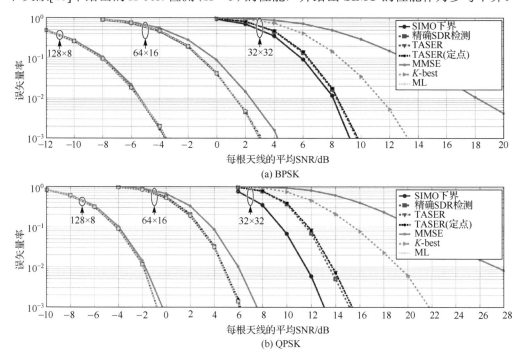

图 4.3.1　MIMO 不同配置下的 VER 性能比较 (见彩图)

对于 128×8 的大规模 MIMO 系统，可以看出所有的检测器都接近于最优性能，包括 SIMO 下界，这个结果是显而易见的[40]。对于 64×16 的大规模 MIMO 系统，只有线性检测有很严重的性能损失，其他检测器性能较好。而对于 32×32 的大规模 MIMO 系统，可以看到 TASER 算法依旧能实现近似 ML 的性能，明显优于 MMSE 算法和 K-best 算法 (然而即使采用 SD 算法，ML 检测的复杂度依旧非常高)。图 4.3.1(a) 和 (b) 中还展示了 TASER 算法定点化之后的性能，可以看出只有很小的性能损失 (在 1% VER 点时低于 0.2dB 的 SNR)。

图 4.3.2(a) 和 (b) 分别展示了 SIMO 系统中采用 BPSK 和 QPSK 调制的 TASER 算法的 BER 仿真结果，其中接收端天线数 $N_r=16$，发送端时隙 $K+1=16$，最大迭

代次数 $t_{max}=20$，采用独立同分布平坦瑞利块衰减信道模型。仿真包括分别采用完美接收端信道状态信息（receiver channel state information，CSIR）和信道估计（channel estimation，CHEST）的 SIMO 检测、精确 SDR 检测和 ML JED 检测[45]。可以看到 TASER 算法可以实现和完美 CSIR 接近的近似最优的性能，优于 SIMO CHEST 检测，同时在可控的复杂度之内又能实现与 ML JED 算法及精确 SDR 算法相似的性能。

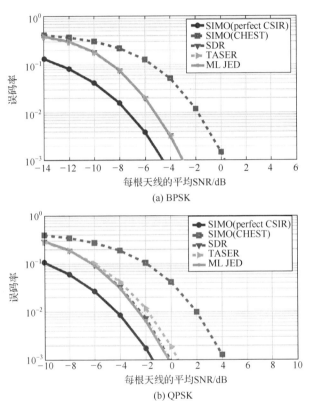

(a) BPSK

(b) QPSK

图 4.3.2　SIMO 系统 BER 性能比较（见彩图）

4.3.5　计算复杂度

下面比较 TASER 算法和其他大规模 MIMO 数据检测算法的计算复杂度，包括 CGLS 算法[47]、NSA 算法[48]、OCD 算法[49]和 GAS 算法[50]。表 4.3.1 是不同算法采用最大迭代次数 t_{max} 的实数乘法的次数。可以看到，TASER 算法（BPSK 和 QPSK）和 NSA 的复杂度都为 $t_{max}N_t^3$ 量级，TASER 算法稍高一些；CGLS 和 GAS 都在 $t_{max}N_t^2$ 量级，其中 GAS 要稍微高一些；OCD 在 $t_{max}N_rN_t$ 量级。显然能实现近似 ML 性能的 TASER 算法有最高的计算复杂度，而 CGLS、OCD 和 GAS 计算复杂度较低，但

是它们在 32×32 系统中的性能较差，因此只有 TASER 算法可以用于 JED，其他线性算法不能应用于此场景。

表 4.3.1　大规模 MIMO 系统中不同数据检测算法的计算复杂度

算法	计算复杂度①
BPSK TASER	$t_{\max}\left(\dfrac{1}{3}N_t^3 + \dfrac{5}{2}N_t^2 + \dfrac{37}{6}N_t + 4\right)$
QPSK TASER	$t_{\max}\left(\dfrac{8}{3}N_t^3 + 10N_t^2 + \dfrac{37}{3}N_t + 4\right)$
CGLS[47]	$(t_{\max}+1)(4N_t^2 + 20N_t)$
NSA[48]	$(t_{\max}-1)2N_t^3 + 2N_t^2 - 2N_t$
OCD[49]	$t_{\max}(8N_rN_t + 4N_t)$
GAS[50]	$t_{\max}6N_t^2$

① 复杂度由 $t_{\max}$ 迭代次数下的实数域上的乘法次数来表示，复数域上的乘法需要四次实数域上的乘法，所有的结果都忽略预处理的复杂度。

参 考 文 献

[1] Dai L, Gao X, Su X, et al. Low-complexity soft-output signal detection based on Gauss – Seidel method for uplink multiuser large-scale MIMO systems[J]. IEEE Transactions on Vehicular Technology, 2015, 64(10): 4839-4845.

[2] Studer C, Fateh S, Seethaler D. ASIC Implementation of soft-input soft-output MIMO detection using MMSE parallel interference cancellation[J]. IEEE Journal of Solid-State Circuits, 2011, 46(7): 1754-1765.

[3] Wu M, Yin B, Wang G, et al. Large-scale MIMO detection for 3GPP LTE: Algorithms and FPGA implementations[J]. IEEE Journal of Selected Topics in Signal Processing, 2014, 8(5): 916-929.

[4] Peng G, Liu L, Zhou S, et al. A 1.58 Gbps/W 0.40 Gbps/mm² ASIC implementation of MMSE detection for $128x8$ 64-QAM massive MIMO in 65 nm CMOS[J]. IEEE Transactions on Circuits & Systems I Regular Papers, 2018, 65(5): 1717-1730.

[5] Peng G, Liu L, Zhang P, et al. Low-computing-load, high-parallelism detection method based on Chebyshev iteration for massive MIMO systems with VLSI architecture[J]. IEEE Transactions on Signal Processing, 2017, 65(14): 3775-3788.

[6] Gao X, Dai L, Hu Y, et al. Low-complexity signal detection for large-scale MIMO in optical wireless communications[J]. IEEE Journal on Selected Areas in Communications, 2015, 33(9): 1903-1912.

[7] Chu X, Mcallister J. Software-defined sphere decoding for FPGA-based MIMO detection[J].

IEEE Transactions on Signal Processing, 2012, 60(11): 6017-6026.

[8] Huang Z Y, Tsai P Y. Efficient implementation of QR decomposition for Gigabit MIMO-OFDM systems[J]. IEEE Transactions on Circuits & Systems I Regular Papers, 2011, 58(10): 2531-2542.

[9] Peng G, Liu L, Zhou S, et al. Algorithm and architecture of a low-complexity and high-parallelism preprocessing-based K-best detector for large-scale MIMO systems[J]. IEEE Transactions on Signal Processing, 2015, 2(99): 1.

[10] Castañeda O, Goldstein T, Studer C. Data detection in large multi-antenna wireless systems via approximate semidefinite relaxation[J]. IEEE Transactions on Circuits & Systems I Regular Papers, 2016, 6(99): 1-13.

[11] Luo Z Q, Ma W K, So M C, et al. Semidefinite relaxation of quadratic optimization problems[J]. IEEE Signal Processing Magazine, 2010, 27(3): 20-34.

[12] Jalden J, Ottersten B. The diversity order of the semidefinite relaxation detector[J]. IEEE Transactions on Information Theory, 2008, 54(4): 1406-1422.

[13] Beck A, Teboulle M. A fast iterative shrinkage-thresholding algorithm for linear inverse problems[J]. Siam Journal on Imaging Sciences, 2009, 2(1): 183-202.

[14] Goldstein T, Studer C, Baraniuk R. A field guide to forward-backward splitting with a FASTA implementation[J]. Computer Science, 2014, arXiv: 1411. 3406.

[15] Soma U, Tipparti A K, Kunupalli S R. Improved performance of low complexity K-best sphere decoder algorithm[C]. International Conference on Inventive Communication and Computational Technologies, Coimbatore, 2017: 490-495.

[16] Fincke U, Pohst M. Improved methods for calculating vectors of short length in a lattice, including a complexity analysis[J]. Mathematics of Computation, 1985, 44(170): 463-471.

[17] Barbero L G, Thompson J S. Performance analysis of a fixed-complexity sphere decoder in high-dimensional MIMO systems[C]. IEEE International Conference on Acoustics Speech and Signal Processing Proceedings, Toulouse, 2006: 1-1.

[18] Shen C A, Eltawil A M. A radius adaptive K-best decoder with early termination: Algorithm and VLSI architecture[J]. IEEE Transactions on Circuits & Systems I Regular Papers, 2010, 57(9): 2476-2486.

[19] Burg A, Borgmann M, Wenk M, et al. VLSI implementation of MIMO detection using the sphere decoding algorithm[J]. IEEE Journal of Solid-State Circuits, 2005, 40(7): 1566-1577.

[20] Taherzadeh M, Mobasher A, Khandani A K. LLL reduction achieves the receive diversity in MIMO decoding[J]. IEEE Transactions on Information Theory, 2006, 53(12): 4801-4805.

[21] Barbero L G, Thompson J S. Fixing the complexity of the sphere decoder for MIMO detection[J]. IEEE Transactions on Wireless Communications, 2008, 7(6): 2131-2142.

[22] Xiong C, Zhang X, Wu K, et al. A simplified fixed-complexity sphere decoder for V-BLAST systems[J]. IEEE Communications Letters, 2009, 13(8): 582-584.

[23] Khairy M S, Abdallah M M, Habib E D. Efficient FPGA implementation of MIMO decoder for mobile WiMAX system[C]. IEEE International Conference on Communications, Dresden, 2009: 2871-2875.

[24] Liao C F, Wang J Y, Huang Y H. A 3.1 Gb/s 8*8 Sorting reduced k-best detector with lattice reduction and QR decomposition[J]. IEEE Transactions on Very Large Scale Integration Systems, 2014, 22(12): 2675-2688.

[25] Fujino T, Wakazono S, Sasaki Y. A gram-schmidt based lattice-reduction aided MMSE detection in MIMO systems[C]. International Conference on Advanced Technologies for Communications, Hanoi, 2009: 1-8.

[26] Yan Z, He G, Ren Y, et al. Design and implementation of flexible dual-mode soft-output MIMO detector with channel preprocessing[J]. IEEE Transactions on Circuits & Systems I Regular Papers, 2015, 62(11): 2706-2717.

[27] Sarieddeen H, Mansour M M, Jalloul L, et al. High order multi-user MIMO subspace detection[J]. Journal of Signal Processing Systems, 2017(1): 1-17.

[28] Zhang C, Liu L, Marković D, et al. A heterogeneous reconfigurable cell array for MIMO signal processing[J]. IEEE Transactions on Circuits & Systems I Regular Papers, 2015, 62(3): 733-742.

[29] Chiu P L, Huang L Z, Chai L W, et al. A 684Mbps 57mW joint QR decomposition and MIMO processor for 4×4 MIMO-OFDM systems[C]. Solid State Circuits Conference, Jeju, 2011: 309-312.

[30] Kurniawan I H, Yoon J H, Park J. Multidimensional Householder based high-speed QR decomposition architecture for MIMO receivers[C]. IEEE International Symposium on Circuits and Systems, Beijing, 2013: 2159-2162.

[31] Wang J Y, Lai R H, Chen C M, et al. A 2×2 - 8×8 sorted QR decomposition processor for MIMO detection[J]. Institute of Electrical & Electronics Engineers, 2010: 1-4.

[32] Sarieddeen H, Mansour M M, Chehab A. Efficient subspace detection for high-order MIMO systems[C]. IEEE International Conference on Acoustics, Speech and Signal Processing, Shanghai, 2016: 1001-1005.

[33] Liu T, Zhang J K, Wong K M. Optimal precoder design for correlated MIMO communication systems using Zero-Forcing decision feedback equalization[J]. IEEE Transactions on Signal Processing, 2009, 57(9): 3600-3612.

[34] Zhang C, Prabhu H, Liu Y, et al. Energy efficient group-sort QRD processor with on-line update for MIMO channel pre-processing[J]. IEEE Transactions on Circuits & Systems I Regular Papers, 2015, 62(5): 1220-1229.

[35] Yang S, Hanzo L. Exact Bayes' theorem based probabilistic data association for iterative MIMO detection and decoding[C]. Global Communications Conference, Atlanta, 2013: 1891-1896.

[36] Chen Y, Halbauer H, Jeschke M, et al. An efficient Cholesky decomposition based multiuser MIMO detection algorithm[C]. IEEE International Symposium on Personal Indoor and Mobile Radio Communications, Instanbul, 2010: 499-503.

[37] Xue Y, Zhang C, Zhang S, et al. Steepest descent method based soft-output detection for massive MIMO uplink[C]. IEEE International Workshop on Signal Processing Systems, Dallas, 2016: 273-278.

[38] Jiang W, Asai Y, Kubota S. A novel detection scheme for MIMO spatial multiplexing systems with partial lattice reduction[C]. IEEE International Symposium on Personal Indoor and Mobile Radio Communications, Tokyo, 2015: 2524-2528.

[39] Mansour M M, Jalloul L M A. Optimized configurable architectures for scalable soft-input soft-output MIMO detectors with 256-QAM[J]. IEEE Transactions on Signal Processing, 2015, 63(18): 4969-4984.

[40] Rusek F, Persson D, Lau B K, et al. Scaling up MIMO: Opportunities and challenges with very large arrays[J]. IEEE Signal Processing Magazine, 2012, 30(1): 40-60.

[41] Alshamary H A J, Anjum M F, Alnaffouri T, et al. Optimal non-coherent data detection for massive MIMO wireless systems with general constellations: A polynomial complexity solution[C]. Signal Processing and Signal Processing Education Workshop, Salt Lake, 2015: 172-177.

[42] Harbrecht H, Peters M, Schneider R. On the low-rank approximation by the pivoted Cholesky decomposition[J]. Applied Numerical Mathematics, 2012, 62(4): 428-440.

[43] Benzi M. Preconditioning techniques for large linear systems: A survey[J]. Journal of Computational Physics, 2002, 182(2): 418-477.

[44] Attouch H, Bolte J, Svaiter B F. Convergence of descent methods for semi-algebraic and tame problems: Proximal algorithms, forward–backward splitting, and regularized Gauss–Seidel methods[J]. Mathematical Programming, 2013, 137(1/2): 91-129.

[45] Boumal N. A Riemannian low-rank method for optimization over semidefinite matrices with block-diagonal constraints[J]. Mathematics, 2015: 1001-1005.

[46] Wenk M, Zellweger M, Burg A, et al. K-best MIMO detection VLSI architectures achieving up to 424 Mbps[C]. IEEE International Symposium on Circuits and Systems, Island of Kos, 2006: 1150-1154.

[47] Yin B, Wu M, Cavallaro J R, et al. VLSI design of large-scale soft-output MIMO detection using conjugate gradients[C]. IEEE International Symposium on Circuits and Systems, Lisbon, 2015: 1498-1501.

[48] Wong K W, Tsui C Y, Cheng S K, et al. A VLSI architecture of a K-best lattice decoding algorithm for MIMO channels[J]. IEEE International Symposium on Circuits & Systems, 2002, 3: 273-276.

[49] Wu M, Dick C, Cavallaro J R, et al. FPGA design of a coordinate descent data detector for large-scale MU-MIMO[C]. IEEE International Symposium on Circuits and Systems, Montreal, 2016: 1894-1897.

[50] Wu Z, Zhang C, Xue Y, et al. Efficient architecture for soft-output massive MIMO detection with Gauss-Seidel method[C]. IEEE International Symposium on Circuits and Systems, Montreal, 2016: 1886-1889.

第 5 章　非线性大规模 MIMO 检测硬件架构

当把算法映射到相应的硬件架构设计中时，人们需要对硬件架构的数据吞吐率、面积、功耗和延时等方面的性能进行评估，对硬件架构中资源的复用、子模块的设计以及整体模块的流水进行研究，以得到具有创新性和实际应用价值的方法。而至今为止，只有次最优的线性数据检测算法在 FPGA[1] 或 ASIC[2,3] 上进行了实现。而因为自身算法的特点，线性算法在硬件设计方面的结果不尽理想，所以需要在非线性算法的硬件架构设计方面进行尝试。

本章首先将基于 4.2 节中的 CHOSLAR 算法，设计一个针对 64-QAM 调制、16×16 MIMO 系统的 K-best 检测预处理器的 VLSI 架构[4]。为了在吞吐率、面积和功耗三者之间实现最佳的平衡，提出三种类型的对角线优先的脉动阵列来执行初始矩阵计算、LR 和矩阵求逆。并提出天线级深度流水架构，在排序 QRD 和后矢量计算中实现高数据吞吐率和低延时。实验证明，该架构与现有的设计相比，在数据吞吐率、延时、能效（吞吐率/功率）和面积（吞吐率/门数）方面均具有巨大的优势。

然后，根据 TASER 算法设计相应的脉动阵列，该脉动阵列可以在较低的硅面积上实现高吞吐率数据检测[5]。用 Xilinx Virtex-7 FPGA 和 40nm CMOS 工艺来实现 VLSI，并在性能和计算复杂度方面与最近提出的针对大规模 MU-MIMO 无线系统的其他数据检测器进行详细比较[1,6-9]。

5.1　CHOSLAR 硬件架构

5.1.1　VLSI 结构

本节对 4.2 节中所采用的 CHOSLAR 算法的 VLSI 架构实现进行描述[4]。该架构针对 64-QAM 16×16 MIMO 系统。电路设计方法和其他针对更大规模的 MIMO 系统是相似的。由 4.2.5 节的 BER 仿真结果可知，3 次迭代已经足够实现近似最优的检测精度，并有较低的资源消耗，所以 LR 迭代次数取 3。

图 5.1.1 为 CHOSLAR 算法的顶层模块图，由五部分组成，分别为初始化单元、排序 QRD 单元、PILR 单元、求逆单元和后矢量单元。CHOSLAR 结构中还包括缓存单元，以存储中间数据。CHOSALR 结构的输出结果将在后续的 K-best 模块中进行计算。这些单元全流水化以实现高数据吞吐率。首先，算法 4.2.2 第 4 行的初始化结果（Gram 矩阵 A 和矢量 $\dot{y}$）在初始化单元进行计算。其次，作为初始化单元的

输出，Gram 矩阵 A 被用于执行算法 4.2.2 中第 5~18 行的排序 QRD，信道矩阵 H 同时执行交换操作以获取 $\dot{H}$，即算法 4.2.2 中的第 8 行。再次，矩阵 R 用于执行 PILR 来获取算法 4.2.2 中第 20~40 行中的矩阵 $\hat{R}$ 和 $\hat{H}$。矩阵 $\hat{R}$ 是 CHOSLAR 算法的输出之一，矩阵 $\hat{H}$ 被传递到后矢量单元。然后，矩阵 $\hat{R}$ 在求逆单元中求逆，即算法 4.2.2 中的第 41~47 行。最后，在后矢量单元，之前步骤中的输出（矩阵 $\hat{H}$ 和 R^{inv}，矢量 $\dot{y}$）通过矩阵与矢量乘法来获取 CHOSLAR 算法最后的输出 $\hat{y}$。

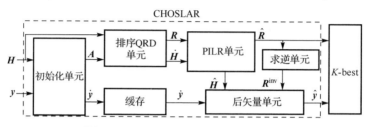

图 5.1.1　CHOSLAR 算法的顶层模块

1. 初始化单元

初始化单元的最终目的是计算在随后单元将被用到的 Gram 矩阵 A 和矢量 $\dot{y}$。为了实现高数据吞吐率，该单元设计出一个包括两种 PE 的脉动阵列。在脉动阵列里，有 N 个 PE-A 和 $1/2N^2-1/2N$ 个 PE-B（即对于 16×16 MIMO 系统有 16 个 PE-A 和 120 个 PE-B）。接下来的单元（排序 QRD 单元）需要对矩阵 A 的对角线元素进行比较，因此获取这些对角元素的 PE-A 组成每一行的第一块，如图 5.1.2 所示。除此之外，$N-1$ 个寄存器（register，REG）用来存储信道矩阵的元素，并在输出时获取每个元素的共轭。这些 REG 用来平衡流水线的时序，主要体现在平衡了多个 PE-B 计算时的不同延时。第一种运算单元 PE-A 用于计算组成矩阵 A 的对角线元素和矢量 $\dot{y}$，每个 PE-A 都包含两种 ALU（2 个 ALU-A 和 1 个 ALU-B）、3 个累加器（accumulator，ACC）、2 个减法器（subtractor）和 2 个移位器（shifter），一个 ALU-A 执行 $H_{i,j}^*$ 和 $H_{i,j}$ 的复数域上的乘法，每个周期的结果被累加，其他 ALU-A 和 ALU-B 联合执行矩阵 H 和矢量 v 在复数域上的乘法。和计算矩阵 A 的元素相似，ALU-A/ALU-B 的结果被累加。为了执行算法 4.2.2 中的第 4 行，从 y 的元素中减去前述所得结果，然后移位器完成对矢量 $\dot{y}$ 的实数部分和虚数部分的计算。随后的运算单元 PE-B 用于计算矩阵 A 的非对角线元素。每个 PE-B 都包含一个由一个 ALU-A 和一个 ALU-B 组成的复数乘法（complex multiplication，CM）单元。为了确保每个运算单元都正确地处理操作数，H^{H} 的第 i 列的值延时 $i-1$ 个时钟周期。首先，H^{H} 的每个值从 PE-A 转移到随后的 PE-B，再到 REG（按行操作），然后，相应的共轭值从 REG 转移到 PE-B（按列操作）。

相似的脉动阵列在文献[1]和[3]中用于计算线性检测算法中的 Gram 矩阵，但是和本节设计的脉动阵列不同的是，这些架构中的计算不是从计算 A 的对角线元素的 PE

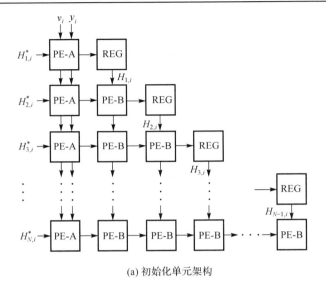

(a) 初始化单元架构

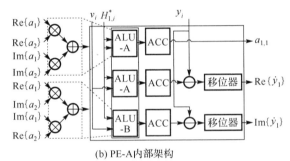

(b) PE-A 内部架构

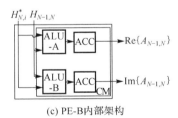

(c) PE-B 内部架构

图 5.1.2　初始化单元架构

开始的[1,3]，因此，对于 Gram 矩阵 $\boldsymbol{G}$ 的对角线元素的计算被推迟，那么随后的排序 QRD 算法也必须要等待更多的时间来接收输入数据，整体架构的数据吞吐率降低，延时增加。在文献[1]和[3]中，PE-A 采用双边输入，而在所提架构中采用单边输入，因此文献[1]和[3]中采用的脉动阵列的端口数增加了一倍(在输入端)。

2. 排序 QRD 单元

初始化单元之后，输出矩阵 $\boldsymbol{A}$ 被传送到下一个单元执行基于 Cholesky 分解的排序 QRD 操作，以获取矩阵 R，如图 5.1.3 所示。信道矩阵 H 在这个单元也进行更新。为了实现更高的并行性，该单元采用一个深度流水线架构，包括 N 个相似的运算单元 PE-C（如在 16×16 MIMO 系统中有 16 个 PE-C）。所有的 PE-C 都是相似的，但是每个 PE-C 里的 ALU-C 的数目是不同的，从每一列中第一个 PE-C 到最后一个 PE-C 依次递减。取第 k 个 PE-C 来举例具体说明该架构。首先，用比较器来比较矩阵 A 的所有对角线元素，以寻找最小的 $A_{i,j}$ 及其在 H 的位置（LO）。其次，在平方根（SQRT）单元中，$A_{i,i}$ 用于计算 $R_{1,1}$，根据 $A_{i,i}$ 的位置，H 的第 i 列和第 k 列交换来获取矩阵 $\dot{H}$，即算法 4.2.2 中的第 8 行。然后，倒数（REC）单元用来计算 $R_{1,1}$ 的倒数，结果传送到第一个 ALU-C，用来之后获取 R 的第 k 列，即算法 4.2.2 中的第 9～12 行。最后，通过对矩阵 R 和 A 的操作来更新 A 的元素，然后传送到第 $k+1$ 个 PE-C，即算法 4.2.2 中的第 15 行。在 ALU-C 中，乘法器和减法器用来执行算法 4.2.2 中第 13～17 行对于矩阵 A 的元素的计算。注意矩阵 A 的对角线元素在该结构中是首先被计算出来的，可以被直接用于接下来的 PE-C，因此降低了该排序 QRD 单元中的延时。

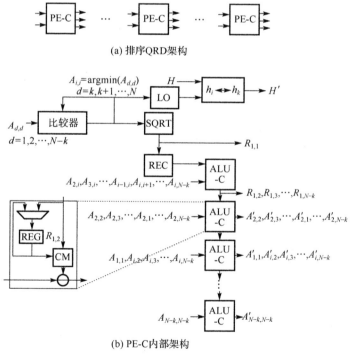

(a) 排序QRD架构

(b) PE-C内部架构

图 5.1.3　排序 QRD 架构

　　文献[10]和[11]提出了基于 GR 算法和排序算法的 VLSI 架构。文献[10]提出了一个针对 64-QAM 1×1～4×4 MIMO 系统的灵活架构。文献[11]提出了一个 8×8 的与 LR 和 QRD 结合的排序减少的 K-best 信号检测器。这些架构中的排序 QRD 单元被构建为由成对 CORDIC 阵列组成的一个长链，导致过多的延时，当 MIMO 系统的规模增加时，这个问题变得更为严重。为计算排序 QRD 而增加的计算时间反过来会影响整体的检测器的数据吞吐率，而所提出的架构不需要直接计算 QRD，而是通过一系列深度流水的乘法来实现，可以满足未来无线通信系统的高数据吞吐率要求。

3. PILR 单元

如图 5.1.4 和图 5.1.5 所示，PILR 单元有两个主要功能，第一个是基于西格尔条件更新矩阵 **R**，第二个是执行矩阵 **R** 的全尺寸规约，矩阵 **H** 和 **R** 同时进行更新。

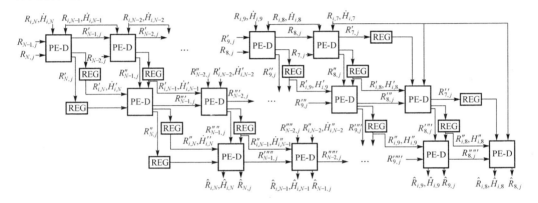

(a) PE-D 阵列架构

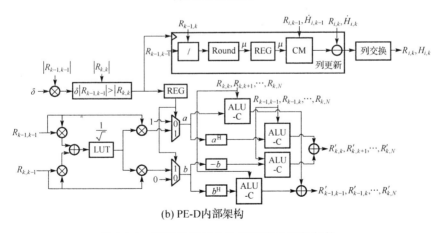

(b) PE-D 内部架构

图 5.1.4　基于西格尔条件的矩阵 **R** 更新架构

图 5.1.4 中，该单元的第一个部分包括 $3N$ 个 PE-D(如在 16×16 MIMO 系统中有 48 个 PE-D)。所有的 PE-D 都是相似的，且并行执行操作。以第 k 个 PE-D 举例说明。第一个 PE-D 的输入是矩阵 **R** 的第 k 行和第 $k-1$ 行，PE-D 更新这两行，然后，

这两行用于下一个 PE-D 的输入，REG 用来确保流水线的时序。PE-D 阵列的架构如图 5.1.4 所示，每个 PE-D 由三部分构成，分别是 $\dot{H}$ 和 R 的列更新、$\dot{H}$ 和 R 的列交换、R 的更新。而在此之前，有单元来专门处理算法 4.2.2 中第 23 行的比较，比较的结果用做随后单元的使能信号。首先计算参数 μ，通过 LUT 来实现除法。然后，CM 单元用于执行算法 4.2.2 中第 25 行的乘法操作，得到的矩阵 R 和 H 进行列交换以获得矩阵 $\hat{R}$ 和 $\hat{H}$。接着，计算矩阵 θ 中的参数 a 和 b 以更新 $\hat{R}$。在此过程中，实数域的乘法、加法和一个 LUT 用来实现矩阵 $\hat{R}$ 中元素的乘法、平方根和倒数操作，多路选择器、共轭和复数单元用来获得 θ，随后更新矩阵 $\hat{R}$ 的第 k 行和第 $k-1$ 行。

在 PILR 单元的第二部分，有 $1/2N^2-1/2N$ 个相同的运算单元 PE-E(如在 16×16 MIMO 系统中有 120 个 PE-E)。如图 5.1.5 为矩阵 $\hat{R}$ 和 $\hat{H}$ 的尺寸规约的架构。以单独的一个 PE-E 作为例子。PE-E 首先计算参数 μ，然后，矩阵 $\hat{R}$ 和 $\hat{H}$ 的第 $N-2$ 列的每个元素都乘以 μ，然后从第 $N-1$ 列的每个元素中减去所得的结果。在该尺寸规约架构中，第一阶段的目的是更新矩阵 $\hat{R}$ 和 $\hat{H}$ 的第 N 列(除了第 $N-1$ 行、第 N 列的元素)，在第二阶段，第一阶段所得的结果用于更新 $\hat{R}$ 和 $\hat{H}$ 的第 N 列(除了第 $N-1$ 行、第 N 列和第 $N-2$ 行、第 N 列的元素)，除此之外，第 $N-1$ 列和第 $N-2$ 列输入到 PE-E 来更新第 $N-1$ 列。尺寸规约架构包括 $N-1$ 个阶段，在随后的所有阶段中，计算方法都是相同的。

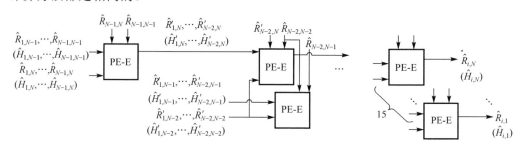

(a) 矩阵 R 全尺寸规约架构

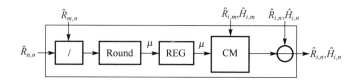

(b) PE-E内部架构

图 5.1.5　矩阵 R 全尺寸规约架构

包含相似 LR 程序的 VLSI 之前就已经被提出。文献[11]中，LR 在 3 对 CORDIC 处理器上通过奇偶算法进行实现。该检测器针对 64-QAM 8×8 MIMO 系统可以实现近似 ML 的精确度。同时设计几个针对 QR 和 LR 的 CORDIC 对，根据时序图可以看出，这部分占了延时的绝大部分，所以整体检测器的数据吞吐率有所降低，而所提出的 PILR 单元通过 2 种架构实现 LR，其中一个用于西格尔条件，另一个用于尺寸规约条件，这些架构都基于脉动阵列进行设计，所有的中间数据在下一个 PE-D 中进行计算，所有的计算都是深度流水化的，所以它的硬件利用率和数据吞吐率要高于文献[11]中基于 CORDIC 处理器的架构。

4. 求逆单元

针对 CHOSLAR 架构中矩阵 $\hat{R}$ 的求逆部分设计了一个脉动阵列，如图 5.1.6 所示。该脉动阵列有两类 PE，分别为 N 个 PE-F 和 $1/2N^2 - 1/2N$ 个 PE-G（如在 16×16 MIMO 系统中有 16 个 PE-F 和 120 个 PE-G）。PE-F 与 PE-G 分别用于计算矩阵 R^{inv} 的对角线元素和非对角线元素。PE-F 组成每一行的第一个 PE，因为计算矩阵 R^{inv} 的非对角线元素需要其对角线元素。为了确保每个运算单元正确的处理操作数，$\hat{R}$ 的每一列的值往后延时 $i-2$ 个时钟周期，矩阵 R 的每一个值从 PE-F 传递到随后的 PE-G（按行操作）。取第三个 PE-F 和 PE-G 举例说明。PE-F 包含一个 REC、一个 REG 和一个 CM 单元，PE-G 包含 2 个 CM 单元、一个 REG 和一个加法器。对角线元素

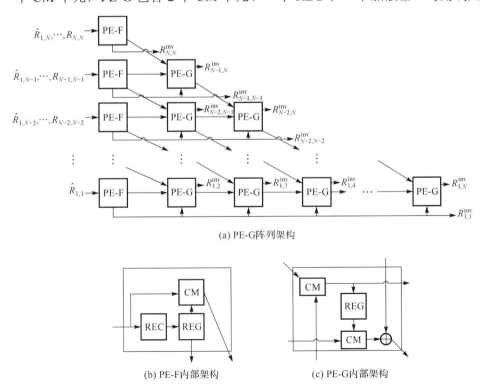

(a) PE-G阵列架构

(b) PE-F内部架构　　　　　(c) PE-G内部架构

图 5.1.6　求逆单元架构

通过 REC 进行计算，然后输出到 REG，在 PE-G 中被多次使用。在下一个周期，$\hat{R}$ 的非对角线元素传递给 PE-F，$\hat{R}$ 的对角线元素传递给同一行的下一个 PE-G，PE-F 执行 $\hat{R}$ 的对角线元素与 R^{inv} 的非对角线元素的乘法操作，然后将结果传递给右下方的 PE-G。PE-G 利用来自左上方 PE 的结果、来自左边 PE 的 $\hat{R}$ 的对角线元素以及 R^{inv} 的对角线元素来计算 R^{inv} 的非对角线元素，即算法 4.2.2 中的第 45 行。

在一些之前提出的线性检测器的 VLSI 架构中，如文献[1]和[3]，也包含求逆单元，这些架构中的求逆单元用基于 NSA 来近似实现，这些求逆单元和本节所提（基于脉动阵列）相似。然而，所提架构能够精确对矩阵 R 进行求逆，而文献[1]和[3]中的单元有近似误差。除此之外，所提脉动阵列首先在该单元第一列 PE 的 PE-F 中对 R 的对角线元素进行求逆，因此，结果可以随后就被 PE-G 使用，而在文献[1]和[3]的单元中，因为不是从计算这些元素的 PE 开始执行操作的，所以对角线元素只有在较长的延时之后才能进行计算。同时，文献[1]和[3]中的架构比所提架构需要更多的端口。

5. 后矢量单元

后矢量单元执行算法 4.2.2 中第 49 行对矩阵 $(R^{\mathrm{inv}})^{\mathrm{H}}$、矩阵 $\hat{H}^{\mathrm{H}}$ 和矢量 $\dot{y}$ 的乘法操作。矩阵 $\hat{H}^{\mathrm{H}}$ 是 PILR 单元的输出，矩阵 $(R^{\mathrm{inv}})^{\mathrm{H}}$ 从求逆单元获得。首先执行矩阵 $\hat{H}^{\mathrm{H}}$ 与矢量 $\dot{y}$ 的乘法操作，所得结果乘以矩阵 $(R^{\mathrm{inv}})^{\mathrm{H}}$，即可获得结果 $\hat{y}$。除此之外，因为矩阵 $(R^{\mathrm{inv}})^{\mathrm{H}}$ 和矩阵 $\hat{H}^{\mathrm{H}}$ 被依次计算得到，这两个矩阵和矢量的乘法也可以依次计算。因此，矩阵和矢量乘法的资源可以被重复使用。后矢量单元的架构如图 5.1.7 所示。该单元包含 N 个 PE-H，每个 PE-H 计算结果矢量的一个元素。每个 PE-H 包含一个用于复数域乘法的 CM 单元和一个用于累加的 ACC 单元。

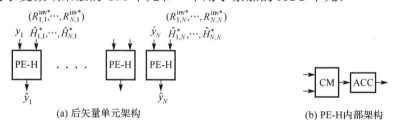

(a) 后矢量单元架构　　　　　　　　(b) PE-H内部架构

图 5.1.7　后矢量单元架构

5.1.2　实现结果和比较

VLSI 架构版图使用 TSMC 65nm 1P8M 技术。本节具体展示 ASIC 的实现结果，并与其他现有的非线性检测器的实现结果进行比较。图 5.1.8 为 ASIC 版图，表 5.1.1 为基于 CHOSLAR 架构的硬件特征与文献[5]和文献[10]～[15]中设计的版图后仿真结果的具体比较，后者这些是现有的针对小规模或高阶 MIMO 系统非线性检测预处理比较有效的 ASIC 架构。

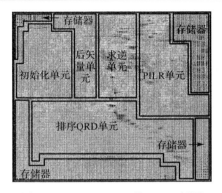

图 5.1.8　CHOSLAR 的 ASIC 版图

表 5.1.1　与其他 MIMO 检测器的 ASIC 实现结果比较

参数	文献[11]	文献[10]	文献[15]	文献[12]	文献[14]	文献[5]			本节	
天线尺寸	复数 8×8	复数 4×4	复数 4×4	复数 4×4	复数 4×4	复数 4×4	复数 8×8	复数 16×6	复数 16×6	
调制方式	64-QAM	64-QAM	64-QAM	64-QAM	256-QAM	QPSK			64-QAM	
算法	GR+LR	排序 GR	GS	排序 QR	简化 QR	TASER			排序 QR	排序 QR+LR
信噪比损失[1]/dB	1.2	3.37	3.88	3.37	4.96	#			3.37	1.44
工艺/nm	90	65	90	65	90	40			65	
电压/V	1.1	1.2	1	1.2	#	1.1			1.2	
频率/MHz	65	550	114	500	275	598	560	454	588	
吞吐率/(Mbit/s)	585	2640	684	367.88	733	598	374	363	3528	
延迟/μs	2.1	1.26	0.28	#	#	#	#	#	0.7	1.2
门数/kG	612	943	505	1055	1580	148	471	1428	3720	5681
功率/mW	37.1	184	56.8	315.36	320.56	41	87	216	1831	2513
能量效率[2]/(Gbit/(s·W))	15.77	14.34	12.04	1.17	2.29	7.27	4.30	1.68	1.93	1.40
面积效率[2]/(Mbit/(s·kG))	0.96	2.80	0.73	0.348	0.46	2.01	0.79	0.25	0.950	0.62
归一化能量效率/(Gbit/(s·W))	6.35[3][4]	0.89[4]	1.00[3][4]	0.07[4]	0.27[3][4]	0.14[3][4]	0.34[3][4]	0.54[3]	1.93	1.40
归一化面积效率/(Mbit/(s·kG))	0.33[3][4]	0.18[4]	0.12[3][4]	0.02[4]	0.04[3][4]	0.08[3][4]	0.12[3][4]	0.16[3]	0.95	0.62

① 与 64-QAM 16×16 MIMO 系统中的 ML 检测进行对比的信噪比损失(误码率目标是 10^{-5})。

② 能量效率定义为吞吐率/功率;面积效率定义为吞吐率/门数。

③ 工艺被归一化到 65nm CMOS 技术下,遵循于 $f \sim s$,$P_{dyn} \sim (1/s)(V_{dd}/V'_{dd})^2$。

④ 缩放到 16×16 MIMO 配置下:能量效率 $\times (N \times N)/(16 \times 16)$,面积效率 $\times (N \times N)/(16 \times 16)$。

所提架构可以实现 3.528Gbit/s 的数据吞吐率,分别为针对小规模 MIMO 系统的文献[10]、[12]、[14]、[15]中的数据吞吐率的 5.16 倍、9.59 倍、1.34 倍和 4.81 倍。更高的吞吐率是未来无线通信系统的要求之一，然而，高数据吞吐率一般都需要数量巨大的硬件资源消耗和功耗，因此，这里也将面积和功耗与最近的这些设计进行了对比。需要注意的是，CHOSLAR 算法是针对高阶 MIMO 系统进行的设计，而文献[10]~[15]中的设计在高阶系统中会有更高的资源消耗和功耗。除此之外，在这些设计中使用了不同的技术和 MIMO 配置，因此，为了确保比较的公平性，能量和面积被归一化到 65nm 技术和 16×16 的 MIMO 配置，如表 5.1.1 所示。在比较不同的技术和 MIMO 配置的硬件实现结果时，如文献[5]、[11]、[12]、[15]~[17]，这种归一化方法被广泛使用。CHOSLAR 算法可以实现 1.40Gbit/(s·W) 的能量效率，分别是文献[10]、[12]、[14]、[15]中的 1.40 倍、20.00 倍、1.57 倍和 5.19 倍。同时，针对 CHOSLAR 算法实现的面积效率是 0.62Mbit/(s·kG)，分别是文献[10]、[12]、[14]、[15]中的 5.17 倍、31.00 倍、3.44 倍和 15.5 倍。除此之外，文献[10]、[12]、[14]、[15]中的架构不执行 LR，而所提包含 LR 的架构可以分别实现 1.93 Gbit/(s·W) 的能量效率和 0.95Mbit/(s·kG) 的面积效率。可以看到，所提架构在能效效率和面积效率方面都有较大的优势。在延时方面，CHOSLAR 在没有 LR 时可以实现 0.7μs 的延时，是文献[10]中延时的 55.56%，文献[15]中的延时比 CHOSLAR 稍低，但是在能量效率和面积效率方面 CHOSLAR 有显著优势。文献[11]中的架构与 CHOSLAR 相比有更高的能量效率，但是面积效率较低，而且文献[11]中的数据吞吐率是在信道条件保持恒定的假设下计算出的，因此只执行了一次 MIMO 检测预处理，为了更公平地进行比较，数据吞吐率和能量效率都应该进行相应缩减。而且，与文献[11]相比，所提架构可以实现 6.03 倍的数据吞吐率，延时只有它的 57.14%。同时，CHOSLAR 针对 p_j 的 MIMO 配置，而文献[10]、[11]、[14]、[15]中是 4×4 或 8×8 的 MIMO 配置，对于更高阶的 MIMO 配置，文献[10]、[11]、[14]、[15]中的延时会有显著的增加。

　　文献[5]中的架构适用于高阶 MIMO 系统的非线性检测。与文献[5]中不同的 MIMO 配置相比，CHOSLAR 的数据吞吐率分别是它们的 11.84 倍、9.43 倍和 9.72 倍，而文献[5]中的低数据吞吐率可能不满足未来无线通信系统对于数据速率的要求。CHOSLAR 的归一化能量效率分别是文献[5]中不同 MIMO 配置的 10.00 倍、4.12 倍和 2.59 倍，而且，CHOSLAR 的面积效率与文献[5]中的相比分别提高了 7.75 倍、5.17 倍和 3.88 倍。同时，文献[5]中的架构只支持 BPSK 和 QPSK，不支持更高阶的调制，该限制是这些架构在未来无线系统中进行应用的另一个劣势。文献[1]~[3]中的架构是针对线性检测算法设计的，可以实现近似 MMSE 的性能，而这些线性检测器在检测精度上有不可忽略的损失，特别是在 MIMO 系统中的用户天线数和基站天线数可比时，这也是表 5.1.1 不包含这些线性检测器的原因。

5.2　TASER 硬件架构

5.2.1　架构综述

这里提出一种针对 TASER 算法的低硬件复杂度和高数据吞吐率的脉动 VLSI 架构[5]。图 5.2.1 是由 $N(N+1)/2$ 个 PE 组成的三角脉动阵列，主要用于实现 MAC 的操作。每个 PE 均和 $\tilde{L}_{i,j}^{(t-1)}$ 相连，并存储 $\tilde{L}_{i,j}^{(t-1)}$ 和 $V_{i,j}^{(t)}$。所有的 PE 均从列广播单元（column-broadcast unit，CBU）和行广播单元（row-broadcast unit，RBU）接收数据。

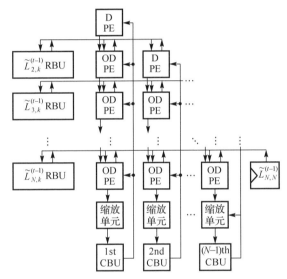

图 5.2.1　TASER 算法的顶层模块

在 TASER 第 t 次迭代的第 k 个周期，第 i 个 RBU 把 $\tilde{L}_{i,k}^{(t-1)}$ 发送给第 i 行的所有 PE，同时第 j 个 CBU 把 $\hat{T}_{k,j}$ 发送给第 i 列的所有 PE。假设矩阵 $\hat{T}=2\tau\tilde{T}$ 在预处理阶段已经被计算出来并存储在存储器中。从第 (i,k) 个 PE 中取出 $\tilde{L}_{i,k}^{(t-1)}$ 再发送给同一行的其他 PE。从 CBU 和 RBU 接收数据后，每个 PE 都开始执行 MAC 操作直到算法 4.3.1 中的第 4 行 $\tilde{L}^{(t-1)}\hat{T}$ 被计算完毕。为了把第 4 行的减法也包含在内，在每个 TASER 迭代的第一个周期执行 $\tilde{L}_{i,j}^{(t-1)}-\tilde{L}_{i,1}^{(t-1)}\hat{T}_{1,j}$ 操作并将其存储在累加器中。在随后的周期中，依次从累加器中减去 $\tilde{L}_{i,k}^{(t-1)}\hat{T}_{k,j}(2\leqslant k\leqslant N)$。矩阵 $\tilde{L}$ 是下三角矩阵，$i<k'$ 时有 $\tilde{L}_{i,k'}=0$，从而可以避免对 $\tilde{L}_{i,k'}^{(t-1)}\hat{T}_{k',j}$ 的减法。脉动阵列第 i 行 PE 的 $V_{i,j}^{(t)}$ 经过 i 个周期后被计算出来，所以算法 4.3.1 第 4 行的矩阵 $V^{(t)}$ 经过 N 周期后可以被计算出来。

图 5.2.2 是一个 $N=3$ 时 TASER 阵列的例子。在第 t 次迭代的第一个周期，PE (1,1)输入 $\tilde{L}_{1,1}^{(t-1)}$ 和 $\hat{T}_{1,1}$，用于计算 $V_{1,1}^{(t)}=\tilde{L}_{1,1}^{(t-1)}-\tilde{L}_{1,1}^{(t-1)}\hat{T}_{1,1}$。同时，第 2 行的 PE 执行第一个 MAC

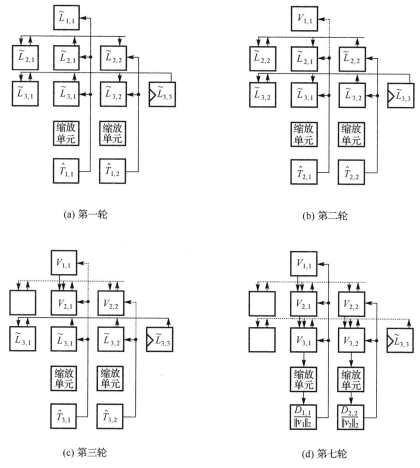

(a) 第一轮

(b) 第二轮

(c) 第三轮

(d) 第七轮

图 5.2.2　$N=3$ 时 TASER 阵列第 i 次迭代时的不同周期

操作，并将 $\tilde{L}_{2,j}^{(t-1)} - \tilde{L}_{2,1}^{(t-1)}\hat{T}_{1,j}$ 的值存储在它们的累加器中。第二个周期，第 2 行的 PE 通过 RBU 接收到 $\tilde{L}_{2,2}^{(t-1)}$，通过 CBU 接收到 $\hat{T}_{2,j}$，从而完成 $V_{2,j}^{(t)}=\tilde{L}_{2,j}^{(t-1)} - \tilde{L}_{2,1}^{(t-1)}\hat{T}_{1,j} - \tilde{L}_{2,2}^{(t-1)}\hat{T}_{2,j}$ 的计算。同时，PE (1,1) 利用 MAC 单元计算 $V_{1,1}^{(t)}$ 的平方值，在下一周期将结果发送到同一列的下一个 PE。在第三个周期，PE (2,1) 可以利用 $V_{1,1}^{(t)^2}$（来自 PE (1,1)）和 $V_{2,1}^{(t)}$（存储在内部），从而利用 MAC 单元计算 $V_{2,1}^{(t)}$ 的平方，并将其与 $V_{1,1}^{(t)}$ 的平方相加（图 5.2.2 (c)），结果为 $V^{(t)}$ 第一行前两个元素的平方之和。在下一个周期，将结果发送到同一列的下一个 PE（在本例中是 PE (3,1)），因此可以重复同样的步骤。这个过程在所有的列中被不断重复，直到所有的 PE 完成相应的计算。因此，$V^{(t)}$ 每一列的二范数的平方经过 $N+1$ 个时钟周期被计算出来，即仅仅在 $V^{(t)}$ 完成的后一个周期完成计算。在第 $N+2$ 个周期，第 j 列的二范数的平方传送到缩放单元（scale unit），在其中计算其求逆平方根，并将结果与 $D_{j,j}$ 相乘，这个操作需要花费 2 个周期来完成，

所以最终在第 $N+4$ 个周期时计算出结果。在第 $N+4$ 个周期，通过 CBU 将缩放因子 $D_{j,j}/\|v_j\|_2$（v_j 是 $V^{(t)}$ 的第 j 列）发送到同一列的所有 PE，如图 5.2.2(d) 所示。然后，在迭代的第 $N+5$ 个周期和最后一个周期时，所有的 PE 将接收到的缩放因子与 $V_{i,j}^{(t)}$ 相乘，以得到下一次迭代的 $\tilde{L}_{i,j}^{(t)}$，进而完成算法 4.3.1 中第 5 行的临近算子的运算。在对下一个符号进行译码前，算法 4.3.1 中的第 2 行必须先执行，这可以通过 CBU 来实现，即将 $D_{j,j}$ 发送到对角线 PE，同时非对角线 PE 清除它们内部寄存器中的 $\tilde{L}_{i,j}^{(t-1)}$。

5.2.2 基本处理单元

该脉动阵列用到了 2 类 PE：第一类是非对角线 (OD) PE，第二类是对角线 (D) PE（图 5.2.3）。

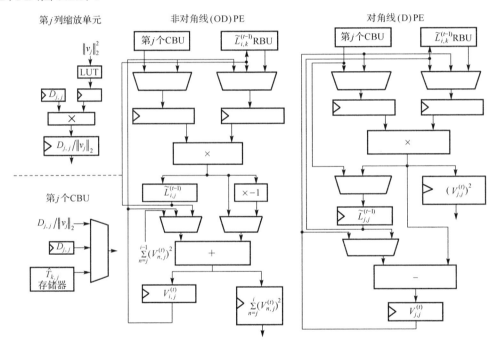

图 5.2.3　TASER 算法架构细节

这 2 类 PE 都支持下列四种操作模式。

(1) $\tilde{L}$ 的初始化：该模式用于计算算法 4.3.1 的第 2 行。所有的非对角线 PE 需要初始化为 $\tilde{L}_{i,j}^{(t-1)}=0$，对角线 PE 需要初始化为从 CBU 接收到的 $D_{j,j}$。

(2) 矩阵乘法：该模式用于计算算法 4.3.1 的第 4 行。乘法器需要利用所有来自广播信号的输入，在矩阵与矩阵乘法的第一个周期，从 $\tilde{L}_{i,j}^{(t-1)}$ 中减去乘法器的输出，在其他周期，从累加器中减去乘法器的输出。每个 PE 都存储自己的 $\tilde{L}_{i,j}^{(t-1)}$ 值，在第 k 个周期时，第 k 列的所有 PE 用内部存储的 $\tilde{L}_{i,k}^{(t-1)}$ 作为乘法器的输入，而不是来自 RBU 的信号。

(3) 二范数的平方的计算：这个模式用于算法 4.3.1 的第 5 行。所有乘法器的输入均为 $V_{i,j}^{(t)}$。对于对角线 PE，结果被发送到同一列的下一个 PE，对于非对角线 PE，乘法器的输出与来自同一列的前面的 PE 的 $\sum_{n=j}^{i-1}(V_{n,j}^{(t)})^2$ 相加，结果 $\sum_{n=j}^{i}(V_{n,j}^{(t)})^2$ 被发送到下一个 PE，如果是最后一行的 PE，则被发送到缩放单元。

(4) 缩放：这个模式用于算法 4.3.1 的第 5 行。乘法器的输入分别为之前由缩放单元计算出来的 $V_{i,j}^{(t)}$ 和从 CBU 接收到的 $D_{j,j}/\|v_j\|_2$。结果 $\tilde{L}_{i,j}^{(t)}$ 被存储到每一个 PE，作为下一次迭代的 $\tilde{L}_{i,j}^{(t-1)}$。

5.2.3　实现细节

为了证明 TASER 算法和所提出的脉动阵列的有效性，本节实现了不同阵列规模 N 的 FPGA 和 ASIC 的设计。所有的设计都用 Verilog 在寄存器传输级 (register transfer level，RTL) 进行了优化，实现细节如下。

(1) 定点设计参数：为了实现硬件复杂度最小化，同时保证接近最优的误码率性能，这里的设计采用 14 比特的定点数。除三角阵列最后一行的所有 PE 都采用 8 比特的小数位来代表 $\tilde{L}_{i,j}^{(t-1)}$ 和 $V_{i,j}^{(t)}$，最后一行的 PE 采用 7 比特的小数位。将 $\tilde{L}_{N,N}$ 存储在寄存器中，采用 5 比特的小数位。

(2) 求逆平方根计算：缩放单元的求逆平方根的计算是用 LUT 来实现的，采用随机逻辑对此进行综合。每个 LUT 包含 2^{11} 项，每 1 项的每个字包含 14 比特，其中的 13 比特是小数位。

(3) $\hat{T}$ 矩阵存储器：对于 FPGA，$\hat{T}_{k,j}$ 存储器和 LUT 用分布式随机访问存储器 (random access memory，RAM) 来实现 (即没有采用块 RAM)，对于 ASIC，采用标准单元搭建的锁存器阵列来实现，以减少电路面积[18]。

(4) RBU 和 CBU 设计：RBU 针对 PFGA 和 ASIC 设计的实现是不同的。对于 FPGA，第 i 行的 RBU 是一个 i 输入的多路器，从它所在行的所有 PE 接收数据，并将近似 $\tilde{L}_{i,k}^{(t-1)}$ 发送给这些 PE。对于 ASIC，RBU 由一个双向总线构成，其中它所在行的每个 PE 用一个三态缓冲器逐个发送数据，同时同一行的所有 PE 从该三态缓冲器获得数据。CBU 也采用相似的方法来设计。同时采用多路器来进行 FPGA 的设计，采用总线来进行 ASIC 的设计。在所有的目标架构中，第 i 个 RBU 的输出和第 i 个 PE 相连，对于较大的 i 值，该路径会有较大的扇出，最终会成为该大规模脉动阵列的关键路径。同样的情况也会在 CBU 中出现。为了缩短关键路径，每个广播单元的输入和输出都放置级间寄存器，虽然这会使每个 TASER 迭代额外增加 2 个周期，但是因为时钟频率大大提高，所以总的数据吞吐率是增加的。

5.2.4　FPGA 实现结果

这里完成了几个不同脉动阵列尺寸 N 的 FPGA 实现，其中 $N = 9$，17，33，65，并在 Xilinx Virtex-7 XC7VX690T FPGA 上实现。相关的实现结果如表 5.2.1 所示。和预期的相同，资源利用随着阵列尺寸 N 呈平方增加的趋势。对于 $N = 9$ 和 $N = 17$ 的阵列，关键路径位于 PE 的 MAC 单元内，对于 $N = 33$ 和 $N = 65$ 的阵列，关键路径位于行广播多路器中，因此限制了 $N = 65$ 时的数据吞吐率。

表 5.2.1　TASER 不同矩阵尺寸的 FPGA 实现结果

项目	矩阵尺寸			
	$N = 9$	$N = 17$	$N = 33$	$N = 65$
BPSK 用户数/时隙	8	16	32	64
QPSK 用户数/时隙	4	8	16	32
资源数	1467	4350	13787	60737
LUT 资源	4790	13779	43331	149942
FF 资源	2108	6857	24429	91829
DSP48	52	168	592	2208
最大时钟频率/MHz	232	225	208	111
最小延迟/时钟周期	16	24	40	72
最大吞吐率/(Mbit/s)	116	150	166	98
功率估计[①]/W	0.6	1.3	3.6	7.3

① 在最大时钟频率和 1.0V 供电电压下的功率估计。

表 5.2.2 将 TASER 算法与几个现有的大规模 MIMO 数据检测器进行了比较，分别为 CGLS 检测器[6]、NSA 检测器[1]、OCD 检测器[7]和 GAS 检测器[8]。这些算法都采用 128×8 的大规模 MIMO 系统，并在同样的 FPGA 上实现。TASER 算法可以实现与 CGLS 和 GAS 可比的数据吞吐率，并且比 NSA 和 OCD 有明显更低的延时。在硬件效率方面(以每 PFGA LUTs 的数据吞吐率为测量值)，TASER 算法与 CGLS、NSA 和 GAS 的相似，同时低于 OCD。对于 128×8 的大规模 MIMO 系统，所有的检测器都能实现近似 ML 的性能，然而，当考虑 32×32 的大规模 MIMO 系统时(图 4.3.1(a)和图 4.3.1(b))，TASER 算法比所有参考算法拥有更优的误码率性能。但是 CGLS、NSA、OCD 和 GAS 检测器都可以支持 64-QAM 的调制，TASER 只能限制为 BPSK 或 QPSK，而数据吞吐率是与每符号数的比特数呈线性比例的，所以 TASER 算法的数据吞吐率和硬件效率均不占优势。

表 5.2.2　针对 128×8 大规模 MIMO 系统不同检测器的实现结果比较

项目	TASER	TASER	CGLS[6]	NSA[1]	OCD[7]	GAS[8]
误码率	近似 ML	近似 ML	近似 MMSE	近似 MMSE	近似 MMSE	近似 MMSE

续表

项目	TASER	TASER	CGLS[6]	NSA[1]	OCD[7]	GAS[8]
调制方式	BPSK	QPSK	64-QAM	64-QAM	64-QAM	64-QAM
预处理	不包含	不包含	包含	包含	包含	包含
最大迭代次数 t_{max}	3	3	3	3	3	1
资源数	1467(1.35%)	4350(4.02%)	1094(1%)	48244(44.6%)	13447(12.4%)	—
LUT 资源	4790(1.11%)	13779(3.18%)	3324(0.76%)	148797(34.3%)	23955(5.53%)	18976(4.3%)
FF 资源	2108(0.24%)	6857(0.79%)	3878(0.44%)	161934(18.7%)	61335(7.08%)	15864(1.8%)
DSP48	52(1.44%)	168(4.67%)	33(0.9%)	1016(28.3%)	771(21.5%)	232(6.3%)
BRAM18	0(0%)	0(0%)	1(0.03%)	32[①](1.08%)	1(0.03%)	12[①](0.41%)
时钟频率/MHz	232	225	412	317	263	309
延迟/时钟周期	48	72	951	196	795	—
吞吐率/(Mbit/s)	38	50	20	621	379	48
吞吐率/LUT	7933	3629	6017	4173	15821	2530

① 这些设计使用 BRAM36，等同于 2 个 BRAM18。

图 5.2.4 展示了 TASER 算法 FPGA 设计的数据吞吐率和针对大规模 MIMO
系统相干数据检测时达到 1% VER 所需最小 SNR 之间的权衡，同时包含 SIMO
下界和线性 MMSE 检测作为参考，其中 MMSE 检测的作用是作为 CGLS 检测[6]、
NSA 检测[1]、OCD 检测[7]和 GAS 检测[8]的一个基本性能限制。TASER 算法的性
能和复杂度之间的权衡可以通过最大迭代次数 t_{max} 来实现，而仿真证明只需要极
少数的迭代次数就可以实现超过线性检测的性能。由图 5.2.4 可以看到，TASER
算法可以实现近似 ML 的性能，同时它的 FPGA 设计可以达到 10～80Mbit/s 的数
据吞吐率。

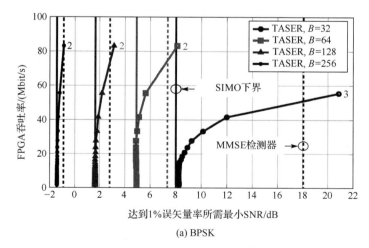

(a) BPSK

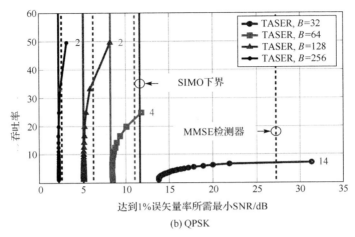

(b) QPSK

图 5.2.4　FPGA 设计的吞吐率和性能之间的权衡（见彩图）

5.2.5　ASIC 实现结果

这里同样对脉动阵列尺寸 $N=9$、$N=17$ 和 $N=33$ 时的 ASIC 进行实现。ASIC 在 TSMC 40nm CMOS 上实现，实现结果如表 5.2.3 所示。ASIC 设计的硅面积随着阵列尺寸 N 呈平方增加，这也可以通过图 5.2.5 和表 5.2.4 验证，可以看到每个 PE 和缩放单元的单位面积基本保持不变，然而 PE 的总面积随着 N^2 增加。$\hat{T}_{k,j}$ 存储器的单位面积随着 N 增加，其中每一个存储器包含一个 $N \times N$ 矩阵的一列。不同的阵列尺寸的关键路径不同。当阵列尺寸 $N=9$ 时，关键路径位于 PE 的 MAC 单元内；当 $N=17$ 时，关键路径位于求逆平方根 LUT 内；而 $N=33$ 时，关键路径位于行广播总线内。

表 5.2.3　TASER 不同矩阵尺寸下的 ASIC 实现结果

项目	矩阵尺寸		
	$N=9$	$N=17$	$N=33$
BPSK 用户数/时隙	8	16	32
QPSK 用户数/时隙	4	8	16
核面积/μm²	149738	482677	1382318
核密度/%	69.86	68.89	72.89
单元面积/GE[①]	148264	471238	1427962
最大时钟频率/MHz	598	560	454
最小延迟/时钟周期	16	24	40
最大吞吐率/(Mbit/s)	298	374	363
功率估计[②]/mW	41	87	216

① 一个等效门(GE)指的是一个单位尺寸 2 输入与非门的面积。

② 在最大时钟频率和 1.1V 供电电压下的布局布线后的功率估计。

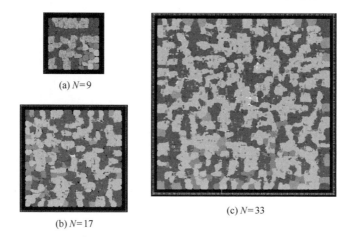

(a) $N=9$

(b) $N=17$

(c) $N=33$

图 5.2.5　TASER 算法 ASIC 实现版图

表 5.2.4　TASER 算法不同 ASIC 矩阵尺寸的面积分解

项目	矩阵尺寸					
	$N=9$		$N=17$		$N=33$	
面积	单位面积	总面积	单位面积	总面积	单位面积	总面积
PE	2391(1.6%)	105198(70.9%)	2404(0.5%)	365352(77.5%)	2084(0.1%)	1168254(81.8%)
缩放单元	6485(4.4%)	25941(17.5%)	6315(1.3%)	50521(10.7%)	5945(0.4%)	95125(6.6%)
$\hat{T}_{k,j}$ 存储器	734(0.5%)	5873(4.0%)	1451(0.3%)	23220(4.9%)	2888(0.2%)	92426(6.5%)
控制单元	459(0.3%)	459(0.3%)	728(0.2%)	728(0.2%)	1259(0.1%)	1259(0.1%)
其他	—	10793(7.3%)	—	31417(6.7%)	—	70898(5.0%)

表 5.2.5 将 TASER 的 ASIC 实现与文献[9]中的 NSA 检测器进行比较,而后者是距今所知针对大规模 MU-MIMO 系统唯一的 ASIC 设计。尽管 TASER 的 ASIC 设计的数据吞吐率要明显低于 NSA 检测器,但是因为它的面积和功耗更低,所以它具有更优的硬件效率(以每单元面积的吞吐率为测量值)和功率效率(以每比特的能量为测量值)。并且,TASER 在大规模 MU-MIMO 系统中的发送端天线数和接收端天线数相等时(图 4.3.1(a)和图 4.3.1(b))依旧可以实现近似 ML 的性能。实际上表 5.2.5 中的比较并不完全公平,TASER 设计不包括预处理电路,然而 NSA 算法[9]包括了预处理电路,同时利用单载波频分多址(single-carrier frequency-division multiple access,SC-FDMA)对宽带系统进行了优化。

表 5.2.5　不同算法 ASIC 实现结果比较

项目	TASER	TASER	NSA[9]
误码率	近似 ML	近似 ML	近似 MMSE
调试方式	BPSK	QPSK	64-QAM

续表

项目	TASER	TASER	NSA[9]
预处理	不包含	不包含	包含
迭代次数	3	3	3
CMOS 工艺/nm	40	40	45
供电电压/V	1.1	1.1	0.81
时钟频率/MHz	598	560	1000(1125①)
吞吐率/(Mbit/s)	99	125	1800(2025①)
核面积/mm²	0.150	0.483	11.1(8.77①)
核密度/%	69.86	68.89	73.00
单元面积②/(kGE)	142.4	448.0	12600
功率③/mW	41.25	87.10	8000(13114①)
吞吐率/单元面积①/(bit/(s·GE))	695	279	161
能量/(bit①/(pJ/b))	417	697	6476

① 将工艺缩放到 40nm 和 1.1V 电压，有如下假设：$A \sim 1/\ell^2$，$t_{pd} \sim 1/\ell$ 和 $P_{dyn} \sim 1/(V_\ell^2 \ell)$。

② 不包含存储器的门数。

③ 在最大时钟频率和给定供电电压下。

尽管已经有大量的针对传统小规模 MIMO 系统的数据检测器的 ASIC 设计（见文献[11]，[19]），它们中的大多数针对小规模 MIMO 系统可以实现近似 ML 的性能，甚至数据吞吐率可以达到 Gbit/s 量级，但是它们针对大规模 MIMO 的效率还未验证，相应的算法和硬件层面的比较是未来的工作方向之一。

参 考 文 献

[1] Wu M, Yin B, Wang G, et al. Large-scale MIMO detection for 3GPP LTE: Algorithms and FPGA implementations[J]. IEEE Journal of Selected Topics in Signal Processing, 2014, 8(5):916-929.

[2] Peng G, Liu L, Zhang P, et al. Low-computing-load, high-parallelism detection method based on Chebyshev iteration for massive MIMO systems with VLSI architecture[J]. IEEE Transactions on Signal Processing, 2017, 65(14):3775-3788.

[3] Peng G, Liu L, Zhou S, et al. A 1.58 Gbps/W 0.40 Gbps/mm² ASIC implementation of MMSE detection for 128x8 64-QAM massive MIMO in 65 nm CMOS[J]. IEEE Transactions on Circuits & Systems I Regular Papers, 2018, 65(5):1717-1730.

[4] Peng G, Liu L, Zhou S, et al. Algorithm and architecture of a low-complexity and high-parallelism preprocessing-based K-best detector for large-scale MIMO systems[J]. IEEE Transactions on Signal Processing, 2018, 66(7):1860-1875.

[5]　Castañeda O, Goldstein T, Studer C. Data detection in large multi-antenna wireless systems via approximate semidefinite relaxation[J]. IEEE Transactions on Circuits & Systems I Regular Papers, 2016, 63(2):2334-2346.

[6]　Yin B, Wu M, Cavallaro J R, et al. VLSI design of large-scale soft-output MIMO detection using conjugate gradients[C]. IEEE International Symposium on Circuits and Systems, Lisbon, 2015:1498-1501.

[7]　Wu M, Dick C, Cavallaro J R, et al. FPGA design of a coordinate descent data detector for large-scale MU-MIMO[C]. IEEE International Symposium on Circuits and Systems, Montreal, 2016:1894-1897.

[8]　Wu Z, Zhang C, Xue Y, et al. Efficient architecture for soft-output massive MIMO detection with Gauss-Seidel method[C]. IEEE International Symposium on Circuits and Systems, Montreal, 2016:1886-1889.

[9]　Yin B, Wu M, Wang G, et al. A 3.8Gb/s large-scale MIMO detector for 3GPP LTE-Advanced[C]. IEEE International Conference on Acoustics, Speech and Signal Processing, Florence, 2014:3879-3883.

[10]　Yan Z, He G, Ren Y, et al. Design and implementation of flexible dual-mode soft-output MIMO detector with channel preprocessing[J]. IEEE Transactions on Circuits & Systems I Regular Papers, 2015, 62(11):2706-2717.

[11]　Liao C F, Wang J Y, Huang Y H. A 3.1 Gb/s 8×8 sorting reduced K-best detector with lattice reduction and QR decomposition[J]. IEEE Transactions on Very Large Scale Integration Systems, 2014, 22(12):2675-2688.

[12]　Zhang C, Liu L, Marković D, et al. A heterogeneous reconfigurable cell array for MIMO signal processing[J]. IEEE Transactions on Circuits & Systems I Regular Papers, 2015, 62(3):733-742.

[13]　Huang Z Y, Tsai P Y. Efficient implementation of QR decomposition for Gigabit MIMO-OFDM systems[J]. IEEE Transactions on Circuits & Systems I Regular Papers, 2011, 58(10):2531-2542.

[14]　Mansour M M, Jalloul L M A. Optimized configurable architectures for scalable soft-input soft-output MIMO detectors with 256-QAM[J]. IEEE Transactions on Signal Processing, 2015, 63(18):4969-4984.

[15]　Chiu P L, Huang L Z, Chai L W, et al. A 684Mbps 57mW joint QR decomposition and MIMO processor for 4×4 MIMO-OFDM systems[C]. Solid State Circuits Conference, Jeju, 2011:309-312.

[16]　Wang J Y, Lai R H, Chen C M, et al. A 2x2 - 8x8 sorted QR decomposition processor for MIMO detection[C]. Solid State Circuits Conference, Beijing, 2010: 1-4.

[17] Zhang C, Prabhu H, Liu Y, et al. Energy efficient group-sort QRD processor with on-line update for MIMO channel pre-processing[J]. IEEE Transactions on Circuits & Systems I Regular Papers, 2015, 62(5):1220-1229.

[18] Meinerzhagen P, Roth C, Burg A. Towards generic low-power area-efficient standard cell based memory architectures[C]. IEEE International Midwest Symposium on Circuits and Systems, New York, 2010:129-132.

[19] Senning C, Bruderer L, Hunziker J, et al. A lattice reduction-aided MIMO channel equalizer in 90 nm CMOS achieving 720 Mb/s[J]. IEEE Transactions on Circuits & Systems I Regular Papers, 2014, 61(6):1860-1871.

第 6 章　大规模 MIMO 检测动态重构芯片

面向大规模 MIMO 信号检测的动态可重构芯片设计的内容主要分为：信号检测算法以及模型分析、可重构信号检测处理器架构设计。研究可重构信号检测处理器，就必须要充分了解其实现对象——信号检测算法。信号检测算法的设计是整个系统设计的基础[1]，因为其是可重构信号检测处理器架构的设计依据。对信号检测算法的分析主要包括主流信号检测算法行为模式分析、并行性考虑以及算子提取和算子频度统计。对信号检测算法的分析将直接决定信号检测功能的完备性以及主频、功耗、延时等特性[2,3]，并对未来算法的发展预测产生深远的影响。根据大规模 MIMO 信号检测算法的特性，6.1 节将信号检测算法分为线性信号检测算法和非线性信号检测算法两大类进行分析。可重构大规模 MIMO 信号检测处理器是通用可重构计算架构在大规模 MIMO 信号检测领域的定制化体现。设计者需要在通用架构的基础上，对架构各个模块的具体结构和参数根据信号检测的需求进行优化。不同于传统 ASIC 架构信号检测处理器只能实现单一信号检测算法或者 ISP 针对特定算子进行优化以及扩展指令集设计，可重构大规模 MIMO 信号检测处理器需要设计者根据信号检测算法的共性，提出从计算单元、互连网络、数据存储到配置控制方法、配置信息组织和数据存储的架构设计。这不仅需要考虑数据边界的划分、各子模块间的依赖关系的合理性，还需要关注各模块在性能、面积等方面的权衡，此部分将在 6.2 节进行介绍。可重构大规模 MIMO 信号检测处理器的核心优势之一就是可以通过动态配置来满足大规模 MIMO 信号检测应用在灵活性上的需求，6.3 节将对可重构配置方法和配置包设计方法进行介绍。

6.1　算　法　分　析

大规模 MIMO 信号检测技术被视作下一代无线通信中的关键技术，如何在基站侧准确地恢复出用户终端发射的信号则是信号检测技术一贯的难点所在。根据算法是否采用线性滤波器进行信号检测，信号检测算法通常划分为两大类——线性信号检测算法与非线性信号检测算法。相较于非线性信号检测算法，线性信号检测算法的计算复杂度较低，在大规模 MIMO 信号检测的计算复杂度随天线阵列规模指数增长的情况下具有极大的优势。但随着无线通信技术的发展，信道环境复杂性提升，当信道条件较差时，线性信号检测算法在准确率方面不如非线性信号检测算法。因此, 如何设计出能够同时支持线性信号检测算法与非线性信号检测算法的硬件系统成为下一代无线通信技术发展的重要课题。

6.1.1　算法分析方法

面向可重构计算的大规模 MIMO 信号检测算法分析包括: 大规模 MIMO 信号检测行为模式分析、算法并行策略分析、核心算子提取等。首先, 因为大规模 MIMO 信号检测算法种类繁多, 想要对其进行系统的分析, 就必须确定不同算法的共性和特性, 也就是行为模式分析。算法的特征主要包括基本结构、操作类型、操作使用频率、操作间数据依赖关系、数据调度策略等。在对单个信号检测算法进行特征分析的基础上, 通过提取各个算法的共性在各个算法间建立联系, 最终确定多个具有较多共性特征的代表算法的集合。之后, 为了充分挖掘可重构计算形式处理大规模 MIMO 信号检测应用时的性能优势, 需要对大规模 MIMO 信号检测算法进行并行策略分析。这为之后算法映射方案中的并行化及流水线设计提供了依据。并行策略分析以各个代表算法集合而非单个算法为研究对象, 这有利于并行特征在代表算法集合内的各算法间移植。随着大规模 MIMO 技术的发展, 新的信号检测算法层出不穷。若采用基于代表算法集合的并行分析方式, 在将新算法按其特征归入代表算法集合后, 就可以参照集合中已映射算法的并行策略甚至是映射图对算法进行分析, 这可以在很大程度上节约工作量和工作时间。在对行为模式和并行策略进行分析之后, 需要进行的另一项工作是大规模 MIMO 信号检测应用的核心算子提取, 这将为之后的可重构 PEA, 尤其是可重构 PE 的设计提供重要依据。核心算子提取的过程实际上是十分困难的, 需要合理地权衡算子的普适性与复杂度, 以满足算法在性能和安全性上的双重约束。

图 6.1.1 以 MMSE 检测算法为例, 给出了该算法的运算流程, 其主要运算模块包括共轭矩阵乘法、矩阵求逆、匹配滤波计算以及信道均衡。其中, 共轭矩阵乘法、匹配滤波计算和信道均衡三个部分都是由复数矩阵乘法构成的, 而矩阵乘法的特点就是并行性强、数据依赖关系比较简单。再加上共轭矩阵乘法和匹配滤波计算两个模块间不具备数据依赖关系, 可以并行处理, 因此 MMSE 检测算法具备很高的运算并行度。

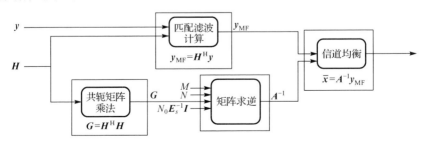

图 6.1.1　大规模 MIMO MMSE 检测算法主要运算流程

6.1.2　算法共性

线性信号检测算法主要为 ZF 算法和 MMSE 算法。因为 ZF 算法在信号检测的过程中并未考虑噪声影响，对于大规模 MIMO 的复杂的信道条件已经不再适用，所以这里针对 MMSE 算法集合下的四种检测算法进行分析，分别为纽曼级数近似算法[4]、切比雪夫迭代算法[5]、雅可比迭代算法[6]和共轭梯度算法[7]。对四种算法均采用复数运算的形式进行分析，相对于最基本的加减乘除运算，在粗粒度层面做算子抽象，乘累加运算和有符号除法所占比例极大。其中，乘累加运算主要来源有三种操作：矩阵相乘、矩阵与向量相乘、向量点乘。对算法进行定点分析可知，16bit 乘累加运算即可满足精度需求。有符号除法主要集中在切比雪夫迭代算法的初值计算和迭代部分以及共轭梯度算法的迭代部分。通过定点分析可知，16bit 除以 8bit 的除法器即可满足精度要求，因此，可以在 ALU 中设计一组并行度为 2 的 16bit 除法单元。此外，对于 LLR 部分，出于调度复杂度和通用性方面的考虑，也将其提取为一个新的算子，以提高信号检测处理器的性能。

非线性信号检测算法主要为 K-best 算法[8]和 SD 算法[9]。以上两种算法均由 ML 算法发展而来，并在预处理和搜索部分对原始 ML 算法进行了优化，极大程度上降低了计算复杂度。其中 K-best 算法是 ML 算法基于广度优先搜索发展而来的，SD 算法则是 ML 算法在深度优先搜索方面的衍生。通过对非线性信号检测算法分析可知，其预处理部分通常都由 QR 分解加上矩阵求逆操作实现，这部分与线性信号检测算法类似。此外，无论是预处理部分还是搜索部分(其搜索层数以及搜索路径与天线规模相关)，需要处理的数据阵列规模均随着天线规模而增加，计算复杂度随着天线规模呈指数增长。本书选取的两个算法中，CHOSLAR 算法是简化的 K-best 算法，作为 ML 算法的代表，对原 K-best 算法在算法本身和硬件设计时有两处简化，一是对预处理部分的简化，二是搜索候选点数目的削减。TASER 算法不同于主流的两大类算法[10]，用矩阵向量操作和近似非线性方法对信号检测问题进行求解，避免了搜索求解原始信号，使得计算复杂度迅速降低。出于对信号检测处理器调度成本以及性能的考虑，为减少 PE 间频繁更换配置与调度，本书对非线性信号检测算法也做了粗粒度算子抽象。其中，复数乘累加、有符号除法以及 LLR 判断操作与线性信号检测算法相同，此外，本书针对二范数求解引入了 16bit 实数乘累加算子、区间判断算子、16bit 实数开方算子。

6.1.3　计算模型

可重构大规模 MIMO 信号检测计算模型主要描述大规模 MIMO 信号检测应用在可重构计算的基本架构上所采用的处理方式及控制规则。实际上，可以将其理解为大规模 MIMO 信号检测应用在可重构计算系统中的建模过程。

简单地讲，如图 6.1.2 所示，大规模 MIMO 信号检测算法可以看成一个从输入到输出的变换函数。基于可重构计算的思想,输入又可进一步分为数据输入与配置输入。配置输入通过改变数据输入到输出结果之间的映射关系达到对变换函数的控制效果。而针对大规模 MIMO 信号检测应用的特点,数据输入一般又可分为固定输入与实时输入。固定输入一般为算法中的初始参数(如通过信道估计得到的信道矩阵 H、信噪比)、算法迭代次数以及迭代参数生成公式等输入频率远大于计算频率的内容,而实时输入一般为算法中接收信号、数据辅助中的循环前缀等输入频率与计算频率相当的内容。在对大规模 MIMO 信号检测算法分析的基础上,建立各个代表算法集合的可重构计算模型,确定相应的输入、输出以及与之匹配的变换函数,这将大规模 MIMO 信号检测应用与可重构计算形式紧密地结合起来,不仅明确了大规模 MIMO 信号检测应用在可重构架构上的运行机制,还为可重构大规模 MIMO 信号检测处理器的具体设计提供数学指导。可重构大规模 MIMO 检测处理器架构设计的基本研究方法如图 6.1.3 所示,将在 6.2 节对其进行详细分析。

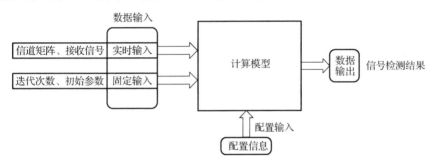

图 6.1.2　可重构大规模 MIMO 信号检测计算模型研究

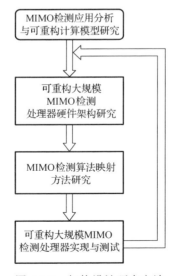

图 6.1.3　架构设计研究方法

6.2 数 据 通 路

可重构 PEA 是可重构大规模 MIMO 信号检测处理器的核心计算部件，其与相应的数据存储部分共同构成可重构大规模 MIMO 信号检测处理器的数据通路。数据通路的架构直接决定了处理器的灵活性、性能与能量效率。可重构计算阵列的研究内容主要包括可重构 PE、互连拓扑结构、异构模块等。单就 PE 来讲，由于各个大规模 MIMO 信号检测算法基本操作之间的粒度差异很大，从 1bit 的基本逻辑运算到数千比特的有限域运算不等。本书以混合粒度的思想对 PE 的架构进行探讨，即不仅包括基本的 ALU、数据与配置接口、寄存器等的设计，还要对不同粒度的 PE 在阵列中的比例及相对位置进行优化。此外，混合粒度对互连拓扑形式的研究也带来了新的挑战。由于各个 PE 之间可能具有不同的数据处理粒度，不同粒度 PE 之间的互连就会涉及数据的拼接以及拆分，这种异构互连架构需要综合考虑互连代价及算法的可映射性。数据通路中的存储部分为可重构计算阵列提供数据支持。对于计算密集型和数据密集型的可重构大规模 MIMO 信号检测处理器来说，因为其要进行大量的并行计算，所以存储器的数据吞吐率极易成为整个处理器性能的瓶颈，也就是"存储墙"问题。这就需要在存储组织形式、存储器容量、存储器访问仲裁机制、存储接口等方面进行协同设计，既要保证可重构计算阵列的性能不受存储部分的影响，又要尽可能地降低存储部分所带来的额外面积与功耗开销，本书对数据访存方式也做出了相应的研究[11,12]。图 6.2.1 简要地对可重构 PEA 及数据存储部分进行了图示说明。

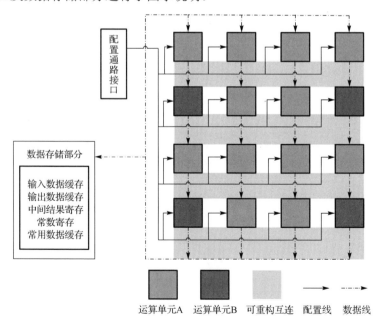

图 6.2.1　可重构计算阵列及数据存储部分（见彩图）

6.2.1　可重构运算单元阵列结构

PEA 是大规模 MIMO 信号检测处理器中负责处理计算任务中可并行部分的主要承担者，由主控接口、配置控制器、数据控制器、PEA 控制器和 PE 阵列组成，如图 6.2.2 所示。

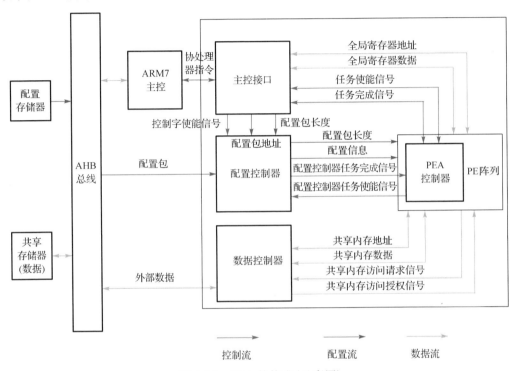

图 6.2.2　PEA 的构成（见彩图）

1.　PEA 子模块划分

PEA 可以通过主控接口、配置控制器和数据控制器与外部进行数据交换。其中，主控接口是协处理器或者先进高性能总线(advanced high performance bus，AHB)，ARM 作为其主模块可以将要执行的配置字及依赖的数据写入其中。配置控制器作为 AHB 主模块，对配置存储器发起读请求，并将配置包搬运到 PEA 内。数据控制器也是 AHB 主模块，对共享存储器(shared memory，片上共享存储，挂载在 AHB 总线上，由 ARM7 和 PEA 共享。共享存储器与主存的数据交互通过 ARM7 控制直接内存存取控制器搬运数据完成)发起读写请求，并完成数据在 PEA 和共享存储器之间的搬运。PEA 中最基本的计算单元是 PE，其最基本的时间单位为机器周期(机器周期表示 PE 从开始执行配置包中的一个任务到结束执行的一段时间。因为每个

PE 的访存延时不确定，所以以时钟周期为单位进行调度会非常困难。引入"机器周期"的抽象，调度以机器周期为单位进行，代替了时钟周期，简化了编译器的设计。具体每个机器周期占多少个时钟周期将由硬件在运行中动态决定）。每个 PE 中有一个 ALU。在每个机器周期中，ALU 将四个输入（两个 32bit 输入和两个 1bit 输入）进行一次运算后，得到两个输出（一个 32bit 输出和一个 1bit 输出）。PE 在完成一个机器周期的计算后，将等待其他所有 PE 完成当前机器周期的计算，然后一起进入下一个机器周期。当 PE 执行完本套配置包后，将通知 PEA。PEA 在得到所有 PE 执行完成的信号后，将结束这一套配置信息。各个 PE 在一套配置包下不需执行完全相等的机器周期数，一个 PE 可以提前结束本套配置信息。在这一编程模型下，数据控制器、共享存储器等复杂的外部存储模型被掩盖，PE 看到的 PEA 外部存储就是一片连续的地址空间。

为了支持更复杂的控制范式，在上述编程模型中加入两个机制：①在 PE 的每行配置中加入条件执行控制位。若条件执行使能，则 PE 的 ALU 根据 1bit 输入信息来决定是否执行本机器周期的计算。②加入配置跳转机制，若 PE 的 32bit 信息输出被写到 PE 寄存器堆的第 16 个寄存器（R15）中，则 PE 在下一周期的执行的配置行索引为本周期的配置行索引+R15 寄存器中的数值（注意 R15 中的数值是有符号整数）。为了压缩配置信息，同时支持更复杂的流计算范式，在上述编程模型中加入三个"迭代次数"：①PEA 顶层的迭代次数（PEA top iter）。若 PEA top iter 不为 0，则 PEA 在执行完一遍当前配置包后，再将当前配置包执行 PEA top iter 遍。②PE 顶层的迭代次数（PE top iter）。若一个 PE 的当前配置包中的 PE top iter 不为 0，则 PE 在执行完当前配置包中该 PE 的配置信息后，将重复执行这些配置信息 PE top iter 次。注意，每次重复执行之间，该 PE 不需要等待其他 PE 执行完当前配置包中其他 PE 对应的配置信息。③PE 配置行中的迭代次数（PE line iter）。若在当前机器周期一个 PE 执行到一行配置信息（对应 ALU 的一个操作），改行配置信息 PE line iter 不为 0。则该 PE 将在接下来的 PE line iter 个机器周期中逐次重复执行本行配置信息 PE line iter 遍。每次重复执行时，数据来源/去向的地址可以通过 in1/in2/out1_iter_step 字段配置成递增的（详见 6.3.4 节）。

2. 行为描述

PEA 的工作流程如下。

（1）配置控制器通过配置仲裁器（arbiter）将配置包写入各个 PE 的配置缓存中。

（2）PEA 控制器收到任务使能信号后，使用配置包使能信号使能所有 PE。PE 执行缓存中的配置包，每执行完一个机器周期，发送执行结束信号到 PEA 控制器，并等待下一个 PE 使能信号。所有 PE 给出执行结束信号，且数据控制器也给出数据控制结束信号时，PEA 控制信号给出下一个机器周期的 PE 使能信号，PEA 进入下一个机器周期。由此实现 PEA 机器周期的同步。

(3) 当所有 PE 对应的配置包都执行完毕,且数据控制器配置包也都执行完毕后,PEA 控制器向主控接口发出任务结束信号,并等待主控接口的下一步指示。

6.2.2　运算单元结构

PE 是 PEA 中最基本的计算单元,由一个 ALU 以及一个私有寄存器堆组成,基本结构如图 6.2.3 所示。其最基本的时间单位也是机器周期。机器周期对应 PE 完成一次运算的时间长度。在同一个机器周期内,PE 之间采用全局同步机制,即每一块 PE 在完成一个机器周期的计算后,需等待其他 PE 均完成当前机器周期的计算,才能一起进入下一个机器周期。在同一套配置包下,PEA 需得到所有 PE 执行完本套配置包的反馈信号后,结束本套配置信息。但是,各个 PE 在一套配置包下不需执行完全相等的机器周期数。

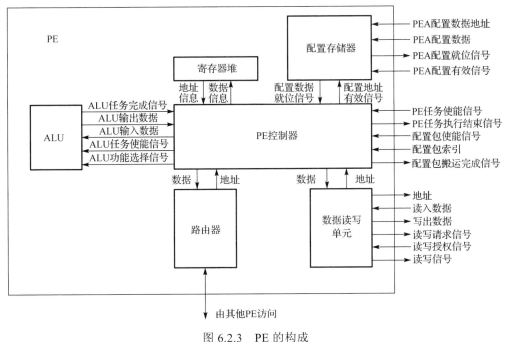

图 6.2.3　PE 的构成

1. ALU 设计

PE 可重构阵列中并行处理数据的单位位宽由其计算粒度决定。一方面,计算粒度设计过小,与处理器需要支持的信号检测算法不能匹配,若是选择强制截位,则会影响算法的精度;若是通过拼接多个 PE 协同完成,则会影响互连资源、控制资源以及配置资源的效率,最终降低整体实现的面积效率和能量效率。另一方面,计算粒度设计过大,PE 中仅有部分位宽参与运算,会导致计算资源设计冗余从而影响面积、延时等整体的性能。因此，计算粒度的选取应当与可重构大规模 MIMO 信号检测处理器所需支持的检测算法集合相匹配。

6.1 节对信号检测算法特性进行了概括性的总结和分析，由此得知，线性检测算法和非线性检测算法均有各自的特点。在对多种信号检测算法进行定点化之后，PE 的计算粒度才最终确定。通过分析，32bit 的字长足以支持当前的计算精度要求。此外，部分算法需要的特殊算子，经过定点化可以控制在 16bit。因此，本书在设计 ALU 时加入了数据拼接和数据拆分的算子，以及对高、低比特位单独处理的操作。这方面的设计将会在 ALU 单元设计中详细介绍。线性信号检测算法所需的位宽较为接近，基本集中在 32bit；对于本书选取的两种非线性信号检测算法，通过定点化后仿真，16bit 的定点字长足以满足开方等运算操作的精度要求。TASER 算法中算子定点字长为 14bit，但就硬件实现的可行性而言，建议选取为 16bit。总体而言，大规模 MIMO 信号检测处理器的 PE 计算粒度建议选取为 32bit 及以上，因为存在多个 PE 进行拼接的情形，应当选取粒度为 2 的指数倍，所以可以选取为 32bit。需要说明的是，实际架构设计中，若有特殊的算法集合要求，可以根据情况相应调整PE 单元的处理粒度，以更好地满足应用需求。

ALU 是 PE 中执行运算的核心部分，作为一个单周期组合逻辑，可以实现整型的两目、三目运算。其数据通路分为 1bit 数据通路和 32bit 粗粒度数据通路。32bit 和 1bit 数据通路只能在 ALU 的计算中发生交互，在 ALU 以外，两者不可交互。在每个机器周期中，ALU 对四个输入信号(两个 32bit 和两个 1bit)进行一次运算，得到两个输出信号(一个 32bit 和一个 1bit)，具体的数据通路如图 6.2.4 所示。从图中可以看出，ALU 有四个输入，其中输入 1 和输入 2 为 32bit，参与粗粒度计算；标志位输入 3 为 1bit 输入，用于条件选择和进位；使能端数据输入 4 也是 1bit 输入，用于条件控制，当输入 4 为 0 时，ALU 正常计算，当输入 4 为 1 时，ALU 将不被使能。ALU 有两个输出，其中输出 1 为 32bit 输出，输出 2 为 1bit 输出。1bit 输出可以选择存入 1bit 影子寄存器，从而可以长期保存。

ALU 中的算子主要由信号检测算法中的共性逻辑构成，参见表 6.2.1。表 6.2.1 中 in1、in2 和 in3 分别表示数据输入 1、2 和 3；Out1 和 Out2 分别表示数据输出 1 和 2。根据前面对信号检测算法的分析可知，同一类型的信号检测算法可以提取出非常相似的共性算子，这些算子可以分为以下几类。

逻辑算子：与、或、异或等。

算术算子：实数有符号加、减、乘、除、开方、拼接，复数加、减、乘、拼接，无符号加、减，绝对值减等。

移位算子：逻辑移位、算数移位等。

检测专用算子：16bit 乘累加、16bit 乘累减、16bit 连加、区间判断、LLR 判断等。

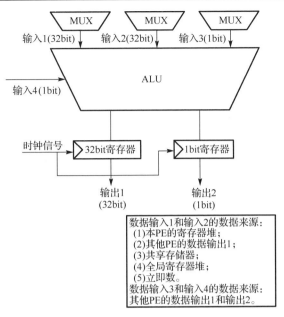

图 6.2.4 ALU 数据通路示意图

表 6.2.1 大规模 MIMO 信号检测重构处理器算子统计表

编号	功能	运算操作	输出数据 1 (Output 1)	输出数据 2 (Output 2)
0	按位取反	T='z	Out1='z	Out2='z
1	有符号加法	T=in1+in2+in3	Out1=T[31:0]	Out2=T[31]
2	有符号减法	T=in1−in2−in3	Out1=T[31:0]	Out2=T[31]
3	有符号乘法	T=in1×in2	Out1=T[31:0]	Out2=T[0]
4	按位与运算	T[31:0]=in1&in2&{31{1'b1},in3}, 即 in3 的高位全部补 1,然后与 in1、in2 进行按 位与操作	Out1=T[31:0]	Out2=&T[31:0]
5	按位或运算	T[31:0]=in1 | in2 | {31{1'b0}, in3},即 in3 高位 全部补 0,然后与 in1、in2 进行按位或操作	Out1=T[31:0]	Out2=|T[31:0]
6	按位异或运算	T[31:0] = in1^in2^{31{1'b0}, in3},即 in3 高位 全部补 0,然后与 in1、in2 进行按位异或操作	Out1=T[31:0]	Out2=^T[31:0]
7	绝对值减法	T=|in1−in2−in3|	Out1=T[31:0]	Out2=T[31]
8	选择操作	T[31:0] = in3 ? in1 : in2	Out1=T[31:0]	Out2 = in3
9	逻辑左移	T[32:0] = {in1, in3}<<in2	Out1=T[31:0]	Out2=T[32]
10	逻辑右移	T[31:−1] = {in3, in1}>>in2	Out1=T[31:0]	Out2 = T[−1]
11	算术右移	T[31:0]={in2{in1[31]},in1>>in2} 即在高位补 in2 个 in1[31]	Out1=T[31:0]	Out2=in1[in2−1]
	无符号加法	T = in1 + in2 + in3	Out1=T[31:0]	Out2 = T[32]
12	无符号减法	T = in1−in2−in3	Out1=T[31:0]	Out2 = T[32]
13	前导零检测	计算 in1 对应的二进制数据的前导零数量	Out1 = in1 的前导零 数量	

编号	功能	运算操作	输出数据 1 (Output 1)	输出数据 2 (Output 2)
14	有符号除法	T={in1/(in2[31:16]),in1/(in2[15:0])}	Out1 =T[31:0]	Out2=0
15	开方	T={ √in1[15:0], √in2[15:0] }	Out1 =T[31:0]	Out2=0
16	16bit 乘累加	T=in1[31:16]×in2[31:16]+ in1[15:0]×in2[15:0]	Out1 =T[31:0]	Out2=0
17	16bit 乘累减	T=in1[31:16]×in2[31:16]– in1[15:0]×in2[15:0]	Out1 =T[31:0]	Out2=0
18	16bit 连加	T=in1[31:16]+in2[31:16]–in1[15:0] + in2[15:0]	Out1 =T[31:0]	Out2=0
19	数据拼接	T= in2[15:0]<<16 + in2[15:0]	Out1 =T[31:0]	Out2=0
20	复数加法	T1=in1[31:16]+in2[31:16] T2=in1[15:0] + in2[15:0]	Out1 = T1[15:0]<<16 + T2[15:0]	Out2=0
21	复数减法	T1=in1[31:16]–in2[31:16] T2=in1[15:0]–in2[15:0]	Out1 = T1[15:0]<<16 + T2[15:0]	Out2=0
22	复数乘法	T1=in1[31:16]×in2[31:16]–in1[15:0] ×in2[15:0] T2=in1[31:16] ×in2[15:0]+ in2[31:16]×in1[15:0]	Out1 = T1[15:0]<<16 + T2[15:0]	Out2=0
23	复数拼接	T1=in1[23:16]<<8–in2[23:16] T2=in1[7:0]<<8–in2[7:0]	Out1 = T1[15:0]<<16 + T2[15:0]	Out2=0
24	区间判断	—	—	—
25	LLR 判断	—	—	—

ALU 可以实现多种计算功能，通过一个 5bit 的功能选择信号 OpCode 选择具体的计算功能。ALU 将两个 32bit 输入与一个 1bit 输入根据特定的计算功能转化成 1 个 32bit 输出与一个 1bit 输出，且 1bit 输出一般用于条件控制或进位。因此，在设计操作符时，本书将条件位（或进位）的计算整合到传统的 32bit 的操作符运算中，同时考虑其硬件的可实现性。根据 in3 和 Out2 的作用，可以将运算符的作用分为四类：①用作进位信号，例如，对于两个 32bit 无符号加法运算而言，计算结果的第 33bit（T[32]bit）为溢出位，如果需要实现 64bit 加法，则低 32bit 的溢出位可以作为高 32bit 的进位信号。而这个溢出位在硬件实现上也非常简单，只需要将计算结果的第 33bit 作为输出即可。类似地，还有无符号数的移位，即逻辑左移、逻辑右移。②用作其他 PE 的条件，例如，无符号数减法的溢出位（T[32]）和有符号数减法的符号位（T[31]）都可以用作比较两个数大小的标志。如果一个无符号数 a 减去另一个无符号数 b 后，发生了溢出（即 T[32]发生了借位），就说明 a 小于 b。同理，与、或、异或的 1bit 输出为三个输入依次按位异或得到 T[31:0]后，再将 T[31:0]的每一位分别依次进行与、或、异或操作，运算得到的 1bit 输出可以作为逻辑表达式的条件。绝对值减法的 1bit 输出可以用来判断两个输入是否相等，相等则输出 0，不等则输出 1。③用作条件选择，这里专指条件选择操作。同时，该操作符还可以作为 1bit 数据的缓冲器，用于将 1bit 输出沿着流水线向下传递。④无明显用途，如乘法、算数移位和前导零检测。

PE 的 32bit 输入数据可以来自共享存储器（通常为整个计算过程的输入数据）、PE 内部的寄存器堆（通常为 PE 内计算的中间数据）、当前 PE 以及其他邻近 PE 在上一个机器周期的 32bit 输出数据（通常为 PE 间计算的中间数据）、立即数以及主控接口中的全局寄存器堆（通常为主控运行时得到的中间数据）。PE 的 1bit 输入可以来自其他 PE 在上一个机器周期的 1bit 输出(即短期 1bit 中间结果)。PE 的 32bit 输出可以传输到共享存储器、PE 内的寄存器堆以及全局寄存器堆,而且无论该 PE 在本机器周期的计算结果(32bit 和 1bit 输出)如何,都能在下一个机器周期被相邻 PE 访问。

2. 数据的组织形式

目前,对于一个 PE 来说,它可以访存的数据有:①所有 PE 共享的共享存储器中存放的 PEA 计算时从外部进来的输入和输出数据,这些数据的搬运过程由 ARM7 控制。②PE 内部的该 PE 私有的寄存器堆中短期存放的计算数据。③PEA 内所有 PE 共享的全局寄存器堆中保存的 ARM7 和 PEA 需要在运行时交换的数据。共享存储器作为紧邻 PEA 的数据存储器,在数据仲裁器的控制下,为 PEA 提供数据输入和输出。表 6.2.2 为合法的数据来源及访问代价,表 6.2.3 为合法的数据去向。

表 6.2.2　合法的数据来源及访问代价

输入数据	数据来源	用途	访问代价
in1/in2	直接访问共享存储器,用来读入外界的输入数据	用来读入外界的输入数据	$2+m$
	立即数	读入编译器立即数	0
	访问该 PE 内某个寄存器	读入 PE 计算的局部长期数据	r
	访问某个 PE 在上一个机器周期的输出 1	读入阵列内的短期数据	1
	通过某个寄存器内的值间接访问共享存储器	实现运行时动态访存	$2+m+r$
	来自主控接口内的全局寄存器堆	与 ARM7 交换运行时产生的数据	g
in3	通过路由器(router)访问相邻 PE 在上一个机器周期的输出 2	读入单比特计算数据,用于条件选择、进位	1
in4	通过路由器访问相邻 PE 在上一个机器周期的输出 2	读入单比特控制数据,用于条件执行	1

表 6.2.3　合法的数据去向

参数	意义
ρ_v^K,　ρ	路由器 K 的第 v 个输出端口被它的第 x 个输入端口占用的时间百分比 $$\left(\rho_v^K = \sum_{x=1}^{U} \frac{\lambda_{x \to v}^K}{\mu_v^K}, \rho = \sum_{v=1}^{V} \rho_v^K\right)$$
$\lambda_{x \to v}^K$	平均片信息输入率(flit/cycle)
μ_v^K	平均服务率(cycle/flit)
U	一个路由器的输入端口总数
V	一个路由器的输出端口总数

6.2.3　共享存储器

共享存储器是一个多体(Bank)的存储器。每个共享存储器有 16 个 Bank,这是由每个 PEA 中的 PE 的个数决定的,如此大量的 Bank 可以缓解 PE 之间发生访存冲突时产生的访存延迟。默认情况下，其地址共有 10 位，前 2 位为标签位，标识数据在哪个 Bank 中，数据以字为单位对齐，每个字为两个字节。每个 Bank 都连接到一个仲裁器上，同时每个 PE 也连接到仲裁器上。多个 PE 同时访问同一个 Bank 的优先级由仲裁器来确定。共享存储器与 PEA 之间有一个专用接口，其地址线宽度为 4×8bit，数据线位宽为 4×32bit。每个机器周期每个 Bank 都可以处理一次数据访问，单周期共享存储器最多处理 16 次数据访问（当 16 个 Bank 都有访问请求时）。

初始时，每个 Bank 均有 16 个输入，输入按照 1～16 的顺序设立固定优先级。即当发生任意组合的多输入之间的访存冲突时（包括读写），均按照输入 1～16 的优先级顺序进行相应的访存操作。仲裁器支持广播操作。如果一个周期内多个 PE 对同一个地址发起数据读请求，仲裁器只需要一个周期就可以满足所有请求。共享存储器中的初始数据由 ARM7 负责从外存中读入，计算结果由 ARM7 负责写入外存。

共享存储器的访存存在两种方式：一种是只能与唯一一个 PEA 交互（与自身号段匹配的 PEA，如 PEA0 只与共享存储器 0 交互），另一种是与相邻的两个 PEA 均能交互。两种方式分别如图 6.2.5 和图 6.2.6 所示。

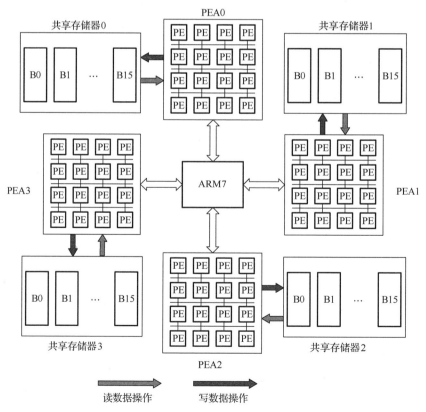

图 6.2.5　共享存储器只与一个 PEA 进行交互

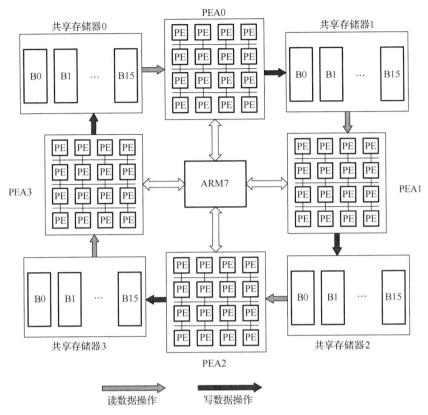

图 6.2.6　共享存储器与相邻两个 PEA 进行交互

6.2.4　互连

目前，在面向大规模 MIMO 检测系统的可重构系统中，各个 PE 之间还是通过总线方式进行通信的。但是相较于传统 ASIC 架构，由于可重构大规模 MIMO 信号检测芯片通过重构技术可以大大压缩处理单元阵列规模，可以将 PEA 限制在 4×4 的规模。针对 4 组 4×4 的 PEA，基于总线架构，本书提供一种解决方案——用路由实现 PE 间的互连。通过路由，一个 PE 可以访问相邻 PE(欧氏距离不大于 2 的 PE)在上一个机器周期的计算结果。目前，为各个 PE 提供的四种路由如图 6.2.7 所示，分别是：

(1)相邻的四个 PE(上、下、左、右)；

(2)距离为 2 的四个 PE(上跳、下跳、左跳、右跳)；

(3)上一行和下一行的部分 PE(左上、左下、右上、右下)；

(4)当前 PE。

需要注意的是，如果目标 PE 的位置在当前阵列之外，那么使用取模的方式将

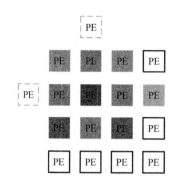

图 6.2.7　PE 路由范围示意（见彩图）
紫色 PE 可以访问到各个彩色的 PE

目标 PE 映射到阵列上的某个 PE。如图 6.2.7 中的"上跳"目标 PE（图中虚线框所示），它是在第（−1）行。因为总共有 4 行 PE，（−1）%4=3，所以实际目标 PE 在第三行。

为了满足下一代移动通信系统的高数据吞吐率和低延时要求，大规模 MIMO 信号检测系统的很多检测算法在硬件上通常具有非常高的并行性（如前面介绍的基于 MMSE 的 NSA 算法、切比雪夫迭代算法、CG 算法等），以此提高检测算法的检测效率，从而提高系统性能。而且，在面向大规模 MIMO 信号检测的可重构系统中，各个 PE 之间通常会发生频繁的数据交换，这对传统的总线结构在通信延时以及通信效率上提出了挑战。除此之外，通信技术一直处于不断发展之中，MIMO 技术从诞生到现在经历了普通 MIMO 到大规模 MIMO 的发展历程，天线阵列规模越来越大，系统可容纳的移动终端数目也在增加；伴随着 MIMO 技术的发展，也不断会有新的检测算法被提出，因此未来的大规模 MIMO 信号检测系统必须要具有很高的可扩展性，传统的总线结构也满足不了这一要求。与总线结构相比，NoC 具有以下优点[13]：①可扩展性，因其结构可以灵活变化，理论上可以集成的资源节点的数目不受限制。②并发性，提供良好的并行通信能力，提高数据吞吐率及整体性能。以上两个优点很好地满足了大规模 MIMO 信号检测系统的需求。③多时钟域。不同于总线结构的单一时钟同步，NoC 采用全局异步局部同步机制，每个资源节点都有其自己的时钟域，不同的节点之间就通过路由节点进行异步通信，从根本上解决总线结构庞大的时钟树带来的面积和功耗问题。

NoC 由计算资源节点和通信网络两部分构成，计算资源节点（resource node，RSN）完成广义的"计算"任务，通常由一些 IP 核（如 DSP、CPU、存储器、I/O 单元等）组成；通信网络由通信路由器（router，R）、网络适配接口（network interface，NI）、网络拓扑链路（network topology link，NTL）构成，实现资源的高速通信。路由器主要由计算逻辑、控制逻辑、交叉开关和缓存单元组成。网络适配接口又称网络接口，是连接 NoC 互连网络与 IP 核的接口，可以实现局部的总线协议到片上网络协议的转换、数据包的拆解和组装，并分离 NoC 的通信任务和计算任务。网络拓扑链路将各路由器连接起来形成片上通信网络。典型的二维 mesh 结构 NoC 如图 6.2.8 所示。NoC 网络在进行通信时，首先，路由器从源节点接收数据包并将其储存在输入端口的缓存单元中，之后路由器计算逻辑和控制逻辑负责确定传输方向和仲裁通道以引导数据包的流向，最后数据包经由交叉开关输往下一个路由器，并重复此过程到达目的地，实现源节点和目的节点之间的数据传输。

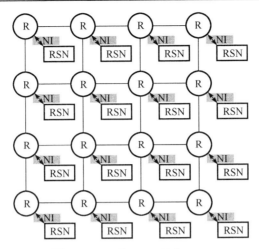

图 6.2.8　二维 mesh 结构 NoC

　　然而，传统的 NoC 易发生网络拥塞现象，数据传输和通信能力有限[14]，无法适应日益发展的复杂应用对于高吞吐率、高能效、低时延、高可靠性的需求。对于可重构大规模 MIMO 信号系统来说，信号检测过程中系统会发生动态重构，因此不同 PE 之间的通信路径也会随之改变。传统 NoC 的拓扑结构和路由算法一旦固定便无法改变，不能支持通信的动态行为，满足不了可重构系统动态可重构的要求。因此，研究具有高灵活性、自适应性和可配置性的可重构 NoC，能够提高复杂通信模式下的性能。可重构 NoC 具有很好的灵活性和可配置性，针对不同应用情况或者当网络中出现拥塞以及发生故障时，可重构 NoC 可静态或者动态地重构 NoC 的拓扑结构、路由算法和路由器结构等，提高 NoC 的通信能力。因此，可重构大规模 MIMO 信号检测系统可以采用可重构 NoC 作为不同 PE 之间的互连方式。

　　映射优化是 NoC 的重要研究方向之一，不同的映射方式将影响 NoC 以及整个可重构处理器的延时、能耗、可靠性等一系列指标。可重构 NoC 能够根据不同的通信特征进行硅后定制化配置，通过改变其拓扑结构、路由算法等配置以满足不同的应用需求。这一特征对 NoC 映射优化提出了新的挑战和需求。简单来讲，NoC 映射是指在给定的网络拓扑结构、应用任务图和设计约束条件的前提下，将应用任务图中的映射对象按照一定的规则分配到 NoC 拓扑结构中的 RSN 上，使得 NoC 目标性能最优的过程。一个具体 3×3 的二维 mesh 结构 NoC 映射的例子如图 6.2.9 所示。图 6.2.9(a) 为应用信息特征图 (application characteristic graph，APCG) $G(C, A)$，它表示的是实际应用，APCG 是一个双向图，每一个节点 $c_i \in C$ 是一个应用中的 IP 核 (其中 c_i 表示编号为 i 的 IP，C 是 APCG 中所有 IP 的集合)，而每条边 $a_{ij} \in A$ 表示从 c_i 到 c_j 之间的通信 (a_{ij} 表示的是从 c_i 到 c_j 的边，A 是 APCG 中所有边的集合)，每条边的权重 V^{ij} 表示边 a_{ij} 的通信量，单位为 bit。图 6.2.9(b) 表示的是映射之后的结果，图中 RSNi 表示的是应用任务图中的编号为 i 的 IP 核，Rk 表示的是二维 mesh 拓扑结构中的第 k 个路由节点。路由器之间通过互连线进行通信，将 NoC 结构中总的互连线数目定义为 N，显然对于图 6.2.9 (b) 表示的 3×3 的二维 mesh 结构的 NoC，$N = 24$。

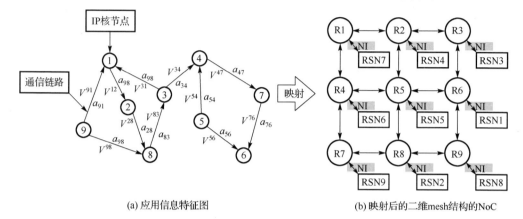

(a) 应用信息特征图　　　　　　　　　　　　　(b) 映射后的二维mesh结构的NoC

图 6.2.9　一个具体 3×3 的二维 mesh 结构 NoC 映射的例子

当采用可重构 NoC 作为可重构系统的互连方式时，NoC 的工作情况将直接影响整个可重构系统的运行情况。NoC 的可靠性将会在很大程度上直接影响整个可重构系统的可靠性，因为任何出现在 NoC 互连中的错误都会直接导致整个可重构系统无法正常运行。另外，可重构系统也对其互连方式的可靠性有很高的要求，例如，一个超级并行计算机要求它的互连方式可以保证有效工作 10000h 而不发生一次丢包事故[15]。对于大规模 MIMO 信号检测系统来说，NoC 系统中出现的任何错误都可能会对检测算法的误码率性能造成极大影响。因此，大规模 MIMO 检测系统对 NoC 系统的可靠性要求较高。然而，由于 NoC 对于众多因素的脆弱性，如串扰、电磁干扰、宇宙射线、功耗分配扰乱等，保持 NoC 的可靠性具有很大的挑战[16-19]。这就使得研究 NoC 的可靠性变得尤为重要。NoC 有很多不同的拓扑结构和路由算法，而且大多已经被广泛地用于实践，因此开发出一种能够适用于不同拓扑结构和路由算法的面向可靠性的映射方法极为重要。然而，要实现这样的目标，有很多挑战需要克服，其中最为关键的是开发一种能够定量化地度量 NoC 架构的可靠性的模型。同时，模型必须要能够满足高灵活性的要求，这是因为考虑到可重构 NoC 会根据通信需求以及当 NoC 出现拥塞和互连线发生错误时实现动态重构，要求模型能够很好地适应新的拓扑结构或者路由算法。针对可重构 NoC，本书提出一个定量化计算可靠性的模型——可靠性开销模型 (reliability cost model, RCM)。此模型中，所有可能出现的互连线错误模式都被考虑在内，而且可靠性开销被视为离散随机变量，因此该模型能够扩展应用到更广泛的 NoC 拓扑结构和路由算法[20]。下面介绍 RCM 模型。

为方便建模，RCM 模型将路由器中发生的错误归结到互连线中，并且假设不同互连线发生错误的情况是相互独立的，而且编号为 j 的互连线错误的概率为 p_j。当有 $n(n\leqslant N)$ 条互连线出现错误时，全部的 $M=C_N^n$ 种情况都应当被考虑。在模型中，不同拓扑结构和路由算法下的可靠性可以用可靠性开销来评估：可靠性开销越高，可靠性就越低。对于源-目的对来说，可靠性开销由一个二进制值来定义，表示从源到目的是否存在有效的传输路径。图 6.2.10 列举了两种不同形式的错误。对于图 6.2.10(a) 来说，编号为 2、3、5 的互连线发生了错误，那么 R1～R3 是不存在任何有效的通信路径可以将数据从 R1 传递到 R3，那么此时就定义可靠性开销为 1，用 $\mathrm{RC}_{1,3}^{\mathrm{R1,R3}}=1$ 表示。第二种错误情况如图 6.2.10(b) 所示，其中编号为 2、5、18 的互连线有错误，但此时数据可以通过路径 R1→R8→R3 有效传输，所以此时可靠性开销定义为 0，用 $\mathrm{RC}_{1,8,3}^{\mathrm{R1,R3}}=0$ 表示。

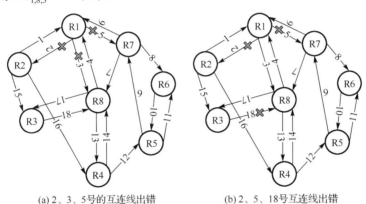

(a) 2、3、5号的互连线出错　　　　　　(b) 2、5、18号互连线出错

图 6.2.10　有三条互连线出错的两种错误情况的例子

　　基于以上定义，对于一个特定的映射方式，当有 n 条互连线发生错误时，在所有 M 种错误情况中，第 i 种错误情况下的可靠性开销可以由式 (6.2.1) 表示：

$$\mathrm{RC}_{i,n}=\sum_{S,D}\mathrm{RC}_{i,n}^{S,D}F^{S,D} \tag{6.2.1}$$

式中，$\mathrm{RC}_{i,n}^{S,D}$ 表示在第 i 种错误情况下，从源 S 到目的 D 的可靠性开销，该值可以由以上关于可靠性的定义得到。$F^{S,D}$ 定义为从源 S 到目的 D 之间是否存在通信，可由式 (6.2.2) 得到

$$F^{S,D}=\begin{cases}1, & V^{S,D}>0 \\ 0, & V^{S,D}=0\end{cases} \tag{6.2.2}$$

式中，$V^{S,D}$ 表示从源 S 到目的 D 的通信量。因为可靠性开销会根据不同的错误情况发生巨大的改变，所以 RCM 模型将所有的情况纳入考虑，并且用它们的期望值来评估所有错误情况下特定映射方式下的可靠性开销。根据前面的讨论，互连线的错误概率各不相同，对于编号为 j 的互连线，其错误概率为 p_j，那么 n 条互连线发生

错误的概率可以用式(6.2.3)表示:

$$P_{I,n} = \prod_{j=0,j\in I}^{N} p_j \times \prod_{j=0,j\notin I}^{N} (1-p_j) \tag{6.2.3}$$

式中,I 表示当 n 条互连线发生错误时,第 i 种情况下错误的互连线的编号的集合。这样,对于一种特定的映射方式,其总体可靠性开销用式(6.2.4)表示:

$$RC = \sum_{n=0}^{N} \sum_{i=1}^{M} RC_{i,n} P_{I,n} \tag{6.2.4}$$

RCM 能够适用于不同的拓扑结构和路由算法,这是因为它避免了 NoC 架构屏蔽的通信路径上的错误链路,提高了可靠性。它不同于其他研究为提高可靠性使用 NoC 一侧的备用核,或使源-目的对接近正方形的约束,这种约束只能通过二维 mesh 拓扑结构来实现[17,21,22]。此外,将可靠性开销视为离散随机变量的方法,不仅提高了精度,而且保证了模型的高灵活性。

除了可靠性,NoC 的功耗也会对可重构系统的性能带来很大的影响。研究表明,NoC 的通信功耗会占到系统总功耗的 28%以上的比例[23,24],特别是在可重构系统中运行多媒体应用时,该比例甚至会超过 40%[25]。同时,如第 1 章说过的那样,下一代移动通信系统具有低功耗的要求,这要求大规模 MIMO 信号检测系统需要实现高能效。因此,除了可靠性,对 NoC 能耗的研究也是至关重要的。对此,本书提出了一种适用于可重构 NoC 的能耗量化模型。能耗通常包括静态能耗和动态能耗。静态能耗主要受工作温度、工艺水平和栅源/漏源电压的影响。对于相同环境中的相同的 NoC 来说,不同映射模式下,温度和工艺都是相同的,而且栅源/漏源电压的变化非常小,静态功耗的差异很小,因此在模型中不考虑静态能耗。相反,不同映射模式下的动态能耗(即通信能耗)具有相当大的差异。因此,通信能耗是评估映射方式能耗的主要指标。在对能耗进行建模时,只考虑将通信能耗加入模型。本书在研究中利用单比特信息能耗的指标来评估通信能耗,E_{Rbit} 与 E_{Lbit} 分别表示单比特信息通过一个路由器和一条互连线需要消耗的能量。基于这两个指标,当 n 条互连线发生错误时,第 i 种情况下的所有的源-目的对通信能耗可以用式(6.2.5)表示:

$$E_{i,n} = \sum_{S,D} V^{S,D}[E_{Lbit} d_{i,n}^{S,D} + E_{Rbit}(d_{i,n}^{S,D}+1)]F^{S,D} \tag{6.2.5}$$

式中,$d_{i,n}^{S,D}$ 表示当 n 条互连线发生错误,第 i 种错误的情况下,从源 S 到目的 D 的传输路径通过的互连线的数目,$F^{S,D}$ 已由式(6.2.2)定义。同样,不同的错误情况也会影响通信能耗,所以每一种错误情况都会纳入考虑,并且利用它们的期望来表达一种特定映射方式下的总体通信能耗,如式(6.2.6)所示:

$$E = \sum_{n=0}^{N} \sum_{i=1}^{M} E_{i,n} P_{I,n} \tag{6.2.6}$$

式中，$P_{I,n}$ 已由式 (6.2.3) 定义，表示当 n 条互连线发生错误时，第 i 种错误的概率。

　　本书在第 1 章曾说过，目前层出不穷的新的应用场景对通信系统的数据吞吐率和延时的要求越来越高，给大规模 MIMO 的信号检测带来了很大的挑战。因此，除了前面提到的可靠性和通信能耗两个指标，NoC 的性能，主要是延时和数据吞吐率两个方面，也需要纳入可重构 NoC 需要考虑的指标之中。为此，本书针对可重构 NoC 提出了一种针对延时定量建模的模型，以及针对数据吞吐率进行定性分析的模型[20,26]。

　　在对延时进行定量建模时，本书考虑的情况是 NoC 的交换技术为虫孔 (wormhole) 交换技术。在虫孔交换技术下，体片 (body flit) 与尾片 (tail flit) 的片延时和头片 (head flit) 的片延时是相同的。为了分析方便，本书在对延时进行定量建模时利用头片的片延时来表示一条传输路径的片延时，其定义为从头片在源节点建立到头片在目的节点被接收的时间间隔，它由 3 部分组成：①单纯的传输延时。此延时为在没有错误的互连线也没有阻塞的情况下，从源节点传输头片到目的节点接收头片所消耗的时间。②由错误互连线引起的等待时间。当头片传输遇到错误互连线时，本书在研究中考虑头片会等待一个时钟周期并重新尝试传输，直到传输成功，故此延时为头片遇见错误互连线到成功传输的时间间隔。③由阻塞引起的等待时间。在同一时刻，很有可能会有多个头片需要传输通过同一个路由器或同一条互连线，这样就引起了阻塞。建模时采用先到先处理的方式进行处理，从而后到的头片需要等待直到先到的头片处理完之后才能进行传输，而这段等待时间就是第三部分的延时。接下来分析这三个部分的延时的具体计算方式。单纯的传输延时计算相对简单，它定义为头片从源节点建立到被目的节点接收的时间间隔，可由式 (6.2.7) 表示：

$$\text{LC}_{i,n} = \sum_{S,D} \left[t_w d_{i,n}^{S,D} + t_r (d_{i,n}^{S,D} + 1) \right] F^{S,D} \tag{6.2.7}$$

式中，t_w 与 t_r 分别表示传输一个片通过一条互连线和一个路由器需要消耗的时间，$d_{i,n}^{S,D}$ 和 $F^{S,D}$ 均在前面定义。当头片传输遇到错误连线时，在研究中考虑头片会等待一个时钟周期并重新尝试传输，直到传输成功，并且将从头片遇见错误互连线到成功传输的时间间隔定义为遇见错误互连线的等待延时。因为建模中无法准确预估每一条互连线经过多少个时钟周期从软错中恢复，所以模型利用平均等待时间来表示由错误互连线 j 引起的等待时间，由式 (6.2.8) 计算得到

$$\text{LF}_j = \lim_{T \to \infty} (p_j + 2p_j^2 + 3p_j^3 + \cdots + Tp_j^T) = \frac{p_j}{(1 - p_j)^2} \tag{6.2.8}$$

式中，p_j 表示互连线 j 发生错误的概率；T 表示头片需要等待的时钟周期数。由阻

塞引起的延时是参考现有的研究[27]，利用先到先处理队列来处理。在此队列中，每一个路由器都被看成队列中的一个服务台。在确定性路由算法下，当知道 NoC 的结构与数据传输的源节点和目的节点后，数据的传输路径就完全确定。因此，对于等待传输的数据来说，只可能排在一条队列上，也就是能够服务该数据的服务台有且只有一个。然而，对于自适应路由算法来说，数据传输的路径以及下一个节点是根据当前网络的状态确定和改变的。这意味着该数据的服务台可能有多个。因此，本书利用 $G/G/m$-FIFO 队列来估算由阻塞引起的等待的时间。对于该队列来说，到达间隔时间和服务时间都是被看成互相独立的一般性随机分布。利用 Allen-Cunneen 公式[28]，从路由器 K 的第 u 个输入端口传输到第 v 个输出端口所需要的等待时间可以由式(6.2.9)～式(6.2.11)三个公式表示：

$$\text{WT}_{u \to v}^K = \frac{\overline{\text{WT}_0^K}}{\left(1 - \sum_{x=u}^{U} \rho_{x \to v}^K\right)\left(1 - \sum_{x=u+1}^{U} \rho_{x \to v}^K\right)} \tag{6.2.9}$$

$$\overline{\text{WT}_0^K} = \frac{P_m}{2mp} \times \frac{C_{A_{u \to v}^K}^2 + C_{S_v^K}^2}{\mu_v^K} \times \rho_v^K \tag{6.2.10}$$

$$P_m = \begin{cases} \dfrac{\rho^m + \rho}{2}, & \rho \geqslant 0.7 \\ \rho^{\frac{m+1}{2}}, & \rho < 0.7 \end{cases} \tag{6.2.11}$$

式(6.2.10)中，$C_{A_{u \to v}^K}^2$ 表示到路由器 K 的队列的变异系数。在本书的研究中，到达网络中每一个路由器的到达队列被假设为与到达网络的队列相同，因此 $C_{A_{u \to v}^K}^2$ 被假设为与到 NoC 的到达队列的变异系数 C_A^K 相等，该值由实际应用确定。相似地，$C_{S_v^K}^2$ 表示路由器 K 上的服务队列的变异系数，该值由服务时间所满足的分布确定。如图 6.2.11(a)所示，在 R4 的第 i 个输出端口的服务时间由以下三个部分组成：①在没有阻塞的情况下，数据通过 R5 的单纯的传输时间。②数据分配从输入端口 j 到输出端口 k 的等待时间。③等待输出端口 k 空闲所需要的等待时间，也就是 R5 的输出端口 k 的服务时间。由于 R5 的每一个输出端口对 R4 的输出端口 i 的服务时间都有巨大影响，在研究中利用建立相关性树的形式来处理这个问题。在建立相关性树时，如果与 R5 的输出端口 k 相连的路由与 R5 有通信，那么该路由就被添加在树上；否则，该路由器则不被添加在树上。如图 6.2.11(b)所示，其中实线表示添加，虚线表示不添加。建立相关性树的过程会一直持续到路由器只是与处理单元有通信，而与其他路由器都没有通信。当相关性树建立完成之后，根据相关性树，首先计算叶节点的服务时间，随后利用逆推的方式逐步向上计算父节点的服务时间，计算公式如式(6.2.12)所示。在式(6.2.12)中，$\overline{S_v^K}$ 表示路由器 K 的输出端口 v 上的平均服务时间，$\overline{(S_v^K)^2}$ 表示路由器 K 的输出端口 v 上的服务时间分布的二阶矩。

$$\overline{S_v^K} = \sum_{x=1}^{U} \frac{\lambda_{u \to x}^K}{\lambda_x^K} \times (t_w + t_r + \mathrm{WT}_{u \to x}^{K+1} + \overline{S_v^{K+1}})$$

$$\overline{(S_v^K)^2} = \sum_{x=1}^{U} \frac{\lambda_{u \to x}^K}{\lambda_x^K} \times (t_w + t_r + \mathrm{WT}_{u \to x}^{K+1} + \overline{S_v^{K+1}})^2 \qquad (6.2.12)$$

$$C_{S_v^k}^2 = \frac{\overline{(S_v^K)^2}}{(\overline{S_v^K})^2} - 1$$

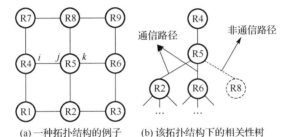

图 6.2.11　拓扑结构和其相关性树示意图

在式(6.2.9)～式(6.2.11)中用到的参数，是由实际应用和路由器的结构确定的，它们的意义在表 6.2.4 中定义。分别计算完这三部分的延时之后，当 n 条互连线发生错误时，第 i 种情况下的延时可以由式(6.2.13)表示。

表 6.2.4　参数定义

参数	意义
ρ_v^K，ρ	路由器 K 的第 v 个输出端口被它的第 x 个输入端口占用的时间百分比 $\left(\rho_v^K = \sum_{x=1}^{U} \frac{\lambda_{x \to v}^K}{\mu_v^K}, \rho = \sum_{v=1}^{V} \rho_v^K \right)$
$\lambda_{x \to v}^K$	平均片信息输入率(flit/cycle)
μ_v^K	平均服务率(cycle/flit)
U	一个路由器的输入端口总数
V	一个路由器的输出端口总数

$$L_{i,n} = \mathrm{LC}_{i,n} + \sum_{S,D} \left[\sum_{K=1}^{d_{i,n}^{S,D}+1} \mathrm{WT}_{U(K) \to V(K)}^{R(K)} + \sum_{j=1}^{d_{i,n}^{S,D}} \mathrm{LF}_{L(j)} \right] F^{S,D} \qquad (6.2.13)$$

式中，$R(K)$ 表示计算源 S 到目的 D 的通信路径上第 K 个路由器的编号的函数；$U(K)$ 与 $V(K)$ 分别表示计算路由器的输入端口和输出端口编号的函数；$L(j)$ 表示计

算第 j 条互连线编号的函数。和前面的分析相同，所有的错误都应该纳入考虑，此时总延时可由式 (6.2.14) 计算得到

$$L = \sum_{n=0}^{N} \sum_{i=1}^{M} L_{i,n} P_{I,n} \tag{6.2.14}$$

吞吐率是通过带宽限制的方式定性分析的，每个节点的通信量通过式 (6.2.15) 来平衡，这样做能够避免阻塞问题的发生，从而保证性能。

$$\sum_{a_{ij}} \left[f(P_{\text{map}(c_i),\text{map}(c_j)}, b_{ij}) \times V^{ij} \right] \leqslant B(b_{ij}) \tag{6.2.15}$$

式中，$B(b_{ij})$ 为链路 b_{ij}（连接 NoC 的第 i 和第 j 个节点的链路）的带宽；c_i、c_j 和 V^{ij} 作为 APCG 的参数均已在前面定义。二进制函数 $f(P_{\text{map}(c_i),\text{map}(c_j)}, b_{ij})$ 表示链路 b_{ij} 是否被路径 $P_{\text{map}(c_i),\text{map}(c_j)}$ 使用，由式 (6.2.16) 定义：

$$f(P_{\text{map}(c_i),\text{map}(c_j)}, b_{ij}) = \begin{cases} 0, & b_{ij} \notin P_{\text{map}(c_i),\text{map}(c_j)} \\ 1, & b_{ij} \in P_{\text{map}(c_i),\text{map}(c_j)} \end{cases} \tag{6.2.16}$$

对于目前以及未来众多的一般功能处理器来说，如由欧洲和美国航天机构共同定义的为处理科学、地球和通信任务的未来负载数据处理器，其通信设备的要求为高可靠性、低功耗以及高性能三个方面[21]，大规模 MIMO 信号检测系统的要求也是如此。因此，在将一个实际应用映射到可重构 NoC 上运行时，如何找到一种可以同时优化可靠性、通信能耗以及性能，并且可以在这三者之间进行合理权衡的映射方式，是一个非常重要的研究课题。目前国内外关于三项指标同时建模优化方面有很多的研究成果，尽管这些工作在可靠性、通信能耗和性能方面都取得一定程度的进步，但是从整体来讲，这些方法普遍存在以下三点问题：① 在这些工作中，基本只有能耗和可靠性是通过定量建模计算的，而性能作为和可靠性、通信能耗同样重要的指标，最多只是在定性考虑，多数的研究都没有考虑到性能的影响。这种考虑性能的方式，在现阶段乃至将来的可重构 NoC 的应用中，存在着较大的弊端。② 目前这些工作大都只适用于特定的拓扑结构和路由算法。例如，有些研究是考虑在一个矩形 NoC 上映射或者要求映射到 NoC 上构成的图形为矩形并尽可能接近正方形，这就限制了他们的方法只能适用于二维 mesh 的拓扑结构[21,22]。虽然近两年来也有少数工作实现了独立于拓扑结构的映射方法的研究[29]，但是他们提出的模型过于简单，只能定量考虑能耗或者延时，而对于其他的指标最多只是定性分析，这样的方法大大降低了寻找得到的最优映射方式的准确性，也大大降低了提升灵活性的难度。③ 在多项目标通过多项目联合优化模型建模之后，这些工作提出的映射方法相对来说运算量过大，另外也不能实现动态可重构的要求。最近这两年也有文献专门针对动态可重构的要求，提出动态重新映射的方法，实现多目标联合优化[29]。这些研究

建模的内容过于简单，从而降低了寻找得到的最优映射方式的准确性。另外，从他们的实验结果可以看出，利用他们的方法重新映射所需的时间还是较长，并不能很好地满足动态可重构 NoC 的要求。在将实际应用映射到可重构 NoC 上时，寻找可靠性、通信能耗和性能多目标联合最优的映射算法上，本书专门进行了一些研究，也取得了一些成果。针对可重构 NoC，基于前面分别对可靠性开销、能耗、延时的定量建模模型，以及对数据吞吐率定性分析的模型，本书提出了两套能够实现多目标联合最优的映射方案。下面对两套方案分别进行介绍。

在第一套方案中[30]，本书提出了一种能够同时优化可靠性、通信能耗和性能（co-optimization of reliability communication energy and performance，CoREP）的高效映射方法，针对 CoREP 建立了一个映射的总体开销模型，并且在模型中首次引入能耗延时积（energy latency product，ELP）来同时评估通信能耗和延时两项指标。同时，考虑到不同应用场景对可靠性和 ELP 的不同需求，例如，对于大部分移动设备，主要的要求是低能耗；而对于大部分太空体系来说，主要的要求是高可靠性。因此，CoREP 模型利用权重参数 $\alpha \in [0,1]$ 来区分可靠性和 ELP 的优化权重。在可重构 NoC 中，总是要求可靠性越高越好，能耗延时积总是希望越小越好。基于这些考虑，对于任意一个映射方式，总体的开销可以由式（6.2.17）表示：

$$\text{Cost} = \alpha \text{NRC} + (1-\alpha)\text{NELP} \tag{6.2.17}$$

式中，NRC 与 NELP 分别表示归一化的可靠性开销和能耗延时积。另外，针对 CoREP 模型，本书提出了基于优先级识别与部分开销的分支限定映射（priority and ratio oriented branch and bound，PRBB）方法。

利用式（6.2.18）可以对可靠性开销进行归一化处理，其中，RC 就是式（6.2.4）定义的可靠性开销。N_{RC} 表示可靠性开销的归一化参数。归一化参数是考虑最坏情况得到的：整个 NoC 网络的错误互连数达到可以容忍的极限数值时的可靠性开销。

$$\text{NRC} = \text{RC} / N_{\text{RC}} \tag{6.2.18}$$

能耗延时积的定义就是能耗与延时的乘积，如式（6.2.19）的定义：

$$\text{ELP} = E \times L \tag{6.2.19}$$

式中，E 与 L 分别是式（6.2.6）和式（6.2.14）定义的能耗和延时。归一化的能耗延时积可以利用式（6.2.20）计算，其中 N_{ELP} 表示归一化参数，这是考虑最坏的情况得到的：传输的数据通过最长最堵塞的通信路径。

$$\text{NELP} = \text{ELP} / N_{\text{ELP}} \tag{6.2.20}$$

本书提出的 CoREP 计算模型可以适用于目前常用的各种拓扑结构和路由算法，主要原因如下：①CoREP 模型只考虑在所有通信路径上错误互连线的数目，而且选择错误互连线最少的映射方式，这个过程不会受到拓扑结构和路由算法的限制，从而适用于各类拓扑结构和路由算法。而其他同类算法是考虑将映射后的源-目的对组成的图形尽量靠近正方形来提升可靠性[22]，这就要求映射到 NoC 的拓扑结构只能是 mesh 的形式，从而无法满足可重构 NoC 对于高灵活性的需求。②CoREP 模型是动态地计算通信能耗的，每一次通信路径的改变都会更新通信能耗的计算。这个计算也是独立于拓扑结构和路由算法的。之前的同类型的研究要求提前知道通信路径才能计算通信能耗，这就使得计算方式局限于 mesh 类型的拓扑结构。③对延时定量建模的模型是利用 $G/G/m$-FIFO 队列估算延时，该计算方式独立于各类拓扑结构，而且可以运用于不同的确定性和自适应路由算法，这比文献[27]提出的只能适用于确定性路由算法的模型要灵活得多。总结来讲，本书提出的 CoREP 模型具有很高的灵活性，可以适用于目前常用的各种不同的拓扑结构和路由算法来计算可靠性、通信能耗和延时，这对于之前的工作来说是一个较大的提升。

利用 CoREP 模型对目标参数进行定量化建模分析之后，寻找联合最优映射方式的问题可以定义为：对于给定的实际应用中路由器和 PE 构成的利用任意拓扑结构及路由算法的 NoC 来说，寻找一个映射函数，通过该映射函数找到将实际的 PE 映射到 NoC 中的节点，从而满足由式(6.2.17)计算所得的总开销最小的条件。针对此问题，本书提出了具有低计算复杂度的 PRBB 映射算法。

首先介绍分支限定(branch and bound，BB)方法。BB 方法是一种常用的解决多项式复杂程度的非确定性问题(non-deterministic polynomial problem，NP-problem)的常用方法[31]。BB 方法利用建立查找树的方式，寻找任意一个最优化目标函数的最优值。本书给出一个简单的查找树的例子，如图 6.2.12 所示。该查找树表示将一个拥有 3 个 IP 的实际应用映射到具有 3 个路由节点的 NoC 上的映射过程。对于 NoC 映射课题，查找树中的每一个节点都表示一种可能的映射方式。如图 6.2.7 每一个节点用方框表示，方框中的数字表示实际应用中 IP 的编号，而方框数字的位置表示该编号的 IP 映射到 NoC 中的路由节点的编号，空格则表示该 NoC 中的节点还没有被任何 IP 映射。举例来说，"3 1 _"表示 IP3 与 IP1 分别映射到 NoC 中的第一个和第二个路由节点上，而 NoC 中的第三个节点没有任何 IP 映射。根据上述定义可知，查找树的根节点表示空的映射方式，意味着没有 IP 已经映射到 NoC 上，这也是整个映射过程的开端。随着映射过程的不断深入，IP 开始映射到 NoC 中的第一个以及后面的节点上，这些表示部分映射的映射方式。在查找树中，部分映射的映射方式都由中间节点表示，如中间节点"3 1 _"就是一种部分映射方式。整个映射过程持续到表示所有 IP 都已经映射完毕的叶节点建立结束。在查找树的建立过程中，只有最有可能成为最优映射方式的节点才会被建立，而不可能成为最优映射方式的节点则会被删除，以减小查找的计算量。对于任意一个中间节点来说，如果这个节点的最小开销都要大于目前找到的最优节点的最大开销，那么这个中间节点就不可能成为最优映射方式，这样这个节点以及该节点所有的子节点都不会被建立，这在很大程度上减少了查找最优映射方式的运算量。在 BB 算法中，最重要的步骤就是对于删除条件和对于中间节点的开销上下限的计算方式，而 PRBB 算法能够很好地解决这个问题。

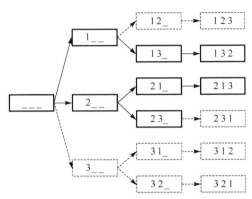

图 6.2.12　将拥有 3 个 IP 的应用映射到 NoC 上对应的查找树

参考 BB 算法，本书提出 PRBB 算法来寻找将实际应用映射到 NoC 上的最优映射方式。PRBB 利用两项技术，分别为分支节点优先识别技术和部分开销比利用技术，来提升算法查找最优映射方式的查找效率。分支节点优先识别技术是根据给节点分配的优先级进行计算。从前面关于查找树的描述中可以看出，越接近根节点的中间节点的子节点越多，也就是越接近根节点的中间节点会带来更多的运算开销。所以，如果在这部分节点中存在非最优映射方式，并且能够最早识别出来和删除掉，那么整个查找算法的复杂度将会得到很大的改善。对此，本书在研究中对靠近根节点的中间节点设定优先级，越靠近根节点的节点的中间节点的优先级越高。在寻找映射方式时，优先级越高的中间节点会在最早进行计算和判定是否需要建立还是删除。这样，如果优先级高的节点存在非最优映射方式，那么这些节点会被最早发现且删除，也就可以提升算法的查找效率。部分开销比是利用在删除条件上的。对于过快的删除中间节点可能会带来精度上的下降，所以 PRBB 算法利用部分开销比在速度与精度之间进行权衡。对于任意一种映射方式，其开销可以看成由不同数目的错误互连线下的部分开销的和。对此，部分开销比定义为相邻的两个部分开销之间的比值，如式(6.2.21)所示：

$$\text{ratio}_{n+1,n} = \frac{\text{Cost}^{n+1}}{\text{Cost}^{n}} \tag{6.2.21}$$

式中，$\text{Cost}^{n} = \sum_{i=1}^{M}\left[\dfrac{\alpha R_{i,n}}{N_{R}} + \dfrac{(1-\alpha)E_{i,n}L_{i,n}}{N_{\text{ELP}}}\right]P_{I,n}$，表示当 n 条互连线发生错误时的开销，也就是第 n 个部分开销。

前面曾经讨论过，CoREP 是在互连线错误概率不同的条件下建模的。为了验证这种非单一型的错误概率是成立的，研究中利用两个不同的值 p_h 和 p_l 做一个简化的验证。不同互连线的错误概率是根据通过该互连线的通信量来区分的。考虑到更多的通信量会导致更大的能耗开销，更大的能耗又会导致温度的积累，而更高的温度会使得互连线更容易发生错误。因此，在研究中假设通信量大的区域内的互连线的错误概率为 p_h，在通信量小的区域内的互连线的错误概率为 p_l。这只是一个验证互连线的错误概率互不相同的简单化例子，而本书提出的模型是可以结合更加复杂和全面的错误概率互不相同的简单化例子，而研究中提出的模型是可以结合更加复杂和全面的错误概率模型工作的，这部分工作也将在将来的研究中实现。通过利用本书的简化模型，$P_{l,n}$ 可利用式(6.2.4)并将 p_h 和 p_l 替换 p_j 计算得到。

当 n 变化为 $n+1$ 时，只有一小部分的路径的变化会引起 $RC_{i,n}$ 的变化。另外，由于传输路径上互连线数目的变化很小，$E_{i,n}$ 和单纯传输引起的延时的变化也非常小。在计算过程中，由错误互连线引起的延时是利用平均延时计算的，所以 $L_{i,n}$ 的变化也相对较小。因此，式(6.2.21)可以用式(6.2.22)简化替代：

$$\text{ratio}_{n+1,n} < \frac{N-n}{n+1} \times \frac{1}{4(1-p_l)^2} \tag{6.2.22}$$

对于互连线来说，它的错误概率一旦超过 0.5，整个网络将很难正常工作，所以在研究中假设互连线的错误概率都小于等于 0.5。根据式(6.2.21)可知，当 n 增大时，部分开销比将会快速减小，因此，对于一个很大的 n，$\text{ratio}_{n+1,n}$ 接近于 0，可以忽略不计。另外，第 n 个部分开销的计算公式可以用式(6.2.23)表示：

$$\text{Cost}^n = \text{Cost}^0 \times \prod_{k=1}^{n} \text{ratio}_{k,k-1} \tag{6.2.23}$$

因此，总的开销可以由前面几个部分开销之和来表示，而忽略 n 很大时的开销。这样就可以简化部分开销的计算过程，从而减少运算量。

在 PRBB 中，因为在计算开销时的简化可能带来准确率的降低，所以利用式(6.2.24)表达的式子来表示删除条件，在一定程度上寻找得到最优映射方式的准确率。

$$\text{LBC} > \min\{\text{UBC}\} \times (1 + \text{ratio}_{1,0}) \tag{6.2.24}$$

式中，LBC 表示部分映射方式的开销值的下界，由三个部分计算得到：①在已经映射的 IP 之间通信引起的部分可靠性开销 $\text{LBC}_{m,m}$，是由式(6.2.4)计算得到的；②没有映射的 IP 之间发生通信引起的部分可靠性开销 $\text{LBC}_{u,u}$，这部分是基于最近的可能的内核之间发生通信计算所得的；③已经映射的和没有映射的 IP 之间发生通信引起的部分可靠性开销 $\text{LBC}_{m,u}$，也是基于最优化的映射方式计算所得。因此，LBC 可由式(6.2.25)计算得到。UBC 表示部分映射方式的可靠性开销值的上界，这是通过临时利用贪心算法将没有映射的 IP 映射到 NoC 上时计算得到的可靠性开销值。

$$LBC = LBC_{m,m} + LBC_{u,u} + LBC_{m,u} \qquad (6.2.25)$$

为了减少最优映射的寻找时间，PRBB 映射算法采用了两种方法来减少计算复杂度。第一种方法就是利用式(6.2.24)来减少搜索的中间节点的个数，当在式(6.2.24)中表达的删除条件满足时，该中间节点及其所有的子节点都会被删除，否则，这个节点及其子节点会被插入查找树，进行进一步的对比。在利用这个删除条件删除非最优映射方式时，算法会保留估算比较接近最优映射方式得到的开销并进行更深层次的比较，这就保证了最优映射方式的准确性不被算法加速牺牲。第二种方法就是利用不同映射方式的平均值来简化 $ratio_{2,1}$。

因为本书提出的方法是专门为基于 NoC 片上互连方式的可重构系统设计的，为此本书设计了相应的工作流程。利用 CoREP 和 PRBB 来将应用映射到基于 NoC 的可重构系统上的工作流程如图 6.2.13 所示。对于一个确定的 NoC 和一个给定的应用来说，最优的映射方案首先由 PRBB 算法基于 CoREP 模型计算的总体开销给出。应用在 NoC 上运行期间，为应对特殊情况，如突发性的永久性错误和应用的需求，NoC 的拓扑结构和路由算法要求能够相应地实现重构。拓扑结构发生重构之后，系统会根据重构之后的拓扑结构和路由算法利用 PRBB 算法找到相应的最优映射方式。

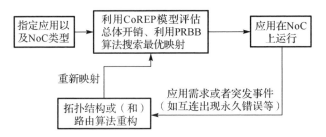

图 6.2.13　利用 CoREP 模型和 PRBB 方法将应用映射到以 NoC 为互连的可重构系统上的工作流程

接下来对 PRBB 和 BB 算法的运算量进行比较。因为准确地计算出被删除的中间节点的数目相当困难，所以本书对比三种情况下两者的运算量的区别。这三种情况分别为最优情况、一般情况和最差情况。在最优情况下，运算量是最少的，所以本书假设大部分的中间节点都可以被删除，而且每一层分支上都只留下一个中间节点参加深入对比。另外一个极端是最差情况，而每一层的分支上，都只有一个中间节点可以被删除，而其余节点都需要被保留下来参加进一步的对比，这就导致最大的运算量。在一般情况下，假设在每一层的分支上都只有 k 个节点会被保存下来。与 BB 相比，PRBB 主要致力于更快地删除靠近根节点的中间节点，这就意味着 BB 会比 PRBB 消耗更大的运算开销。因此，假设在每一层的分支上，利用 BB 算法会比 PRBB 多留下一个节点来参与进一步的对比。在计算过程中，每一次循环都是进行类似的基本运算，所以循环的次数定义为算法的时间复杂度，用来评估算法的运算复杂度。这三种情况下的运算复杂度在表 6.2.5 中表示，其中 N_{NoC} 表示 NoC 中节点的数目。图 6.2.14 为 PRBB 运算量相较于 BB 来说降级的百分比，图中 optimistic 表示的是最优情况下的复杂度减少百分比，pessimistic 表示的是最差情况下的复杂度减少百分比，$k = 3,4,\cdots,9$，表示的是一般情况下的复杂度减少百分比。从图中可以看出，在每一种情况下，PRBB 运算量降低的百分比都是正数，这就意味着 PRBB 在寻找最优映射时的运算量更小。另外，从图 6.2.14 中也可以看出，当 NoC 的规模变大时，运算量减小的比例增大。这就意味着本书提出的 PRBB 映射方法更加适合在规模更大的可重构 NoC 上运用。

表 6.2.5 PRBB 和 BB 的算法复杂度分析对比

算法\\不同情况	BB	PRBB
最优情况	$O(2^{N_{\text{NoC}}+1} \times N_{\text{NoC}}^3)$	$O(N_{\text{NoC}}^{4.5})$
一般情况	$O(N_{\text{NoC}}^3) \times \left[\dfrac{k^{N_{\text{NoC}}+1} - k}{(k-1)^2} - \dfrac{N_{\text{NoC}}}{k-1} \right]$	$O(N_{\text{NoC}}^{2.5}) \times \left[\dfrac{(k-1)^{N_{\text{NoC}}+1} - k + 1}{(k-2)^2} - \dfrac{N_{\text{NoC}}}{k-2} \right]$
最差情况	$O(N_{\text{NoC}}^3) \times \displaystyle\sum_{j=0}^{N_{\text{NoC}}-1} \prod_{i=0}^{j} (N_{\text{NoC}} - i)$	$O(N_{\text{NoC}}^{2.5}) \times \left\{ \displaystyle\sum_{j=0}^{N_{\text{NoC}}-1} \left[\prod_{i=0}^{j} (N_{\text{NoC}} - 1) \right] (n-j)^2 + n \right\}$

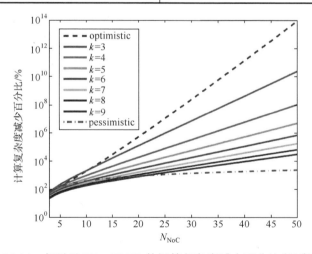

图 6.2.14 相对于 BB，PRBB 的运算复杂度减少百分比（见彩图）

为了使研究结果更加具有说服力，本书首先对可靠性、通信能耗和性能三者优化的结果进行实验分析来验证说明 CoREP 和 PRBB 在同时优化三项指标的有效性。随后对可靠性、通信能耗及性能三者中两者联合优化进行实验，用以说明 CoREP 和 PRBB 可以实现多目标联合优化。

实验利用 C++算法设计了一个软件平台，用以计算得到的最优映射方式和找到最优映射方式所需的时间。利用得到的最优映射方式，在由 SoCDesigner 建立的周期准确的 NoC 仿真器上进行仿真，得到可靠性、通信能耗、延时和吞吐率等数据。在仿真器中，NoC 的每一个节点都包含一个路由器和一个处理单元，路由器的实验环境是完全相同的，如表 6.2.6 所示。因为 PRBB 方法独立于开关技术、仲裁策略和对于虚通道的应用，所以这些参数都和 BB 中一样，以示公平。E_{Rbit} 与 E_{Lbit} 分别表示传输单比特信息通过一个路由器和一条互连线需要消耗的能耗，是通过一个开源的 NoC 仿真器得到的，它们是利用 Synopsys 公司的 Power Complier 工具根据功耗模型仿真得到的[32]，数值在表 6.2.6 中已经给出。通信能耗通过下面两个步骤进行计算：①计算通信路径中的路由器和互连线数目，并分别乘以 E_{Rbit} 和 E_{Lbit} 来求得总共的通信能耗。②用总的能耗除以总共传输的微片信息的数量得到传输单位微片信息需要消耗的通信能耗[22]。虽然此方法不能得到能耗的精确值，但是提供了一个有效的比较不同映射模式的能耗的方法。在仿真过程中，以 p_h 和 p_l 的错误概率根据互连线的不同位置，向 NoC 的互连线随机注入错误。可靠性是用从源节点到目的节点正确传输一个微片信息概率评估的[32]。作为一种概率的估计，在此次仿真中，可靠性单位被设置为"1"。试验中，假设每一个数据包由 8 个微片信息组成（1 个头微片信息、1 个尾微片信息和 6 个体微片信息）。最后，吞吐率则通过计算每个节点平均可以传输的片信息获得。

表 6.2.6　路由仿真环境

开关技术	虫孔
仲裁策略	时间片轮转
是否运用虚通道技术	运用
E_{Rbit} /nJ/bit	4.171
E_{Lbit} /nJ/bit	0.449

本书首先对可靠性、通信能耗和性能三者优化的结果进行分析。首先对灵活性进行验证。实验中选择了 4 种不同拓扑结构和算法组合的 NoC，这些拓扑结构和路由算法的选择是基于一篇关于 NoC 的调查报告得到的。该报告查阅了 60 篇最新的 NoC 的文章，针对其中一共使用的 66 种拓扑结构和 67 种路由算法进行分类，得到 56.1%的 NoC 使用 mesh/Torus 的拓扑结构，12.1%使用定制型拓扑结构和 7.6%使用环形拓扑结构，另外，62.7%的 NoC 都使用确定型路由算法，而剩下的 37.3%的 NoC 使用自适应性的路由算法。据此，实验中选用的 NoC 拓扑结构分别为 Torus、Spidergon、deBruijnGraph、mesh，相对应的路由算法为 OddEven、CrossFirst、Deflection、Full-adaptive，具体信息如表 6.2.7 所示。另外，实验中采用了 8 种不同的实际应用进行实验，这些实际应用的信息可参见表 6.2.8。其中前 4 种来自于现实

中常见的多媒体应用,后面 4 种选择的是通信量较大的应用以满足现在可重构 NoC 系统高复杂度的要求。H264[33]和 HEVC[34]是两种复杂的并且是最新的视频编码标准,而 Freqmine 和 Swaption 则是参考普林斯顿共享内存计算机应用程序库(Princeton application repository for shared-memory computers,PARSEC)得到的。前面 4 种实际应用的 IP 数目是和文献[29]中选择的一样,后面 4 种的 IP 数目的选择则是根据 IP 间通信量平衡的规则分配得到的。在实验中 NoC 的规模需要同时满足实际应用的最小规模要求和拓扑结构的特殊要求。

表 6.2.7　拓扑结构和路由算法组合信息

NoC 编号	拓扑结构		路由算法	
	名称	所属类别	名称	所属类别
1	Torus	mesh/Torus	OddEven	自适应路由
2	Spidergon	环形	CrossFirst	确定性路由
3	deBruijnGraph	自定制	Deflection	确定性路由
4	mesh	mesh/Torus	Full-adaptive	自适应路由

表 6.2.8　可靠性、通信能耗、性能联合优化时灵活性验证所用应用信息

应用名称	IP 数目	应用意义
DVOPD	32	双视频对象平面解码器
VOPD	16	视频对象平面解码器
PIP	8	画中画
MWD	12	多窗口显示
H.264	14	H.264 解码器
HEVC	16	高效视频编码解码器
Freqmine	12	数据挖掘应用
Swaption	15	使用蒙特卡罗模拟的计算机组合

验证 CoREP 和 PRBB 算法的灵活性时,并不需要体现可靠性和能耗延时积的权重比较,所以取权重 $\alpha = 0.5$,表示两者同样重要。因为互连线的错误概率大于 0.5 时,整个 NoC 系统往往无法正常运行,所以互连线的错误概率都取小于等于 0.5 的值,分别为:$p_l = 0.5, 0.1, 0.01, 0.001, 0.0001$,$p_h = 0.5, 0.5, 0.1, 0.01, 0.001$。因为现阶段缺乏能够适应不同拓扑结构和路由算法的映射方法,而且利用枚举法寻找最优解耗时太长无法采用。所以,试验中将提出的映射方法与一个经典的模拟退火(simulated annealing,SA)算法进行比较。SA 算法是一个概率算法,用以寻找一个目标函数的局部最优解[35],但是它缺少评估可靠性、通信能耗和性能的模型。因为不同的模型在评估时会带来不同的运算复杂度,所以为了保持比较的公平性,SA 算法采用本书提出的 CoREP 模型与 PRBB 进行比较。

实验中，表 6.2.8 中的 8 个实际应用都会利用 PRBB 和 SA 两种算法映射到表 6.2.7 中的 4 种不同 NoC 组合中。结果表明 8 种应用都能够利用 PRBB 算法成功映射到 NoC，这说明该映射方法在各种拓扑结构和路由算法下都能够高效地运行。另外，在 8 种实际应用和 4 种 NoC 组合下寻找得到的最优映射方式的平均结果可由图 6.2.15 来表示。图 6.2.15(a) 表示平均可靠性的增加值。因为当 p_l 很小时，任何映射方式都是高度可靠的，所以在此情况下寻求可靠性的提升是相当困难的。然而，当 p_l 增大时，可靠性的提升也随之增大，体现出 PRBB 可以找到比 SA 可靠性更优的映射方式。图 6.2.15(b) 表示在不同错误概率下的平均运行时间比(SA/PRBB)。从中可以看出，SA 的运行时间至少是 PRBB 的 500 倍。这项优势来源于 PRBB 中采用的两项减少运算量的技术。另外，当互连线的错误概率减少时，运行时间比也随之变大。这是因为互连线的错误概率越小，意味着错误的互连线越少，这样 PRBB 可以花更少的时间找到最优映射方式。对于 SA 而言，它会计算大部分的映射方式，从而运算时间没有很大的减少。图 6.2.15(c) 描述的是平均通信能耗减少量随着错误概率的变化。从中可以看出，在所有情况下，PRBB 找到的最优映射方式会比 SA 找到的映射方式消耗更少的通信能耗。因为更大的错误概率会导致更多的互连线发生错误，所以当互连错误概率增大时，通信能耗会因处理更多的错误互连线而增加。但是，通信能耗的减少量与错误概率并没有直接的联系，这是因为两个算法都用了相同的模型进行通信能耗的评估。因为延时是与吞吐率直接相关的，所以延时和吞吐率将会在后面给出详细的对比说明。

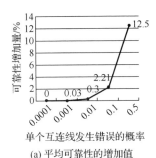

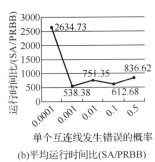

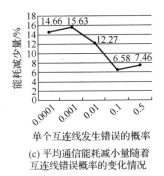

(a) 平均可靠性的增加值　　　　(b) 平均运行时间比(SA/PRBB)　　　(c) 平均通信能耗减小量随着互连线错误概率的变化情况

图 6.2.15　在 8 种实际应用和 4 种 NoC 组合下寻找得到的最优映射方式的平均结果

从实验结果可以发现，多目标联合优化模型 CoREP 可以对各种 NoC 的拓扑结构和路由算法评估映射方式的可靠性、通信能耗和性能值进行优化。这就保证了方法的灵活性。与此同时，相比于 SA，PRBB 可以花更少的时间找到更优的映射方式，这也体现出了该算法的巨大优势。

下面进行的实验用来说明 PRBB 算法存在的优势。PRBB 与一个最新的同类型的算法在可靠性、通信能耗、延时、吞吐率和运算时间方面进行对比。前面讨论过，文献[17]、[22]也考虑对两个指标的同时优化，然而它们都局限于特定的拓扑结构和路由算法。另外，因为文献[17]中提出的方法和本书提出的方法考虑的是不同的情况，所以很难进行公平比较。对此，本书与文献[22]提出的 BB 算法进行对比。为了使得对比公平，拓扑结构和路由算法的选择都是与 BB 算法相同，为二维 mesh 拓扑结构和 XY 路由算法。选用的 8 个实际应用以及相应的 NoC 规模如表 6.2.9 所示。其中前 4 项与 BB 算法中相同，是为了公平地比较，而后 4 项的选择理由与前面选择表 6.2.8 中的后四项应用相同。为了比较利用 PRBB 和 BB 算法寻找得到的最优映射方式，本书在由 SoCDesigner 实现的仿真器上进行大量的实验。50000 组错误注入的实验结果的总结可从表 6.2.10 中得到，实验中包括了在两种不同的优化权重下的最大值、最小值和平均值。另外，所有的实验也都用 SA 算法运行了一遍，实验结果也可在表 6.2.10 中得到。从表 6.2.10 中可以得到，PRBB 相对于 BB 和 SA，在每个方面都具有很大的优势。

表 6.2.9 实际应用的特征、数据量及对应的 NoC 规模

应用	IP 数目	最小/最大通信	NoC 规模
MPEG4	9	1/942	9
Telecom	16	11/71	16
Ami25	25	1/4	25
Ami49	49	1/14	49
H.264	14	3280/124417508	16
HEVC	16	697/1087166	16
Freqmine	12	12/6174	16
Swaption	15	145/747726417	16

表 6.2.10 可靠性、通信能耗和性能同时优化时 PRBB 与 BB、SA 对比数据总结

$\alpha=0.2$						
参数	相对于 BB			相对于 SA		
	最大	最小	平均	最大	最小	平均
可靠性增量	106%	0.01%	10%	208%	−4%	12%
通信能耗减小量	40%	4%	24%	59%	−13%	28%
延时减少量	49%	4%	17%	40%	0.8%	20%
吞吐率优化	22%	5%	9%	22%	4%	9%
时间（比 PRBB）	20×	1×	3×	4477×	111×	1041×
$\alpha=0.6$						
参数	相对于 BB			相对于 SA		
	最大	最小	平均	最大	最小	平均
可靠性增量	106%	0.01%	10%	208%	−4%	12%
通信能耗减小量	40%	4%	24%	59%	−13%	28%

续表

参数	相对于 BB			相对于 SA		
	最大	最小	平均	最大	最小	平均
延时减少量	49%	4%	17%	40%	0.8%	20%
吞吐率优化	22%	5%	9%	22%	4%	9%
时间（比 PRBB）	20×	1×	3×	4477×	111×	1041×

（表头 $\alpha=0.6$）

　　在 CoREP 中，权重参数 α 用来权衡可靠性和能耗延时积的，因此 α 值的选取相当重要。在之前的实验中，α 的值是选择与 BB 算法中相同以达到公平比较的目的。在实验中，本书将选取一个应用作为例子，在 $p_l =0.01$、$p_h = 0.1$ 的条件下来研究当 α 变化时，实验结果的变化，实验结果如图 6.2.16 所示。实验结果显示，当 α 增大时，通过 PRBB 算法寻找到的最有映射方式的可靠性也相应增大(或保持不变)，与此同时，能耗延时积作为牺牲品也随之增大。为了满足不同应用场景的需求，应该合适地选择 α，以达到在可靠性和能耗延时积之间进行有效权衡的目的。

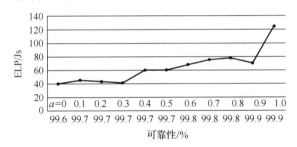

图 6.2.16　当 $p_l = 0.01$，$p_h = 0.1$ 时可靠性和能耗延时积随 α 的变化图

　　前面也分析过，PRBB 的运算量与 NoC 的规模有很大的关系，即与 NoC 中节点的数目高度相关。因此，本书也研究了 PRBB 的运算时间随着 NoC 节点数目的变化情况，结果如图 6.2.17 所示。利用枚举法寻找最优映射方式的结果也在图 6.2.17 中表示，作为对比。运算量依旧是用运算时间表示的，和理论分析一样，随着 NoC 规模的增大，运算时间也随之增大。然而，PRBB 的增加速率远远小于枚举算法的增加速率，这来源于前面叙述过的两项技术的使用。

　　前面提到过，本书提出的方法不仅适用于三项指标同时优化，而且可以实现对其中两者进行联合优化。下面是对可靠性、通信能耗和性能中两者优化的结果进行验证。CoREP 是设计来同时评估可靠性、通信能耗和性能的，当然 CoREP 也可以通过一定的方法只评估其中的两者。因为同时优化可靠性和性能的工作并不是特别多，所以本书就没有特别做这方面的实验。本书做了同时评估可靠性和通信能耗，以及同时评估通信能耗和性能两方面的实验来说明 CoREP 也可以适用于两个指标的同时优化。

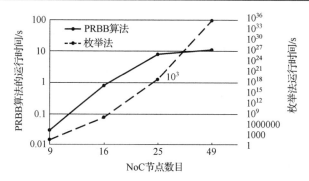

图 6.2.17　PRBB 的运算时间与枚举法的运算时间随着 NoC 规模增大的对比

利用 CoREP 算法进行可靠性和通信能耗同时优化，只需要在式 (6.2.19) 和式 (6.2.20) 中不加入延时即可。随后，同样利用 PRBB 算法进行最优映射方式的寻找。关于可靠性和通信能耗同时优化的实验，同样通过两个方面的实验来验证 PRBB 算法的有效性。

首先是验证方法的灵活性。同样是将多种实际应用映射到表 6.2.7 描述的 4 种 NoC 组合中。在本节的实验中，对表 6.2.11 中的 14 种不同的实际应用进行仿真测试。前 8 种实际应用是从实际的多媒体应用中提取出来的，而之后的四种则和表 6.2.8 中后 4 种的选择理由相同，最后两种是通过 TGFF[36] 计算得到的随机应用。其余的实验条件设置都与前面试验相同。

表 6.2.11　灵活性验证中使用的实际信息

应用名称	IP 数目	应用意义
DVOPD	32	双视频平面解码器
VOPD	16	视频对象平面解码器
MPEG4	9	MPEG4 解码器
PIP	8	画中画
MWD	12	多窗口显示
mp3enc mp3dec	13	mp3 编码器和 mp3 解码器
263enc mp3dec	12	H.263 编码器和 mp3 解码器
263dec mp3dec	14	H.263 解码器和 mp3 编码器
H.264	14	H.264 解码器
HEVC	16	高效视频编码解码器
Freqmine	12	数据挖掘应用
Swaption	15	使用蒙特卡罗模拟的计算机组合
random1	16	由 TGFF 生成
random2	16	由 TGFF 生成

图 6.2.18(a) 表明，映射方式可靠性增加量随着错误概率的减小而减小，这是因为当错误概率减少时，任意映射方式的可靠性都很高。从图 6.2.18(b) 中可以看出，

当互连线的错误概率减小时，能耗减少的量也随之减少。对于运行时间而言，当错误概率降低时，PRBB 会花更少的时间来处理错误的互连线，而 SA 的运行时间则与互连线的错误概率无关。所以当错误概率减小时，运行时间比 (SA/PRBB) 也随之变大，如图 6.2.18(c) 中所示。从本部分的实验中可以看出，CoREP 与 PRBB 在同时优化可靠性和通信能耗时，同样具有很高的灵活性，可以适用于大多数不同的拓扑结构和路由算法。虽然相对于 SA 来说，PRBB 并不能每次都找到更优的映射方式，但是 PRBB 在运行时间上具有非常大的优势，可以更好地满足可重构 NoC 的要求。

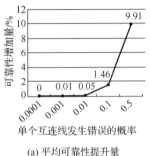

(a) 平均可靠性提升量

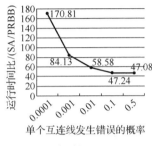

(b) 平均运行时间比 (SA/PRBB)

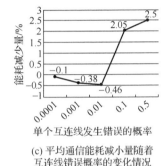

(c) 平均通信能耗减小量随着
互连线错误概率的变化情况

图 6.2.18　不同参数随着互连线错误概率的变化示意图

前面的实验已经说明了在同时优化可靠性和通信能耗时，PRBB 方法也拥有高度的灵活性。下面将针对基于 PRBB 算法寻找得到最优映射方式的准确性进行实验验证。在前面的描述中，文献[17]、[22]、[29]也是对可靠性和通信能耗两个方面的同时优化，但是这两个研究都有局限性，只能适用于二维 mesh 拓扑结构和确定性路由算法。文献[21]的实验结果给出了文献[17]和[21]相对于通过枚举法找到的全局最优映射方式的开销。文献[21]的实验中，使用的实际应用包括 MPEG4 解码器，视频对象平面解码器、263 解码器、263 编码器和 mp3 编码器。因为这些应用所需的 IP 数目都少于或等于 9，所以都可以映射到 3×3 的 NoC 上。这样，利用枚举法寻找最优映射方式所消耗的时间是可以接受的。因此，本书在研究中也做了类似于文献[25]的实验，并与该文献的结果进行了对比，其对比结果如表 6.2.12 所示。从表 6.2.12 中可以知道，相对于枚举法来说，PRBB 具有最大的速度提升，同时具有最小的性能开销和最小的通信能耗增加。换句话说，通过 PRBB 找到的最优映射方式是最接近全局最优映射方式的。

表 6.2.12　PRBB、文献[8]和文献[16]与枚举法相比的平均通信能耗、性能与运行时间开销

项目	PRBB	文献[8]	文献[16]
运行时间加速/%	99.34	99.12	93.46
通信能耗开销/%	4.12	23.70	13.18
性能开销/%	7.08	24.37	13.18

对于文献[22]中的 BB 算法来说，本书在研究中利用和前面验证可靠性、能耗中相同的实验条件，做了全面的实验与之对比。表 6.2.13 的实验结果表明，PRBB 在每个方面都超越 BB。具体的数据表明，在由 PRBB 得到的所有的最优映射中，有 70%的结果在可靠性方面相对 SA 提升了约 43%。而只有 45%左右的结果在通信能耗方面不如 SA。与此同时，SA 的运行时间远远超过 PRBB，约为 PRBB 的 1668 倍。总结来说，相对于 BB 和 SA，PRBB 在可靠性和通信能耗之间取得更优的权衡。

表 6.2.13　可靠性、通信能耗和性能同时优化时 PRBB 与 BB、SA 对比数据总结

参数	相对于 BB			相对于 SA		
$\alpha=0.2$						
	最大	最小	平均	最大	最小	平均
可靠性增量	113.3%	0	8.7%	43.7%	−4.4%	2.9%
通信能耗减小量	46.3%	1.8%	23.6%	32.6%	−8.9%	5.82%
时间(比 PRBB)	11.8×	1×	3.5×	1168×	17.2×	326×

参数	相对于 BB			相对于 SA		
$\alpha=0.6$						
	最大	最小	平均	最大	最小	平均
可靠性增量	32.1%	−0.1%	3.9%	43.7%	4.1%	2.1%
通信能耗减小量	55.5%	0%	19.7%	32.6%	−17.4%	3.3%
时间(比 PRBB)	11.8×	1×	2.8×	1656×	17.7×	293×

对第一套方案进行实验分析主要是从两个方面进行的。第一是针对可靠性、通信能耗和性能三个方面的联合优化进行实验，实验表明本书提出的 CoREP 模型和 PRBB 算法具有很高的灵活性，可以适用于当前常用的拓扑结构和路由算法。同时，与 BB 和 SA 的对比实验也说明，CoREP 和 PRBB 可以在可靠性、通信能耗、延时、吞吐率以及运行时间等方面取得较高的优势。第二方面的实验是针对三项指标中的两者的优化进行实验。这部分实验同样说明 CoREP 和 PRBB 具有很高的灵活性，并且相比于 BB 和 SA 具有较大的优势。另外，这部分实验还说明 CoREP 和 PRBB 具有很广泛的应用场景，不仅可以适用于三目标的联合优化，同样能适用于双目标的优化。

下面介绍本书提出的第二套实现多目标联合优化的映射方案[37]，方案二中，基于前面的可靠性定量建模、能耗定量建模、延时定量建模的变形，以及吞吐率定性建模的模型，提出了可靠性效率模型(reliability efficiency model，REM)。利用 REM，本书提出基于优先级分配与补偿因子的分支限定映射(priority and compensation factor oriented branch and bound，PCBB)方法。PCBB 对任务进行优先级分配，提升运行速度，并利用补偿因子在准确性与运算速度两者之间进行权衡优化。当系统重构后，PCBB 可动态重新映射以寻求最优的映射方式。

在将实际应用映射到 NoC 上，寻找多目标联合最优的映射方式过程中，如何在多目标之间进行权衡非常重要。事实上，可靠性通常是通过牺牲通信能耗和性能来提升的。本书提出的第二套方案就是利用可靠性效率的概念来实现可靠性、通信能耗和性能之间的权衡。可靠性效率是利用单位能耗延时积条件下的可靠性收益来定义的（RC / ELP）。在不同的应用场景下，对于可靠性、通信能耗和性能的要求各不相同。所以，在研究中利用权重参数 γ 来区分它们之间的重要性。本书定义的可靠性效率的表达式为

$$\text{RC}_{\text{eff}}^{S,D} = \frac{(\text{RC}^{S,D} - \text{minre})^{\gamma}}{1 + E^{S,D} \times L^{S,D}} \tag{6.2.26}$$

式中，minre 表示系统对于一条通信路径最小的可靠性要求；γ 表示权重参数，这两者都可以由用户考虑不同的应用要求任意设定。对于特定的映射方式，其总体的可靠性效率可以用式（6.2.27）来表示：

$$\text{RC}_{\text{eff}} = \sum_{S,D} \text{RC}_{\text{eff}}^{S,D} F^{S,D} \tag{6.2.27}$$

式中，$F^{S,D}$ 已由式（6.2.2）式定义。对于式（6.2.26）中可靠性、通信能耗和延时的计算，本书在接下来进行介绍。

一个源-目的对的可靠性可以由式（6.2.28）得到

$$\text{RC}^{S,D} = \sum_{n=0}^{N} \sum_{i=1}^{M} \text{RC}_{i,n}^{S,D} P_{I,n} \tag{6.2.28}$$

式中，$\text{RC}_{i,n}^{S,D}$ 与前面定义的相同，表示在 n 条互连线发生错误、第 i 种错误情况下，从源 S 到目的 D 的可靠性开销，该值可以由前面关于可靠性的定义得到。$P_{I,n}$ 已在式（6.2.4）中定义。与式（6.2.5）类似，一个源-目的对的通信能耗可以表示为

$$E_{i,n}^{S,D} = V^{S,D}[E_{\text{Lbit}} d_{i,n}^{S,D} + E_{\text{Rbit}}(d_{i,n}^{S,D} + 1)] \tag{6.2.29}$$

所用参数均在前面定义。考虑所有的错误情况后，每对源-目的对的节点对的通信能耗可以用式（6.2.30）求得

$$E^{S,D} = \sum_{n=0}^{N} \sum_{i=1}^{M} E_{i,n}^{S,D} P_{I,n} \tag{6.2.30}$$

涉及性能时，必须考虑延时和可靠性两个方面。在本书提出的第二套方案中，延时依旧定量建模，而吞吐率是利用带宽限制定性分析，如式（6.2.15）所示。与前面对延时进行建模一样，方案二中延时也分成三个部分进行计算，其中第一部分单纯地传输延时可以用式（6.2.31）来计算：

$$\text{LC}_{i,n}^{S,D} = t_w d_{i,n}^{S,D} + t_r(d_{i,n}^{S,D} + 1) \tag{6.2.31}$$

对于由错误互连线和阻塞引起的等待延时，其计算方式由式(6.2.8)～式(6.2.12)给出。当 n 条互连线发生错误时，第 i 种错误情况下的延时可由式(6.2.32)表达：

$$L_{i,n}^{S,D} = \mathrm{LC}_{i,n}^{S,D} + \sum_{K=1}^{d_{i,n}^{S,D}+1} \mathrm{WT}_{U(K)\rightarrow V(K)}^{R(K)} + \sum_{j=1}^{d_{i,n}^{S,D}} \mathrm{LF}_{L(j)} \tag{6.2.32}$$

考虑所有的错误情况后，每一个源-目的对的延时可以由式(6.2.33)表达：

$$L^{S,D} = \sum_{n=0}^{N}\sum_{i=1}^{M} L_{i,n}^{S,D} P_{I,n} \tag{6.2.33}$$

方案二中使用的映射方法依旧是基于分支限定的映射算法，提出的 PCBB 方法分成两个部分：① 映射过程，当应用第一次映射到 NoC 上时，寻找可靠性、通信能耗与性能联合最优的映射方式。② 重新映射过程，当可重构 NoC 系统遇到一些突发情况，如发生硬错、应用要求更换拓扑结构等，进行动态重新映射以保证应用可以在此时的 NoC 上更好地运行。在映射过程中，PCBB 同样利用两项技术来提升运算效率和运算准确度。第一项技术为优先级分配技术，首先对要进行映射的 IP 根据其总通信量进行从高到低的排序，并且为通信量最高的 IP 分配最高优先级。在映射过程中，优先级最高的 IP 将被最先映射，从而保证越靠近根节点的中间节点可以映射到具有更大通信量的 IP。如果出现不可能是最优映射的中间节点，则尽早删除，从而提升运算效率。在分支限定算法中，如果中间节点收益的上限小于目前的最大收益，则该节点就不可能成为最优映射方式，从而需要删除。当然，一个准确的对于中间节点收益上界的估算会使得找到的映射算法更加准确，但同样会带来更多的运算量。因此，在这两者之间需要一个有效的权衡。PCBB 算法在删除条件中引入补偿因子 β，用以在运算量和运算准确性之间进行权衡，如式(6.2.34)所示：

$$\mathrm{UB} < \max\{R_{\mathrm{eff}}\}/(1+\beta) \tag{6.2.34}$$

式中，UB 表示中间节点可靠性收益的上限。UB 的计算由三个部分组成：① 已经映射的 IP 之间的可靠性收益 $\mathrm{UB}_{m,m}$。② 已经映射的 IP 与没有映射的 IP 之间的可靠性收益 $\mathrm{UB}_{m,u}$。③ 没有映射的 IP 之间的可靠性收益 $\mathrm{UB}_{u,u}$。当式(6.2.34)中的条件满足时，该中间节点被删除，否则该中间节点被保留，并且进入进一步的对比。

当一个应用在 NoC 上运行时，一些特殊情况，如在互连线、路由器或者 PE 中发生硬错，或者应用要求更换拓扑结构等，会要求 NoC 进行动态重构。为了更好地在 NoC 运行该应用，也需要进行重新映射来寻找现阶段最优的映射方式。因为 NoC 的重构是在实时条件下完成的，所以重新映射也需要在实时条件下完成。考虑到这点之后，本书将重构前运行的映射算法存储在存储器中，并将它定义为现阶段的最优映射方式。现阶段最优的可靠性收益是通过现阶段最优的映射方式得到的。随后，利用前面提出的 PCBB 映射算法对映射方式进行更新。在查找树中的对比是从上一个最优映射方式开始的，这可以在很大程度上减少运算量，保证重新映射过程可以在实时条件下完成。总体的映射方法，包括映射过程和重新映射过程两部分的伪代码如下。

```
if(need reconfiguration){
    Read(LastMap);
    MaxGain = LastMap->gain;
    MaxUpperBound = LastMap->upperbound;
}
else{
    MaxGain = -1;
    MaxUpperBound = -1;
}
initialization;
while(Q is not empty){
    Establish(child);
    if(child->gain < Maxgain or child->upperbound < MaxUpperBound){
        delete child;
    }
    else{
        insert child in Q;
        if(all IPs are mapped)
            BestMap = child;
        if(child->gain > MaxGain)
            MaxGain = child->gain;
        if(child->upperbound > MaxUpperBound)
            MaxUpperBound = child->upperbound;
    }
}
```

利用与分析 PRBB 算法同样的方法进行运算复杂度分析，可得 PCBB 的运算复杂度和 PRBB 的运算复杂度相同，具体结果如表 6.2.5 所示。

以上就是本书提出的第二套解决方案。在此方案中引入了可靠性效率的概念，并介绍了可靠性效率的计算过程。利用可靠性效率的多目标联合优化模型，介绍了 PCBB 映射算法中映射过程和重新映射过程的两方面内容，解释了将应用映射到 NoC 上运行的过程。

本书在研究中通过三组对比实验说明提出的 REM 模型和 PCBB 映射方法具有高效性、可重构性和准确性三方面的优势。首先将应用映射到二维 mesh 拓扑结构和 XY 路由算法的 NoC 上，并与 SA 进行比较，验证 PCBB 的高效性。随后，在

NoC 重构的条件下，对应用进行动态重新映射，说明 PCBB 方法的可重构性。最后，通过将基于 PCBB 算法寻找到的最优映射方式与 BB 和 SA 算法找到的最优映射方式进行对比，说明本书提出的方法的准确性。在三组实验中，利用和验证 PRBB 算法一样的背景进行实验。

首先对 PCBB 的高效性进行验证。本书将表 6.2.9 中介绍的应用通过 PCBB 与 SA 算法映射到二维 mesh 拓扑结构和 XY 路由算法的 NoC 上，并且对两者的运行时间进行对比。在实验中，$p_l = 0.5, 0.1, 0.01, 0.001, 0.0001$，对应的 $p_h = 0.5, 0.5, 0.1, 0.01, 0.001$。补偿因子 β 设定为 0，保证 PCBB 可以最快速地找到最优映射方式。对比结果如表 6.2.14 所示，从表 6.2.14 中可以看出，任意一种情况下，PCBB 都可以用比 SA 更短的时间寻找得到最优映射方式。具体来说，相比于 SA，PCBB 的运行时间减少了 189～1871 倍不等。这项优势主要来源于在 PCBB 中引入的两项削减运算量的技术。

表 6.2.14　PCBB 与 SA 的运行时间对比

应用	PCBB/s	SA/s	比值 (SA/PCBB)
MPEG4	0.02	37.42	1871
Telecom	0.65	156.66	241
Ami25	7.38	1397.29	189
Ami49	18.14	13064.38	720
H.264	0.50	486.78	973
HEVC	0.64	340.27	531
Freqmine	0.87	335.50	385
Swaption	0.45	385.46	856

当 NoC 发生重构以后，映射方式也需要更新才能使应用在 NoC 上更好地运行。本书在研究中用了大量的实验证明提出的方法的可重构性。实际的应用首先被映射到二维 mesh 拓扑结构和 XY 路由算法的 NoC 上，然后，拓扑结构和路由算法变成表 6.2.7 中所示的组合以适应应用需求，所以，表 6.2.9 中的 8 个应用需要重新映射到表 6.2.7 中的 4 种 NoC 组合上，并且记录重新映射所花费的时间。实验结果如表 6.2.15 所示，从表中可以看出，重构所需的时间随着 NoC 规模的增大而增大，这与理论分析相符。

表 6.2.15　由于拓扑结构和路由算法改变重新映射时间对比

应用	Torus/s	Spidergon/s	deBruijnGraph/s	mesh/s
MPEG4	0.02	0.01	0.01	0.03
Telecom	0.57	0.56	0.57	0.56
Ami25	3.67	3.7	3.81	3.66
Ami49	8.06	6.26	6.96	6.81

续表

应用	Torus/s	Spidergon/s	deBruijnGraph/s	mesh/s
H.264	0.56	0.56	0.57	0.57
HEVC	0.56	0.57	0.58	0.56
Freqmine	0.57	0.57	0.57	0.57
Swaption	0.57	0.56	0.57	0.57

在互连线、路由器和处理单元中出现的硬错可以通过添加冗余的方式来解决。但是这种重构的过程在本书中先暂时不考虑，现在只讨论当 NoC 发生重构之后，重新映射需要消耗的时间。和前面的讨论一样，发生在路由器中的错误全部归一化到互连线中。互连线发生错误引起 NoC 重构后，重新映射需要的时间如表 6.2.16 所示。从中可以看出，PCBB 可以快速地进行重新映射，寻找得到 NoC 重构过后的最优映射方式。

表 6.2.16　由于错误互连线重新映射的时间对比　　　　单位：ms

应用	错误互连线数目			
	3	6	9	12
MPEG4	10	12	13	12
Telecom	25	24	23	25
Ami25	50	54	53	54
Ami49	83	83	81	80
H.264	24	23	25	23
HEVC	26	27	24	27
Freqmine	24	25	25	24
Swaption	25	24	22	22

因为最新的文献[38]是解决处理单元发生错误被冗余单元替代过后的重新映射的问题的，所以文献[38]被选择作为对比对象。为了公平起见，对比所用的应用选择与文献[38]中使用的一样，其结果如表 6.2.17 所示。从表 6.2.17 中可以看出，PCBB 可进行动态重新映射。虽然 PCBB 在重新映射时，消耗的时间比 LICF 略长，但是它相对 MIQP 来说要高效很多。因为 PCBB 的查找空间要比 LICF 和 MIQP 大很多，所以表 6.2.17 中的结果能够充分说明 PCBB 可以实现动态重新映射。

前面的实验说明了 REM 模型与 PCBB 映射方法具有高效性和可重构性，下面的实验将对 PCBB 映射方法的准确性进行验证。利用和前面相同的实验条件进行实验，并且将由 PCBB 寻找得到的最优映射方式与 BB 和 SA 寻找得到的最优映射方式进行对比，对比结果如表 6.2.18 所示。从表 6.2.18 中可以看出，从平均的角度上讲，PCBB 可以找到比 BB 和 SA 更优的映射方式。从最小值的角度上看，PCBB 找到的最优映射方式略优于 BB 找到的最优映射方式，但是会比 SA 找到的最优映射方式差一些。但是，相对于 SA 算法，PCBB 算法可以更快地找到最优映射方式。换句话说，SA 是通过牺牲大量的运行时间来获取少量的可靠性、通信能耗、延时和吞吐率这些方面的优势，在运行时间要求较高的可重构系统中，这样的牺牲很难被接受。而 PCBB 虽然牺牲了一小部分可靠性、通信能耗、延时和吞吐率，但是获得了巨大的运行时间方面的优势。更重要的是，从平均的角度上讲，PCBB 在可靠性、通信能耗、延时和吞吐率这些方面相对于 SA 来说，都有较大的优势。相较于 SA 算法，PCBB 平均可以带来 5.3% 的可靠性提升、7.9% 的通信能耗下降、8.9% 的延时减小以及 8.5% 的最大吞吐率提升。

表 6.2.17　由于错误 PE 重新映射的时间对比　　　　　　　　单位：s

应用	NoC 规模	错误数	LICF/s	MIQP[38]/s	PCBB[38]/s
Auto-Indust (9IPs)	4×4	2	0.01	0.2	0.03
		4	0.02	2.51	0.04
		6	0.04	51.62	0.06
		7	0.04	177.72	0.08
TGFF-1 (12IPs)		2	0.01	0.44	0.02
		3	0.02	1.34	0.05
		4	0.03	4.3	0.06

表 6.2.18　PCBB、BB 和 SA 寻找得到的最优映射方式的对比总结

参数	相对于 BB			相对于 SA		
	最大	最小	平均	最大	最小	平均
可靠性增量	106.8%	−0.96%	13%	111.4%	−1.95%	5.3%
通信能耗减小量	46.5%	−1.1%	22.4%	39.4%	−22.3%	7.9%
延时减少量	37.1%	2.4%	15.5%	25.3%	−3.5%	8.9%
吞吐率优化	22.2%	0.7%	9.3%	22.2%	3.5%	8.5%

在验证 PRBB 和 PCBB 这两套方案的实验中，所有的应用都映射在具有相同路由器结构的 NoC 上。本书在研究中利用 Verilog 语言实现了一个简单的路由器结构，并对其进行硬件开销验证。因为本书的主要目的是设计准确的多目标联合优化模型和高效的映射算法，而并非硬件实现，所以只是设计了一个简单的路由器，用 Verilog 实现 RTL 设计，并在 Altera DE2-115 FPGA 开发板上进行功能验证。随后研究利用反提、后仿得到的版图面积来表示硬件开销。路由器的结构一般由 I/O 单元、交叉开关模块、虚通道模块和路由分配与仲裁模块四个部分组成。为实现这样一个简单的路由器需要用到的逻辑门数估算分析如表 6.2.19 所示。此外，根据 Verilog 语言实现的 RTL 路由器结构在台湾积体电路制造股份有限公司（以下简称台积电）65nm 工

艺下进行后仿分析，自动提取得到的版图如图 6.2.19 所示。从表 6.2.19 和图 6.2.19 中可以看出，实现这样一个路由器大约需要 20.7 万门，而硬件面积大约为 0.2mm²。英特尔提出的 80 核 NoC 结构[39]中，其单一路由器结构的面积大约为 0.34mm²。虽然本书实验中的路由器结构相对于英特尔提出的路由器结构要简单一些，但是提出的该单一路由器结构的面积为 0.2mm²，硬件开销并不大，是完全可以接受的。

表 6.2.19　一个简单路由器结构的逻辑门数估计

逻辑模块	规模/万门
I/O 模块	4.6
交叉开关模块	0.9
虚通道模块	14.5
路由分配与仲裁模块	0.7
总计	20.7

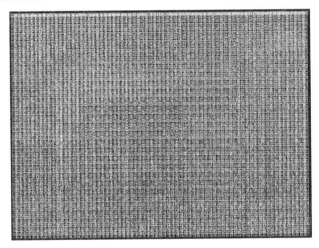

图 6.2.19　单个路由器结构的版图

本书通过三部分的实验说明 REM 模型和 PCBB 算法的优势。首先通过在二维 mesh 拓扑结构和 XY 路由算法的 NoC 上的映射，与 SA 的对比的结果说明 PCBB 算法的高效性。随后根据 NoC 的动态重构，重新映射的实验说明 REM 和 PCBB 的可重构性。最后通过与 BB 和 SA 在多方面的对比实验，说明 PCBB 在搜索最优映射方式时具有较高的准确性。另外，本书在研究中还针对全书仿真使用的 NoC 结构中的一个路由器进行硬件开销分析，通过一个简单路由器 RTL 的实现与验证说明其硬件开销在可以接受的范围内。

实验结果证实本书提出的 CoREP 模型和 REM 模型都能够实现对可靠性、通信能耗和延时的定量建模，对吞吐率的定性分析。相对于同类型的研究来说，本书提

出的模型能够实现多目标的联合优化，是第一个创新点。其次本书提出的基于
CoREP 的 PRBB 算法和基于 REM 的 PCBB 算法，都具有很高的灵活性。而 PCBB
映射方法更是能够根据 NoC 的重构情况进行重新映射，实现了高灵活性和可重构性
的设计。目前同类型的研究大多数局限于特定的拓扑结构和路由算法，并且很少能
够实现可重构性，这是提出的方法的第二个亮点。而且，本书提出的映射方法都能
够在很短的时间内寻找到最优的映射方式。这种高效的映射方式对于可重构 NoC 来
说是至关重要的，也是提出算法的第三个创新点。

6.3　配　置　通　路

可重构大规模 MIMO 信号检测处理器的配置方法研究主要包括配置信息组织
方式研究、配置机制研究以及配置硬件电路设计方法研究。配置信息组织方式研究
主要涉及配置比特位的定义、配置信息的结构组织以及配置信息压缩等方面的研
究[40-42]。因为大规模 MIMO 信号检测算法的计算复杂度较高且涉及一些需要较多
配置信息的操作(如大规模查找表)，故其所需的配置信息量一般都十分庞大，这使
得配置信息组织与压缩成为大规模 MIMO 信号检测算法在可重构处理器上高效执
行的关键所在。配置机制研究主要解决的是如何对计算资源所对应的配置信息进行
调度的问题。大规模 MIMO 信号检测算法一般都需要在较多的子图之间频繁切换，
这就需要建立与之对应的配置机制以尽量减小配置切换对执行性能产生的影响。最
后，无论是配置信息组织方式还是配置机制，最终都必须得到配置硬件电路的支持，
而配置硬件电路的设计主要包括配置存储器设计、配置接口设计、配置控制部分设
计等。图 6.3.1 对可重构配置信息组织方式及配置机制的研究进行了简要描述。

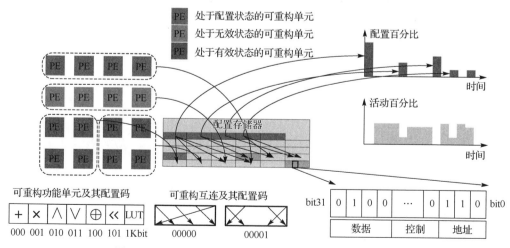

图 6.3.1　配置信息组织方式及配置机制研究(见彩图)

6.3.1　控制设计

可重构运算单元阵列工作流程(与 ARM 协同)如下。

(1)主控 ARM 将 PEA 配置字(configuration word,ARM 控制 PEA 的媒介)及部分 PEA 计算过程中需要的来自主控 ARM 的数据(最多 15 个)通过 ARM7 协处理器指令或者 AHB 通信协议写入主控接口的全局寄存器堆中。PEA 配置字大小为 1 个字,包含 PEA 配置信息的地址(20bit)及长度(12bit),放在全局寄存器堆的地址 0 处。其他数据放在全局寄存器堆的地址 1~15 处,都为 32bit 数据。主控接口一旦接收到 ARM7 Host 写配置字,就通过配置字使能信号使能配置控制器,该使能信号单周期高电平有效,同时将配置字交给配置控制器。之后,ARM7 将所有的中间数据写到全局寄存器堆中,并通过任务使能信号使能 PEA 控制器,该使能信号也是单周期高电平有效。

(2)配置控制器从主存中搬运配置包(context pack,是指 PEA 的一套配置信息),并解析配置包中每一行对应的 PE 编号。配置包包含整个 PEA 的时序控制、各个 PE 的时序控制、PE 在各个机器周期的功能以及数据控制器各个机器周期要完成的操作。配置包的设计原则是:① 兼顾各种计算模式;② 尽量压缩冗余信息。然后,配置控制器将配置包及每行对应的 PE 编号(即信号线)信息传给 PEA,将配置信息分发给各个 PE。搬运完成后,使用配置控制器信号执行完成信号通知 PEA,该信号低电平有效。

(3)PEA 控制器在配置控制器和主控使能信号均就位后,使能 PEA 和数据控制器,根据配置包执行计算。配置包中,时序是以机器周期为单位定义的。PE 根据配置包中定义的时序信息和当前机器周期使能执行计算。PE 在结束该行配置信息后通过 PE 任务执行完成信号通知 PEA。PEA 在收到所有 PE 的任务执行完成信号后进入下一个机器周期。PE 在一个配置包全部执行完毕后通过配置包结束信号通知 PEA 控制器。

(4)数据控制器负责 PEA 和共享存储器之间的数据交互。数据控制器可以自动发现访存中的广播行为,并将对应的数据广播给各个 PE。

6.3.2　主控接口

1. 功能描述

主控接口是 AHB 接口或者 ARM7 协处理器(coprocessor)接口的从属(slave),可由 ARM7 写入配置字,并与 ARM7 通过一个寄存器堆交换数据。主控接口的寄存器堆是 PEA 与 ARM7 直接交换数据的媒介。根据对全局寄存器堆读写地址的不同,主控接口可以分为三个子功能(图 6.3.2)。

(1)缓存 ARM7 写入的配置字。将配置字转发给配置控制器，进行配置信息的搬运。

(2)将 PEA 的执行状态通知 ARM7。

(3)提供全局寄存器堆，供 PEA 和 ARM7 在运行时快速交换数据。

SoC 平台上的 ARM 核不支持协处理器指令，只能使用 AHB 协议；而 RTL 平台上协处理器指令性能会更好一些。因此，目前主控接口使用两套实现方案：基于 AHB 协议的方案和基于协处理器指令的方案。

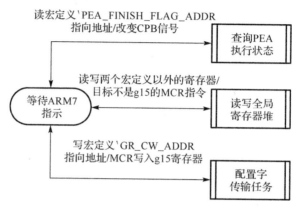

图 6.3.2　主控接口工作流程图

2. 行为描述

(1)ARM7 将要分配给 PEA 的任务对应的配置包的首地址和长度打包到配置字中，使用 MC 协处理器指令或者 AHB 协议写到 PEA 的全局寄存器堆的第 16 个寄存器(g15)中。全局寄存器堆一旦发现 g15 被写入，立即通过配置字有效信号通知配置控制器。后者将通过控制字就位信号与主控接口握手，并通过控制字数据信号读入 g15 的数据，开始搬运配置信息。

(2)ARM7 继续通过 MCR 指令或 AHB 协议在 PEA 计算过程中与全局寄存器堆的前 15 个寄存器(g0～g14)动态地交换数据。各个 PE 在执行时可以读写全局寄存器堆中的数据。全局寄存器堆中的数据可以作为配置包中的各个迭代次数，或者 32bit 输入信号，全局寄存器堆除 g15 以外的数据都可以作为 PE 的 32bit 输出信号的去向。

(3)若使用 AHB 协议，一旦有数据写入 g15，PEA 就进入了执行状态；而若使用协处理器指令，则在写完相关全局寄存器后，主控 ARM7 需要执行一条额外的 CDP 指令(操作码为 4'b1111)使能 PEA，然后 PEA 才进入执行状态。主控接口接收到写 g15 指令(AHB 协议)或 CDP 指令(协处理器指令协议)后，通过任务使能信号通知 PEA 控制器。之后，直到 PEA 控制器将任务执行完成信号置低，否则 ARM7

任何针对该 PEA 的操作，都会由主控接口挂起。AHB 协议下，挂起是通过让 ARM7 读 g14 寄存器，读到 1 时由驱动挂起，读到 0 时代表任务完成；协处理器指令协议下，PEA 控制器通过置低 CPA 信号的方式来通知 ARM7 任务尚未完成。所有主控接口的模块结构如图 6.3.3 所示。

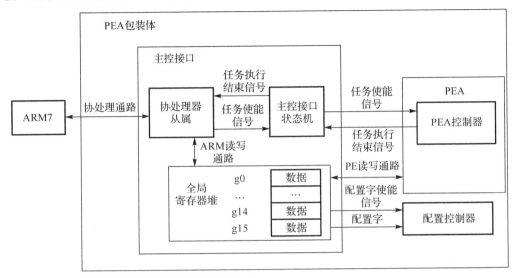

图 6.3.3　主控接口的模块结构图

6.3.3　配置控制器

配置控制器模块负责配置信息(context)的解析、读取和分发操作。这里按照图 6.3.4 所示的配置控制器工作流程图，介绍其具体的功能。

(1)解析主控接口接收的配置信息相关的配置字。

(2)根据配置信息中 PEA 顶层配置字段中配置信息的大小，从最后一级高速缓存(last level cache，LLC)中读取配置信息。

(3)根据读入的配置信息头 32bit，判断该配置信息是否已经保存在 PE 的缓存中。如果已保存，则直接使能 PEA 执行，否则继续读入。

(4)将读入的配置信息分发给各个 PE。

从图 6.3.5 可以看出，配置控制器模块与 PEA 以及主控接口进行信息交互。同时，配置控制器模块还通过一个 AHB 主设备(AHB master)与 AHB 总线相连，访问 LLC 获取配置信息。配置控制器主要有两个功能：①根据主控接口接收的配置字，发起对 LLC 的访问请求；②将从 LLC 中读取到的配置信息传递给 PEA 的配置仲裁器。

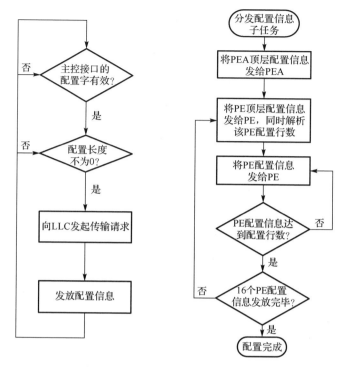

图 6.3.4　配置控制器工作流程图

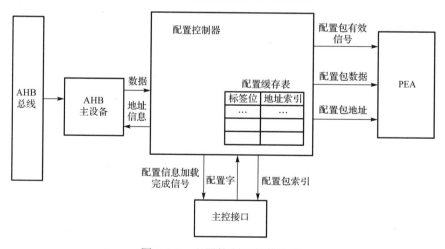

图 6.3.5　配置控制器的模块图

6.3.4　配置包设计

PEA 硬件配置包是基于 Excel 调度表编写的，调度表中行对应各个 PE 的各个配置行，列对应配置信息中的各个功能段。软件配置包通过提高调度表的抽象层次、增加调度表维度(从单一的时间维度增加空间维度)来增强编程可读性以及各个 PE 执行顺序控制的便捷性。

1. 基本符号

{}：大括号中的内容表示一个独立的语素。语素可以是一个参数、一条命令、一个 PE 的配置信息、整个配置包。

[]：中括号表示一个可选参数。书写时简便起见可以省略该参数，直接采用默认值。

%：%之后的内容为注释。注释可以加在任何地方。

2. 顶层命令

\PeaTop{迭代次数}{配置包内容}——配置包最开始时的命令。

迭代次数：PEA 顶层迭代次数，表征本套配置包将会被额外执行的次数，其值为正整数(范围为 0～63)或全局寄存器(参见本节后面介绍的数据来源)。

配置包：内容为每个 PE 的配置信息。目前一个 PEA 有 16 个 PE，故每个配置包中最多包含 16 个 PE 的配置信息。

\PeTop{迭代次数}{迭代开始行号}{配置行}——PE 的配置信息最开始的命令。

迭代次数：PE 顶层迭代次数，表征 PE 执行本套配置信息时额外执行的次数，其值为 0～63 的正整数或全局寄存器。

迭代开始行号：为 N 时表示重复执行时从配置行号的第 N 行开始执行。首行配置行视为第 0 行。关于迭代开始行号具体如何计算参见本节后面介绍的配置行号的计算。

配置行：为具体的配置信息。一个 PE 的配置信息中最多可以包含 32 个配置行，每个配置行可以执行一个或多个机器周期。

3. 配置行的基本格式

配置行可以是以下格式中的一种，各种语句的含义及如何写出合法语句如下。

```
\Wait{机器周期数}
ALU 指令\Wait{机器周期数}
\If{条件}{ALU 指令}
\If{条件}{ALU 指令}\Wait{机器周期数}
\For{迭代次数}{ALU 指令}
\For{迭代次数}{ALU 指令\Break{条件}}
\For{迭代次数}{ALU 指令\Wait{机器周期数}}
\For{迭代次数}{ALU 指令\Wait{机器周期数}\Break{条件}}
\For{迭代次数}{\If{条件}{ALU 指令}}
```

```
\For{迭代次数}{\If{条件}{ALU 指令}\Wait{机器周期数}}
\While{ALU 指令}
\While{ALU 指令}
\While{ALU 指令\Break{条件}}
\While{ALU 指令\Wait{机器周期数}}
\While{ALU 指令\Wait{机器周期数}\Break{条件}}
\While{\If{条件}{ALU 指令}}
\While{\If{条件}{ALU 指令}\Wait{机器周期数}}
```

4. 数据来源/去向

数据的来源/去向用作命令的参数。因为 PEA 为混合粒度，所以需要分别指定粗粒度(32bit)和细粒度(1bit)的数据的来源/去向。这类命令有三种形式：①\目标{地址}，表示访问目标的某个地址；②整形立即数，表示来源为立即数；③\目标[增量]{地址}，"增量"都是十进制整型，范围为-15～+15。表示如果这条配置被多次执行，则在第 n 次执行时访问，数据来源/去向的地址为目标 +n×增量。所有的"增量"都是可选参数，即书写时可以略去，默认为 0。在 latex 的显示中粗粒度显示为粗体，细粒度为正常字体。实际应用中，因为细粒度输出总是在下一个机器周期被其他 PE 访问，所以无须单独指定去向。数据的粗粒度输入、细粒度输入和粗粒度输出如表 6.3.1～表 6.3.3 所示，表中 SM 为共享存储器的缩写，RF 为寄存器堆的缩写。

表 6.3.1　粗粒度输入

形式	语法	含义
\SM[增量]{目标}	"增量"是十进制整型，范围为-15～+15。"目标"有两种写法：① BankNum-BankAddr 的形式，其中 BankNum 为十进制正整型，范围为 0～3，表示共享存储器的 4 个 Bank；BankAddr 为十进制正整型，范围为 0～1023，表示在每个 Bank 中的地址。\SM{1-513}就表示访问共享存储器的 Bank1 的地址 513 处的数据。② 0xAddr，其中 Addr 为十六进制正整型，范围为 000～FFF，共 4096 个地址。\SM{0xBFF}即对共享存储器的 3071 处数据访问，即 Bank2 的地址 1023(等价于\SM[2-1023])	直接访问共享存储器。用来读入外界的输入数据
立即数	整型，十进制数或以 0x 开头的十六进制数。立即数的长度为 32bit，具体为有符号整数还是无符号整数，需要根据 ALU 指令类型进行判断	访问该 PE 内某个寄存器。读入 PE 计算的局部长期数据
\RF[增量]{目标}	"增量"是十进制整型，范围为-15～+15；目标为无符号整数，范围为 0～15	访问该 PE 内某个寄存器。读入 PE 计算的局部长期数据
\PE{横坐标偏移 x}{纵坐标偏移 y}	对于一个 4×4 的阵列，以当前 PE 的位置为原点，右侧为 x 轴正方向，上方为 y 轴正方向。例如，\PE{1}{-1}就是指的相对当前 PE，坐标为(1, -1)的 PE。假如当前 PE 编号为 0，那么\PE{1}{-1}指的就是 PE5。一个 PE 可以访问其目标距离小于等于 2 的所有 PE，即 $|x|+|y|\leqslant2$	访问某个 PE 在上一个机器周期的粗粒度输出。读入阵列内的短期数据

续表

形式	语法	含义
\SMbyRF[增量]{目标}	"增量"是十进制整型，范围为–15～+15。目标为无符号整数，范围为 0～15。注意，这里的增量是对寄存器值的增量，而不是对寄存器编号的增量，即若为\SMbyRF[N]{M}，则先访问 RF[M]获取基地址，之后第 i 个迭代周期对共享存储器的访问地址为 RF[M]+i×N	通过某个寄存器内的值间接访问共享存储器，实现运行时动态访存
\GR{目标}	目标为无符号整数，范围为 0～15	来自主控接口内的全局寄存器堆与 ARM7 交换运行时产生的数据
\SMbyPE[增量]{横坐标偏移 x}{纵坐标偏移 y}	"增量"是十进制整型，范围为–15～+15。坐标范围同\PE 的说明。注意，这里的增量是对 PE 输出的增量，即从一个 PE 获取要访问的共享存储器的地址后，对地址进行递增	以某个 PE 在上一个机器周期的 OUT1 为索引访问共享存储器，实现运行时动态访存

表 6.3.2　细粒度输入

形式	语法	含义
\PE{横坐标偏移 x}{纵坐标偏移 y}	类似粗粒度的\PE	通过 Router 访问相邻 PE 在上一个机器周期的细粒度输出，读入单比特计算数据
立即数	取值为 0 或 1	单比特立即数 0 或 1。注意，对于没有细粒度输入参与的运算，除了与运算以外细粒度输入都填 0 即可，但与运算需要填 1

注：粗粒度输出与粗粒度输入大致相同。没有立即数和\PE 这两种形式。增加了"0"和\Jump 两种形式。与细粒度输入相同的项目都只给出条目，不再详细解释。

表 6.3.3　粗粒度输出

形式	语法	含义
	0	不特别指定该 PE 本机器周期的输出。一般情况下，该输出为一个存活时间很短的中间量，仅在下一个机器周期被其他 PE 访问
\Jump	\Jump	该 PE 本机器周期的计算结果为一个偏移量。例如，若当前机器周期的配置行行号为 M，计算结果为 N，输出去向为\Jump，则在本行配置信息执行完毕时，PE 要执行的配置行不再是通常的 M+1，而是 M+N，N 可以为负值。关于\Jump 的偏移量具体如何计算参见"配置行号的计算"

5. 指令域（ALU 命令）

指令域命令表达了一条配置行中 PE 的 ALU 的计算行为。指令域命令是配置行的主体，一条配置行中必须有且只有一个指令域命令。

形式：\指令名称{粗粒度输出}{输入 1}{输入 2}{输入 3}。名称参考表格，其中输入 1 和输入 2 为粗粒度输入，输入 3 为细粒度输入，输出 Out1 为粗粒度输出，细粒度输出 Out2 不需要特殊执行。参考"数据来源/去向"。

内容：表达了该配置行中 ALU 的计算行为。

行号计算：输出去向的\Jump 和 PeTop 的迭代开始行号涉及对配置行行号的计算。配置行行号的计算有以下要点。

(1) p 之后，第一个 ALU 命令所在的配置行行号为 0。

(2) 之后每出现一个 ALU 命令，行号加 1。

(3)\Wait 命令不是修饰其他某个语句时，行号加 1。\Wait 命令修饰指令域或者 PeTop 时都不作为一行单独的配置，不会占用行号。以下两种情况\Wait 会作为一行配置单独出现：①若在一个条件域命令后出现连续 N 个\Wait 命令，则除了第一个\Wait 的 $N-1$ 个\Wait 命令都占用一行配置信息，行号加 1。②若上一条配置包含迭代域，紧接着迭代域的大括号{}出现的\Wait 命令将占用一行配置信息，行号加 1。

6.3.5 映射方法

为了充分发挥可重构架构的优势，大规模 MIMO 信号检测算法在可重构架构上的合理流畅配置至关重要。可重构架构是与传统冯·诺依曼架构有差别的新型计算架构。在传统的指令流和数据流之外，又引入了配置流，这使得大规模 MIMO 信号检测应用映射到可重构平台变得更为复杂，如文献[43]和[44]所提及。如图 6.3.6 所示，映射的主要环节包括生成大规模 MIMO 信号检测算法的数据流图、将数据流图划分为不同的子图、将子图映射到可重构大规模 MIMO 信号检测 PEA 上并生

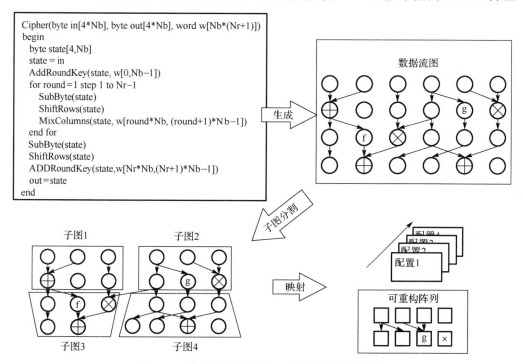

图 6.3.6　信号检测算法在可重构架构上的映射

成相应的配置信息。在数据流图生成过程中，主要完成核心循环展开、标量替换和中间数据分发等。在数据流图划分过程中，主要根据可重构 PEA 的计算资源情况将完整的数据流图在时域上划分为多个相互间具有数据依赖关系的子图。子图到可重构大规模 MIMO 信号检测 PEA 的映射过程主要是将子图与 PEA 硬件中的具体 PE、互连等对应起来并最终生成有效的配置信息。

下面以一个较复杂的矩阵遍历为例，来展示主控 ARM 核和 PEA 阵列间的协作运行。LDL 分解是矩阵分解的一种，它在大规模 MIMO 信号检测的 MMSE 检测算法中有着重要应用。LDL 分解中有一个对下三角矩阵的遍历非常有意思，本书在这里详细地介绍如何把这个遍历取数的过程映射到 PEA 上。取数之后的运算都可以使用空间映射(spatial mapping)的方式很方便地转化成数据流图映射到 PEA 上，所以这里就不再赘述。

图 6.3.7 是 LDL 分解遍历下三角矩阵的过程。图中的正方形代表一个矩阵，该矩阵是一个共轭对称阵，所以只需要保存它的下三角元素。取数前矩阵中的元素在存储器中的保存方式是按列优先紧凑摆放的，即在存储器中先依次放置下三角矩阵中第一列的元素(m 个)，放置完毕后紧接着放置下三角矩阵中第二列的元素 $m-1$ 个，直到第 m 列放入一个元素。访问时，对于一个 $m \times m$ 的矩阵，一共进行 m 次访问，每次访问按照列优先的顺序遍历下三角矩阵的一个内接矩形的所有元素。即第一次访问访问第一列的所有元素 m 个；第二次访问先访问第一列的后 $m-1$ 个元素，然后访问第二列的后 $m-1$ 个元素；第 i 次访问时依次访问第一列的后 i 个元素，第二列的后 i 个元素，一直到第 i 列的后 i 个元素，如图 6.3.7 所示。

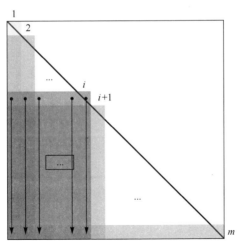

对于一个 $m \times m$ 的矩阵，共进行 m 次访问，每次访问按照列优先的顺序遍历下三角矩阵的一个内接正方形的所有元素

图 6.3.7　LDL 分解遍历下三角矩阵的过程

　　下面讨论如何将这个取数过程映射到 PEA 上。因为访存地址的规律性较差，考虑使用一个 PE 专门计算下次取数的地址，再使用一个 PE 通过间接访问将数据读入。PEA 上有很多迭代次数，可以将迭代次数对应到这里的循环遍历中。观察图 6.3.7 可以发现，访存时共有三层循环：①对下三角矩阵发起了第 $1,2,\cdots,m$ 次访问。②第 i 次访问依次访问 $1,2,\cdots,i$ 列。③访问第 i 列的时候依次访问第 i 个，第 $i+1$ 个，$\cdots$，第 m 个元素。而 PEA 配置信息中可以表现迭代的地方也有三个层次：PEA 配置信息的顶层迭代次数 PEA_TOP、PE 配置信息的顶层迭代次数 PE_TOP 和 PE 配置行的迭代次数 PE_CONF。而在主控 ARM 中，可以通过多次调用协处理器来实现迭代。本书将上面提到的访问中的三种迭代依次对应到主控 ARM 的调用协处理器的次数，PE 配置信息的顶层迭代次数，PE 配置行的迭代次数，如图 6.3.8 所示。因为下三角矩阵的列数和行数 m 在运行时才会确定，所以 m 可以由 ARM 写到 PEA 阵列的全局寄存器堆中。因为第 i 次访问也是由 ARM 通过调用协处理器发起的，且访存行为也与 i 有关，所以数字 i 也需要由 ARM 写入全局寄存器堆中。同样，图 6.3.8 中的 $m-i-1$ 也需由 ARM 写入全局寄存器堆中。之后，PE 配置信息的顶层迭代次数和 PE 配置行的迭代次数可以根据全局寄存器堆中的值确定。

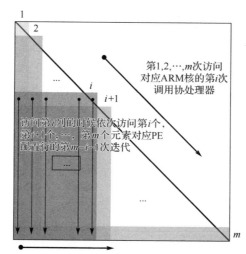

图 6.3.8　下三角矩阵遍历过程三种迭代次数的对应

　　下三角矩阵遍历过程中 PEA 的数据流图如图 6.3.9 所示。PE2 被分配用来专门计算地址，PE2 的粗粒度地址信号（Address）对应其他 PE 间接访存的地址，其他 PE 可以通过路由器间接访问将该数据读入。PE1 用于计算每次地址信号的累加值。这里所有的迭代次数都配置成从全局寄存器堆中获取（参见 6.3.2 节中访问全局寄存器堆获取迭代次数）。实际的迭代次数由 ARM 根据 i 的值在 PEA 使能前写入全局寄存

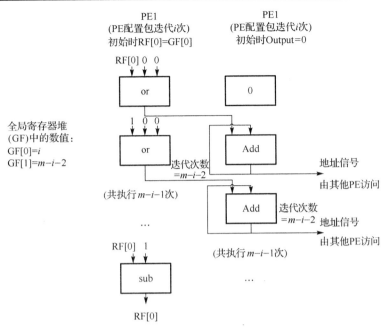

图 6.3.9 下三角矩阵遍历过程中 PEA 的数据流图

器堆。初始时 Address=0。第一次执行时，地址需要前跳 i 步，到达第 i 次调用协处理器时需要访问的第一个数据位置。这里 i 需要提前从全局寄存器 GF0 存入 PE1 的私有的寄存器 RF0。之后地址依次加 1，PE 配置行迭代 $m-i-2$ 次，相当于地址进行了 $m-i-1$ 次的加 1，从而遍历了第 i 次访问时第一列的数据。前 $m-i-1$ 次访问中 Address 每次都加 1，在每列上访问 $m-i-1$ 个数据后，配置信息到达结尾。此时，第 i 次访问的第一列数据的地址就全部产生了。在结束这一遍配置的执行之前，PE1 还需要将寄存器 RF0 的值减 1，为下一次执行做好准备。因为 PE_TOP 的迭代次数为 $m-i$，所以上述过程还需要再执行 i 遍。以第二遍为例。第一遍结尾时，Address 已经到达矩阵第一列的最后一个元素，第二遍开始时需要将地址加上 $i-1$ 才能指向下一个要访问的元素(因为共享存储器中连续保存了下三角矩阵中的结果，即 $(1, m)$ 之后的元素是 $(2,2)$)。此时，第一遍结尾 PE1 已经对其私有寄存器 RF0 中的值进行减 1 操作，所以第二遍开始时从 RF0 中取出的数据正好就是 $i-1$。因此，之后 PE2 在空闲一个机器周期后可以继续将 PE1 的输出累加到 Address 上。至此，数据流图的大部分问题都已经解决，可以直接得到调度表。但是此时的数据的初始化依然有问题。在 PE_TOP 迭代的第 0 遍，PE1 的私有寄存器 RF0 需要初始化为全局寄存器 GF0 的值，PE2 的粗粒度输出地址信号 Address 需要初始化为 0。而在 PE_TOP 迭代的第 1 遍，PE2 的私有寄存器 RF0 和 PE2 的输出地址信号 Address 都需要保持第 0 遍结束时的结果。图 6.3.9 的配置中，第 1 遍保持第 0 遍结尾的结果这一要求可以满足，因为 PE 的完整配置信息在迭代时不会重置上一遍的结果。但第 0 遍开始的初始化则无法满足。如果在第 0 遍开始时使用一个机器周期进行初始化，则在第 1 遍开始执行时又会进行一次初始化，这就导致第 1 遍保持第 0 遍结尾的结果这一要求无法满足。这里给出两种方法来解决这个问题。第一种方法是为了说明多套配置信息如何调用，实际使用中推荐采用第二种方法。第一种办法就是在 ARM7 每次调用协处理器读取一个内接矩形之前，再额外调用一个配置包进行初始化。该配置包只运行一个机器周期，PE1 读入全局寄存器 GF0 并将结果写入私有寄存器 RF0（参考 6.3.2 节中访问全局寄存器堆获取粗粒度输入），PE2 进行一个加零操作，将结果写到自己路由单元的输出上。最终的 C 程序如下，这里仅仅给出调用 i 次调用协处理器的部分：

```c
#include <stdlib.h>
#include <stdio.h>
int main(){
int index, matrix_size;
char name[20], index_str[5];
// prepare data
// copyinSharedMemory()
for(index=0; index<matrix_size; index++){
__callCoprocessor("Initializing", "Init-ConfigPack.txt", "InitProfileResult",
1, index);
itoa(index, index_str, 10);
name = strcat("LULT", index_str);
__callCoprocessor(name, "LULT-ConfigPack.txt", strcat(name,"-
ProfileResult"), 2, index, matrix_size-index-2);
}
// copyoutSharedMemory()
// printf results
}
```

需要注意两点：①ARM7 串行程序中有一个循环，循环体中先调用了初始化（intialize）配置包对 PE 进行初始化，再调用 LDL 部分的配置包读入下三角矩阵的一个内接矩形进行数据处理。调用时，使用附加参数将数据传输到全局寄存器堆中（参考 6.3.2 节中关于协处理器接口写全局寄存器堆的说明）。②为了区分每次调用 LDL 生成的 profile 文件，这里用 strcat 函数进行字符串拼接作为文件名，使用 itoa 函数将整型数转化为字符串作为区分的标记。每调用一套配置包，PEA 都需要从外部将配置包读到 PEA 上，按理说这样调用的代价不太小。但实际上，为了应对多套配置包循环调用，PEA 内部有一个配置缓存(cache)，可以在 PEA 内部存储 4 套配置包。该配置缓存按照简单的先后顺序进行替换。也就是说，如果被频繁调用的配置包不超过 4 套，那么除了初次调用的代价较大需要将配置从外存搬入(需要 50～500 个时钟周期)，之后再调用时间代价只有 ARM 去使能 PEA 的代价(只需要 5～10 个时钟周期)。所以上面按照 1-2-1-2-1-2…这样的顺序调用配置包，代价会很小。但如果调用配置包的顺序是 1-2-3-1-2-3-4-5-1…，那么在调用第 5 套配置包时，第 1 套配置包会被从 PEA 内缓存中踢出。之后再调用第 1 个配置包时就需要重新从外存搬运数据。也就是说，一个子应用中一个时间段内频繁调用的配置包数量不宜超过 4 套。假如有一个应用由 8 套配置按照 1-2-3-4-5-6-7-8-1-2-3-4-5-6-7-8-1-2-3-4-5-6-7-8…这样的顺序调用，应该尽量将它拆成 1-2-3-4-1-2-3-4-1-2-3-4…，这一过程中将第 4 套配置中间数据存下来，然后 5-6-7-8-5-6-7-8-5-6-7-8…，第 5 套配置将中间数据读入，从而减小配置切换的代价。第二种方法则是使用 PE 顶层的迭代开始行号(见 6.3.4 节迭代行号的计算)进行配置。PE 顶层的迭代开始行号声明了若 PE 顶层迭代次数为 n，PE 在第一遍执行完它所有的配置行后，迭代执行 n 次时每次开始时的行号。因此，只需要在 PE1 与 PE2 的第 0 行对 PE1 的私有寄存器 RF0 和 PE2 的粗粒度输出地址信号 Address 进行初始化。然后将 PE 顶层的迭代开始行号 PE_TOP[ITER_LINE] 设为 1，PE 顶层迭代次数设为来自 GF0。这样，在 PE 执行完第一遍的所有配置信息后，它将直接从第 1 行开始执行，即跳过了初始化的那一行，这样，就不需要在调用这套配置包之前，调用一套初始化的配置包。这样，之前的 C 程序可以简化。即可以删掉调用初始化的那个配置包，从而简化执行流程。

参 考 文 献

[1] Tessier R, Pocek K, Dehon A. Reconfigurable computing architectures[J]. Proceedings of the IEEE, 2015, 103(3): 332-354.

[2] Yu Z, Yu Z, Yu X, et al. Low-power multicore processor design with reconfigurable same-instruction multiple process[J]. IEEE Transactions on Circuits & Systems II Express Briefs, 2014, 61(6): 423-427.

[3] Zhu J, Liu L, Yin S, et al. Low-power reconfigurable processor utilizing variable dual VDD[J]. IEEE Transactions on Circuits & Systems II Express Briefs, 2013, 60(4): 217-221.

[4] Wu M, Yin B, Wang G, et al. Large-scale MIMO detection for 3GPP LTE: Algorithms and FPGA implementations[J]. IEEE Journal of Selected Topics in Signal Processing, 2014, 8(5): 916-929.

[5] Peng G, Liu L, Zhang P, et al. Low-computing-load, high-parallelism detection method based on Chebyshev iteration for massive MIMO systems with VLSI architecture[J]. IEEE Transactions on Signal Processing, 2017, 65(14): 3775-3788.

[6] Peng G, Liu L, Zhou S, et al. A 1.58 Gbps/W 0.40 Gbps/mm² ASIC implementation of MMSE

detection for $128×8$ 64-QAM massive MIMO in 65 nm CMOS[J]. IEEE Transactions on Circuits & Systems I Regular Papers, 2017(99): 1-14.

[7] Jin J, Xue Y, Ueng Y L, et al. A split pre-conditioned conjugate gradient method for massive MIMO detection[C]. IEEE International Workshop on Signal Processing Systems, New York, 2017: 1-6.

[8] Peng G, Liu L, Zhou S, et al. Algorithm and architecture of a low-complexity and high-parallelism preprocessing-based K-best detector for large-scale MIMO systems[J]. IEEE Transactions on Signal Processing, 2018, 66(7): 1860-1875.

[9] Winter M, Kunze S, Adeva E P, et al. A 335Mb/s 3.9mm^2 65nm CMOS flexible MIMO detection-decoding engine achieving 4G wireless data rates[J]. IEEE Transactions on Signal Processing, 2012, 13B(4): 216-218.

[10] Castañeda O, Goldstein T, Studer C. Data detection in large multi-antenna wireless systems via approximate semidefinite relaxation[J]. IEEE Transactions on Circuits & Systems I Regular Papers, 2016, 63(12): 2334-2346.

[11] Liu L, Chen Y, Yin S, et al. CDPM: Context-directed pattern matching prefetching to improve coarse-grained reconfigurable array performance[J]. IEEE Transactions on Computer-Aided Design of Integrated Circuits and Systems, 2018, 37(6): 1171-1184.

[12] Yang C, Liu L, Luo K, et al. CIACP: A correlation- and iteration- aware cache partitioning mechanism to improve performance of multiple coarse-grained reconfigurable arrays[J]. IEEE Transactions on Parallel & Distributed Systems, 2017, 28(1): 29-43.

[13] 周阳. 面向多种拓扑结构的可重构片上网络建模与仿真[D]. 南京: 南京航空航天大学, 2012.

[14] Achballah A B, Othman S B, Saoud S B. Problems and challenges of emerging technology networks−on−chip: A review[J]. Microprocessors & Microsystems, 2017, 3: 53.

[15] Dally W J, Towles B P. Principles and Practices of Interconnection Network[M]. San Francisco: Morgan Kaufmann, 2004: 707-721.

[16] Hu J, Marculescu R. Exploiting the routing flexibility for energy/performance-aware mapping of regular NoC architectures[C]. Europe Conference and Exhibition on Design, Automation and Test, Munish, 2003: 688-693.

[17] Chou C L, Marculescu R. FARM: Fault-aware resource management in NoC-based multiprocessor platforms[C]. Design, Automation & Test in Europe Conference & Exhibition, Grenoble, 2011: 1-6.

[18] Kohler A, Schley G, Radetzki M. Fault tolerant network on chip switching with graceful performance degradation[J]. IEEE Transactions on Computer-Aided Design of Integrated Circuits and Systems, 2010, 29(6): 883-896.

[19] Chang Y C, Chiu C T, Lin S Y, et al. On the design and analysis of fault tolerant NoC

architecture using spare routers[C]. Design Automation Conference, Yokohama, 2011: 431-436.

[20] Chen W U, Deng C C, Liu L B, et al. Reliability-aware mapping for various NoC topologies and routing algorithms under performance constraints[J]. Science China, 2015, 58(8): 82401.

[21] Khalili F, Zarandi H R. A reliability-aware multi-application mapping technique in networks-on-chip[C]. Euromicro International Conference on Parallel, Distributed, and Network-Based Processing, Belfast, 2013: 478-485.

[22] Ababei C, Kia H S, Hu J, et al. Energy and reliability oriented mapping for regular networks-on-chip[C]. ACM/IEEE International Symposium on Networks-On-Chip, Pittsburgh, 2011: 121-128.

[23] Kim J S, Taylor M B, Miller J, et al. Energy characterization of a tiled architecture processor with on-chip networks[C]. International Symposium on Low Power Electronics & Design, Seoul, 2003: 424-427.

[24] Kahng A B, Li B, Peh L S, et al. ORION 2.0: A fast and accurate NoC power and area model for early-stage design space exploration[C]. Design, Automation & Test in Europe Conference & Exhibition, Nice, 2009: 423-428.

[25] Das A, Kumar A, Veeravalli B. Energy-aware communication and remapping of tasks for reliable multimedia multiprocessor systems[C]. IEEE International Conference on Parallel and Distributed Systems, Singapore, 2013: 564-571.

[26] Liu L, Wu C, Deng C, et al. A flexible energy- and reliability-aware application mapping for NoC-based reconfigurable architectures[J]. IEEE Transactions on Very Large Scale Integration Systems, 2015, 23(11): 2566-2580.

[27] Kiasari A E, Lu Z, Jantsch A. An analytical latency model for networks-on-chip[J]. IEEE Transactions on Very Large Scale Integration Systems, 2013, 21(1): 113-123.

[28] Bolch G, Greiner S, de Meer H, et al. Queueing Networks and Markov Chains: Modeling and Performance Evaluation with Computer Science Applications[M]. Hoboken: John Wiley & Sons, 2006.

[29] Khalili F, Zarandi H R. A fault-aware low-energy spare core allocation in networks-on-chip[C]. IEEE NORCHIP, Copenhagen, 2013:1-4.

[30] Wu C, Deng C, Liu L, et al. An efficient application mapping approach for the Co-Optimization of reliability, energy, and performance in reconfigurable NoC architectures[J]. IEEE Transactions on Computer-Aided Design of Integrated Circuits and Systems, 2015, 34(8): 1264-1277.

[31] Gerez S H. Algorithms for VLSI Design Automation[M]. Hoboken: John Wiley & Sons, 1999: 5-9.

[32] Ye T T, Benini L, de Micheli G. Analysis of power consumption on switch fabrics in network routers[C]. Design Automation Conference, New Orleans, 2002:524-529.

[33] Wiegand T, Sullivan G J, Bjøntegaard G, et al. Overview of the H.264/AVC video coding standard[J]. IEEE Transactions on Circuits & Systems for Video Technology, 2003, 13(7):

560-576.

[34] Sullivan G J, Ohm J, Han W J, et al. Overview of the high efficiency video coding (HEVC) standard[J]. IEEE Transactions on Circuits & Systems for Video Technology, 2012, 22(12): 1649-1668.

[35] Bertsimas D, Tsitsiklis J. Simulated annealing[J]. Statistical Science, 1993, 8(1): 10-15.

[36] Dick R P, Rhodes D L, Wolf W. TGFF: Task graphs for free[C]. Proceedings of the 6th International Workshop on Hardware/Software Codesign, Seattle, 1998: 97-101.

[37] Wu C, Deng C, Liu L, et al. A multi-objective model oriented mapping approach for NoC-based computing systems[J]. IEEE Transactions on Parallel & Distributed Systems, 2017, 28(3): 662-676.

[38] Li Z, Li S, Hua X, et al. Run-time reconfiguration to tolerate core failures for real-time embedded applications on NoC manycore platforms[C]. IEEE International Conference on High Performance Computing and Communications & 2013 IEEE International Conference on Embedded and Ubiquitous Computing, Zhangjiajie, 2013: 1990-1997.

[39] Hoskote Y, Vangal S, Singh A, et al. A 5-GHz mesh interconnect for a teraflops processor[J]. IEEE Micro, 2007, 27(5): 51-61.

[40] Atak O, Atalar A. BilRC: An execution triggered coarse grained reconfigurable architecture[J]. IEEE Transactions on Very Large Scale Integration Systems, 2013, 21(7): 1285-1298.

[41] Lu Y, Liu L, Wei S, et al. Minimizing pipeline stalls in distributed-controlled coarse-grained reconfigurable arrays with triggered instruction issue and execution[C]. Design Automation Conference, New York, 2017: 71.

[42] Liu L, Wang J, Zhu J, et al. TLIA: Efficient reconfigurable architecture for control-intensive kernels with triggered-long-instructions[J]. IEEE Transactions on Parallel & Distributed Systems, 2016, 27(7): 2143-2154.

[43] Yin S, Liu D, Sun L, et al. DFGNet: Mapping dataflow graph onto CGRA by a deep learning approach[C]. IEEE International Symposium on Circuits and Systems, Baltimore, 2017: 216-219.

[44] Lu T, Yin S, Yao X, et al. Memory fartitioning-based modulo scheduling for high-level synthesis[C]. IEEE International Symposium on Circuits and Systems, Baltimore, 2017: 1-4.

第 7 章　大规模 MIMO 检测 VLSI 架构展望

回顾移动通信的发展历程，每一代移动通信系统都可以通过标志性能力指标和核心关键技术来定义。其中，1G 采用 FDMA 技术，只能提供模拟语音业务；2G 主要采用时分多址(time division multiple access，TDMA)技术，可提供数字语音和低速数据业务；3G 以 CDMA 为技术特征，将用户峰值数据传输速率提高到 2Mbit/s 至数十 Mbit/s，可以支持多媒体数据业务；4G 以正交频分多址(orthogonal frequency division multiple access，OFDMA)技术为核心，用户峰值数据传输速率可达 100Mbit/s～1Gbit/s，能够支持各种移动宽带数据业务[1]。

5G 是 2018 年及以后部署的更先进的移动通信网络，其主要技术包括[2]：毫米波技术(26GHz、28GHz、38GHz 和 60GHz)，能够为 5G 通信网络提供高达 20Gbit/s 的传输速率；大规模 MIMO 技术，可以为 5G 通信网络提供"10 倍于当前 4G 网络的性能"；"中低频段 5G"，使用 600MHz～6GHz 频段，特别是 3.5～4.2GHz 的频段，也是 5G 的重要技术之一。5G 作为 4G 的延伸和进一步发展，是新一代信息通信发展的主要方向，将渗透到未来社会的各个领域，以用户为中心构建全方位的信息生态系统。5G 与以往无线通信技术最大的区别在于服务对象。前几代移动通信系统的服务对象主要是人，而在 5G 时代，IoT、工业 4.0、智慧制造(intelligent manufacturing，IM)、医疗等行业运作都会随着 5G 技术的发展而发展。换句话说，5G 所要承担的，是改变整个社会、行业的使命。华为轮值 CEO 徐直军曾对 5G 做出如下评价："现阶段的 5G 仍处于研究定义阶段。对于行业而言，5G 不仅仅是提升基础通信，更是连接人与人、物与物、人与物，成为未来数字世界的使能者"。

从制造业的角度来看，5G 时代，不仅仅是智能终端，包括 5G 后台方面的网络设备都会发生革命性的变化。5G 时代的网络设备制造业，也不再是传统的通信设备厂商的专有领域。以联想为代表的提供开放式的计算设备、存储设备和网络设备的厂商，也可以参与竞争。2017 年 2 月 28 日，在世界移动通信大会 2017 接受《老尚看科技》专访，被问及联想在即将到来的 5G 时代如何做手机业务的战略卡位时，联想集团董事会主席兼 CEO 杨元庆做出如下回应："5G 时代更大的受益者不是手机厂商，而是 PC 和服务器厂商"。为同时满足终端设备计算能力的可扩展性和超低延时的需求，新兴的移动边缘计算(mobile edging computing，MEC)技术[3]逐渐成为 5G 通信的又一项关键技术。MEC 的基本思想是将云计算平台迁移到移动接入网边缘，允许用户设备将计算任务卸载到网络边缘节点。这将有助于 5G 业务实现超低延时、超高能效、超高可靠性等技术指标的要求。

本章将分别针对服务器、移动终端和边缘计算三部分对未来应用场景和硬件发展做出展望。

7.1　服务器端应用展望

7.1.1　5G 通信特点概要

5G 通信的差异化应用场景对通信业务本身在设备量、通信带宽和性能三个主要方向提出工程需求——深度覆盖、超低功耗、超低复杂度、超高密度、极限容量、极限带宽、深层意识、强安全性、超高可靠性、超低延迟和完美移动性等，如图 7.1.1 所示。

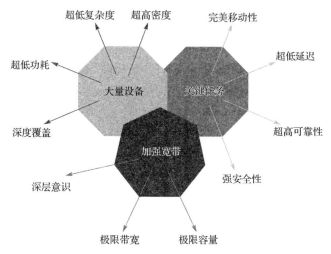

图 7.1.1　5G 通信的需求和特点

其中，在保证甚至提高通信 QoS 的前提下，数据速率高、延迟低、能耗低三点是最为核心的要求。从解决方案的角度，为实现 5G NR（new radio）的搭建，大规模 MIMO[4]、小小区技术、D2D[5]、软件定义网络（software define network，SDN）[6]、自组织网络、能量管理[7]等关键技术应运而生，如图 7.1.2 所示。

根据全球移动通信系统协会（Global System for Mobile Communication Association，GSMA）的报告，到 2025 年，5G 网络将在全球 111 个国家和地区市场上实现商用。在 5G 网络完成大规模铺设、可供消费者使用之前，还需实现两大转变。首先，移动运营商需把网络基础设施升级为 5G 设备。而目前主要的 5G 设备供应厂商有中国的华为和中兴，瑞典的爱立信和芬兰的诺基亚。另外，手机制造商也需要紧跟步伐，在手机中内置 5G 无线信号接收装置，为连接 5G 网络做好准备。

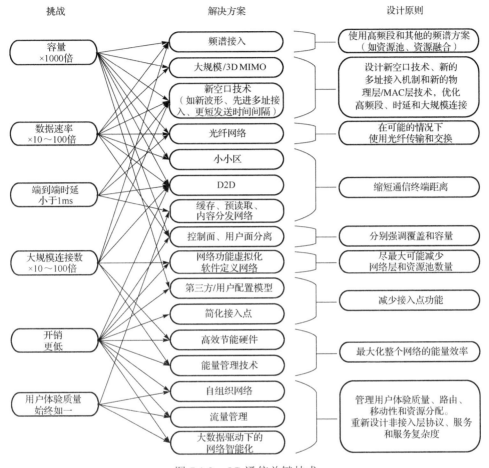

图 7.1.2　5G 通信关键技术

　　5G 商用初期，运营商将开展大规模网络建设。5G 网络设备的投资带来的设备制造商收入将成为 5G 直接经济产出的主要来源[8]。5G 直接和间接经济产出如图 7.1.3 所示。《5G 经济社会影响白皮书》中提到，预计在 2020 年，网络设备和终端设备给设备厂商带来的收入合计约 4500 亿元，占直接经济总产出的 94%。而预计到 2025 年，5G 商用中期，来自用户和其他行业的终端设备支出与电信服务支出则会持续增长，预计能分别增长至 1.4 万亿和 0.7 万亿元，占到直接经济总产出的 64%。到 2030 年，5G 商用中后期，互联网企业和 5G 相关的信息服务产业将会成为直接经济产出的中坚力量，能够实现的经济产出将达到 2.6 万亿元，占直接经济总产出的 42%。

　　由此观之，未来的几年间，5G 的商用将带来基础制造行业的巨大革新和设备制造产业的产品更替，具有极高的商业价值和投资空间。国内诸多设备制造商也在 5G 相关的产业中投入大量的人力和物力。

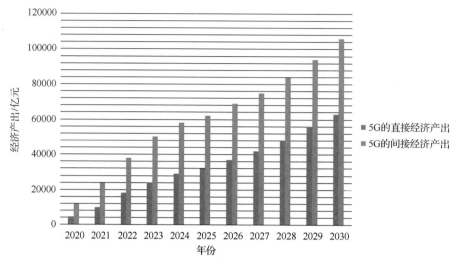

图 7.1.3　5G 直接和间接经济产出(见彩图)

7.1.2　服务器端特点概要

服务器(server)是基于网络环境工作的设备类型的通称,通常由各种计算机担任。区别于终端(terminal),服务器相当于网络的控制中心与服务中心,为与之相连的各类终端设备(通常也由各种计算设备担任)提供服务,对计算性能要求更高。常见的服务器架构有以下三种:集群式服务器架构。集群架构是指集中多个服务器进行同一种服务,从客户端角度看像是只有一个服务器。集群的优点一是可以利用多个计算机进行并行计算从而获得更高的计算速度,二是可以用多个计算机做备份,保证任何一个机器损坏时整个系统也可以正常运行。负载均衡(load balancing)服务器架构。负载均衡建立在现有网络结构之上,可以提供一种廉价、有效和透明的方法扩展网络设备与服务器的带宽,增加吞吐率,加强网络数据处理能力,提高网络的灵活性和可用性。分布式服务器架构。分布式资源共享服务器可以将数据和程序分散到多个服务器,以网络上分散分布的地理信息数据及受其影响的数据库操作作为研究对象的一种理论计算模型服务器形式。分布式有利于任务在整个计算机系统上进行分配与优化,克服了传统集中式系统会导致中心主机资源紧张与响应瓶颈的缺陷,解决了网络地理信息系统(geographic information system,GIS)中存在的数据异构、数据共享和运算复杂等问题,是地理信息系统技术的一大进步。为保障重要数据安全,通信领域主要以服务器集群架构为主;负载均衡主要是为了分担访问量,避免临时的网络堵塞,主要用于电子商务类型的网站;分布式服务器主要是解决跨区域,多个单个节点达到高速访问的目的。目前,若是服务器用作类似内容分发网络(content delivery network,CDN)用途,则一般采用分布式服务器。

通信服务器作为用户通过远程通信链路传送文件或访问远地系统或网络的一个专用系统，可以根据软件和硬件能力同时为一个或多个用户提供通信信道。通信服务器通常包括以下功能：网关功能，通过转换数据格式、通信协议和电缆信号提供用户与主机的连接；访问服务功能，允许远地用户经拨号进入网络；调制解调器功能，为内部用户提供一组异步调制解调器，用于拨号访问远地系统、信息服务或其他资源；桥接器和路由器功能，维持与远地局域网的专用或拨号(间歇的)链路并在局域网间自动传送数据分组；电子函件服务器功能，自动连接其他局域网或电子邮局，收集和传递电子函件。

服务器的性能对网络的性能起着关键性的作用，因此 5G 乃至 beyond 5G 通信需求对服务器提出如下要求：数据处理能力强，能接受大流量的数据访问，具有高稳定性与可靠性，系统功能完善并能保证数据安全等。第 1 章中提到，从硬件实现角度思考，ASIC 方式实现数据处理模块最主要优势是能够获得性能和功耗上最优的综合评价，能够满足大规模 MIMO 检测芯片急剧增长的运算能力需求，实现高吞吐率、高能量效率以及低延迟。在移动通信飞速发展的今天，灵活性的缺乏成为它进一步广泛应用的掣肘。可重构处理器在计算密集型数据处理方面不仅能够实现高吞吐率、低能量消耗和低延迟，同时能够在灵活性和可扩展性方面有得天独厚的优势。此外，受益于硬件可重构性，这种架构有可能在系统运行时执行系统更新和错误修复，这对于延长产品的使用寿命，并确保产品在上市时间方面具有绝对优势。因此，可重构处理器成为未来通信发展一个重要而充满希望的研究方向。

7.1.3　服务器端应用

作为全球通信的最新标准，5G 的意义不局限于网速更快、移动宽带体验更优，它的使命更是在于连接新行业，催生新服务，如推进工业自动化、大规模物联网、智能家居和自动驾驶等。这些行业和服务都对网络提出了更高的要求，要求网络更可靠、时延更低、覆盖更广，也更安全。各行各业迥异的需求迫切呼唤一种灵活、高效、可扩展的全新网络。

2015 年 6 月，国际电信联盟(International Telecommunication Union，ITU)召开的 ITU-RWP5D 第 22 次会议上确定了未来的 5G 具有以下三大主要应用场景：增强型移动带宽、超高可靠与低延迟的通信和大规模机器类通信。具体场景包括：Gbit/s 数据传输、智能家居/建筑、智慧城市、3D 视频、增强现实技术、自动驾驶等。5G 通信主要应用场景如图 7.1.4 所示。

2015 年 10 月 26 日至 30 日，在瑞士日内瓦召开的 2015 无线电通信全会上，ITU-R 正式批准了三项有利于推进未来 5G 研究进程的决议，并正式确定了 5G 的法定名称

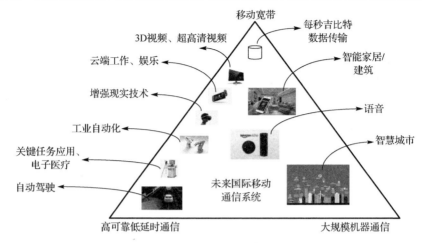

图 7.1.4　5G 通信主要应用场景

是 "IMT-2020"。"IMT-2020" 从移动互联网和物联网的主要应用场景、业务需求及挑战出发，将 5G 的主要应用场景按具体网络功能要求重新归纳为连续广域覆盖、热点高容量、低功耗大连接、低延时高可靠四个主要应用场景，这些与 ITU 三大应用场景基本一致，只是将移动宽带进一步划分为连续广域覆盖和热点高容量两个场景，如图 7.1.5 所示。

图 7.1.5　连续广域覆盖和热点高容量场景

连续广域覆盖和热点高容量场景主要为满足 2020 年及未来的移动互联网业务需求，也是传统的 4G 主要场景。连续广域覆盖场景是移动通信最基本的覆盖方式，以保证用户的移动性和业务连续性为目标，为用户提供无缝的高速业务体验。该场景的主要挑战在于随时随地为用户提供 100Mbit/s 以上的数据传输速率，这种挑战在基站覆盖边缘、高速移动等恶劣环境下更为明显。热点高容量场景主要面向局部热点区域，为用户提供极高的数据传输速率，满足网络极高的流量密度需求。这需要多种技术作为支持，例如，超密集的组网能够有效地复用频谱资源，极大程度上提升单位面积内频率复用效率；全频谱接入能够充分地利用低频和高频的频谱资源，实现更高的传输速率。

低功耗大连接和低时延高可靠应用场景(图 7.1.6)更主要是面向物联网业务,是 5G 新拓展的场景,重点解决传统移动通信无法很好地支持物联网及垂直行业应用的问题。低功耗大连接场景主要面向智慧城市、环境监测、智能农业、森林防火等以传感和数据采集为目标的应用场景,具有小数据包、低功耗和海量连接等特点。这类应用场景中,终端分布范围广、数量众多,不仅要求网络具备超千亿连接的支持能力,满足 100 万/km^2 连接数密度指标要求,而且要保证终端的超低功耗和超低成本要求。低时延高可靠场景主要面向车联网、工业控制等垂直行业的特殊应用需求。这类应用对时延和可靠性具有极高的指标要求,需要为用户提供毫秒级的端到端时延和接近 100%的业务可靠性保证。5G 主要场景与性能关键挑战如表 7.1.1 所示。

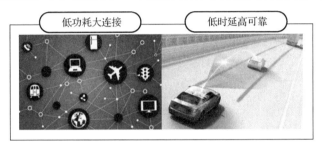

图 7.1.6　低功耗大连接和低时延高可靠场景

表 7.1.1　5G 主要场景与性能关键挑战

场景	关键挑战
连续广域覆盖	100Mbit/s 用户体验速率
热点高容量	用户体验速率:1Gbit/s 峰值速率:数十吉比特每秒 流量密度:数十太比特每平方公里
低功耗大连接	连接数密度:10^6/km^2 超低功耗,超低成本
低时延高可靠	空口时延:1ms 端到端时延:毫秒量级 可靠性:接近 100%

以下分几个具体应用场景介绍。

1. 车联网

就我国而言,截至 2017 年,全国汽车保有量达 2.17 亿辆,与 2016 年相比,全年增加 2304 万辆,涨幅为 11.85%。汽车占机动车的比例持续提高,近五年占比从 54.93%提高至 70.17%,已成为机动车构成主体。从分布情况看,全国有 53 个城市的汽车保有量超过百万辆,24 个城市超 200 万辆,7 个城市超 300 万辆,分别是北京、成都、重庆、上海、苏州、深圳和郑州。西部地区机动车保有量达 6436 万辆,汽车增速高于其他地区。2017 年，东部、中部、西部地区机动车保有量分别为 15544 万辆、9006 万辆、6436 万辆，分别占全国机动车总量的 50.17%、29.06%、20.77%。其中，西部地区近五年汽车保有量增加 1963 万辆，年均增幅 19.33%，高于东部、中部地区 14.61%、16.65% 的增幅[9]。

国际互联网巨头都在争先恐后地抢占驾驶室，它们进军车载系统最大的意义很有可能像智能手机领域一样，重塑整个行业生态系统，形成标准的车载操作平台。有专家预言，车联网将会是第三大互联网实体，仅次于 PC 为主的互联网和手机为主的移动互联网。完整的车联网产业链涉及的环节较多，主要包括通信芯片/模块提供商、外部硬件提供商、RFID (radio frequency identification devices) 及传感器提供商、系统集成商、应用设备和软件提供商、电信运营商、服务提供商、汽车生产商等，如图 7.1.7 所示。由此观之，5G 商业化带来的汽车硬件领域的市场同样亟待挖掘。

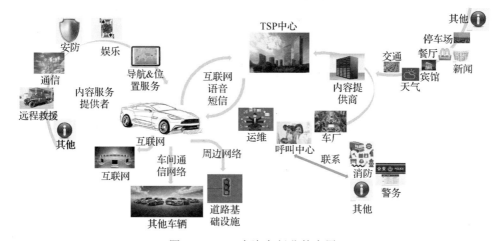

图 7.1.7　5G 在汽车行业的应用

随着机动车保有量持续快速增长，机动车驾驶人数量也呈同步大幅增长趋势，近五年年均增量达 2467 万人。2017 年，全国机动车驾驶人数量达 3.85 亿人，汽车驾驶人超 3.42 亿人。驾龄不满一年的驾驶人 3054 万人，占驾驶人总数的 7.94%。一方面，随着汽车保有量迅猛增长，加之以停车场管理不完善，加剧了停车位利用率低，使得"停车难"成为亟待解决的问题。另一方面，人们对机动车的需求提高和低驾龄驾驶者人数锐增，导致交通安全存在隐患，辅助驾驶甚至自动驾驶技术的研发与升级已迫在眉睫。

针对停车难问题，结合车位锁远程控制和管理的车位云管理系统(图 7.1.8)通过对车位进行集中管理、分散控制，有利于车位拥有者在闲时分享出租自己的车位，可以有效地缓解车位供需问题，提高城市车位利用率。这是典型的低功耗大连接应用场景之一[10]。车位锁远程控制系统是车位云管理平台的关键组成部分，其主要承担车位状态信息采集、车位使用权限控制。该系统包括硬件和软件两个部分，其中硬件部分主要包括嵌入式硬件控制系统设计，其主要工作为实现车锁远程控制。软件部分包括手机客户端开发和服务器端软件(通信程序、数据存储程序等)开发。

图 7.1.8　车位云管理系统架构

在满足功耗、延时和数据吞吐率性能要求的前提下，为应对机动车保有量迅猛增长的趋势，大规模 MIMO 信号检测芯片的数据处理规模定然会增加。在这种场景下，相对于定制化的 ASIC 架构，可重构架构显然更为适用。

在自动驾驶技术方面，2016 年 5 月，美国佛罗里达州一辆自动驾驶模式处于开启状态的 Model S，在全速行驶过程中撞到一辆正在垂直横穿高速的白色拖挂卡车，并导致车主死亡。2018 年 3 月，美国亚利桑那州坦佩市，一辆 Uber 的自动驾驶汽车与一名行人相撞，该行人在送往医院后不治身亡。相比特斯拉 Autopilot 事故，Uber 自动驾驶事故是没有识别出行人，而 Autopilot 事故则没有识别出车辆。针对当前自动驾驶的不足，一方面，特斯拉最新公布，新款市内导航及地图引擎——"光年"会初完成软件升级，另一方面，还需要持续不断地更新软件算法。特斯拉自动驾驶图示如图 7.1.9 所示。

在高速行驶的情景模式之下，实时的数据处理与信息交互显得尤为重要[11]，这是典型的低延时高可靠的场景之一。因此，低延迟、高数据吞吐率是最迫切的性能要求。ASIC 不仅有着能量效率的天然优势，机动车保有量的巨大体量也使得芯片制造成本降低(量产后，一次性工程费用可被均摊至所有芯片)，因此基于 ASIC 的大规模 MIMO 信号检测芯片有着更强的应用前景。

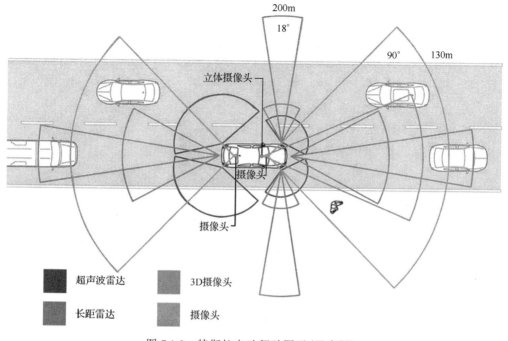

图 7.1.9　特斯拉自动驾驶图示 (见彩图)

2. 云计算

随着网络技术迅猛发展、网络规模快速增长以及计算机系统的日益复杂，各种新的系统和服务层出不穷。电信网络运营商和互联网应用服务提供商为争取更多用户和获得更大利益进行激烈竞争。近年来移动互联网不断成熟，诸多应用服务提供商开始转型，并开发 OTT (over the top) 业务[8]，绕过网络运营商直接从用户和广告商处盈利。在应对此挑战方面，运营商花费大量成本提供网络服务的同时，无法找到有效的应对方法，导致收入受到严重影响。与此同时，应用服务商为打破运营商的技术壁垒，获取更多的网络资源，造成了"信令风暴"和终端耗电量激增等问题，最终严重影响用户利益。盲目竞争以及没有合作平台，导致运营商、用户和服务提供商之间的矛盾不断激化。

云计算作为当今互联网发展的热点技术和发展趋势，将基础设施、应用平台、应用软件进行整合形成一个较为完整的网络结构[12-14]。该系统利用互联网技术，以自助和按需的方式对外提供服务，具有宽带接入、虚拟化资源池、快速弹性架构、可测量的服务和多租户的特点，都对运营商网络应用能力提升提供着积极的借鉴意义。云平台按照不同的服务模式，可以分为基础设施即服务 (IaaS)、平台即服务 (PaaS) 和软件即服务 (SaaS) 三种服务模式 (图 7.1.10)。云计算利用虚拟化和分布式计算等技术，通过计算机网络将分散的各类计算机资源集中起来形成地址池，按需对外服

图 7.1.10　云计算三种服务模式

务的新型服务模式[8]。移动云计算具有弱化终端硬件限制、更便捷的数据存储、个性化服务提供以及随时随地的便捷服务的特点[15]。这均需要服务器端提供大规模、及时数据量的处理。因此，在此情景之下，基于 ASIC 的大规模 MIMO 有着广阔的应用前景。

7.2　移动终端应用展望

　　移动计算终端，顾名思义是指可以在移动过程中使用的计算机设备，主要包括无线车载终端和无线手持终端。随着宽带无线接入技术与移动互联网技术的飞速发展，人们迫切希望能够随时随地乃至在移动过程中都能便捷地从互联网中获取信息与服务。移动终端作为用户通向无线网络的接入口，呈现"百花齐放"的趋势，各种移动设备(智能手机、平板电脑等)层出不穷。现今的移动计算终端不仅可以实现通话、语音视频、拍照，还可以实现包括蓝牙、GPS 定位、信息处理等丰富的功能，在人类社会中发挥着越来越重要的作用。在 2018 年世界移动通信大会上，"5G 时代"成为全场的一大亮点。5G 网络作为第五代移动通信网络，能实现"万物互联"。相比于 4G 通信技术，5G 数据传送速率将极大增加，在稳定性和功耗方面均得到很大的改善。5G 时代对移动计算终端的影响将是巨大的。相比于以前几代通信，移动计算终端范围将更加广泛，出现了可穿戴设备、家庭联网设备等新产品。其次，移动计算终端更加人性化，可以提供更快的信息传递速率以满足用户的需求。最为重要的是，5G 为其他相应的产业技术的发展提供了基础，大数据、云计算、AI 和无人驾驶均需要快速的数据传输。

　　然而，移动终端的发展也面临着一系列挑战，其基础理论与关键技术的研究，一直是企业和高校的科研工作者所关心的问题。其中，大规模 MIMO 技术，作为 5G 的关键技术之一，能很大程度提高移动通信的信道容量以及信号的覆盖范围。因此，在设计大规模 MIMO 检测处理器时，一个更优的大规模 MIMO 的检测 VLSI 架构对其性能包括高性能、低功耗、低延迟、灵活性和可扩展性有很大影响。换句话说，寻求更优的 MIMO 检测架构对 MIMO 检测处理器乃至移动终端的发展具有重要意义。21 世纪以来，移动终端凭借更贴近用户这一优势在移动通信市场中已然占据了市场竞争中最为激烈的阵地。随着各项技术的日渐成熟，多样化的移动终端迈入智能化时代，拥有极其丰富的功能。移动终端向集成更多功能的方向发展。全球移动通信终端发展的上升趋势强劲，市场对于移动终端产品的性能要求严苛。移动终端的性能和成本主要集中在芯片上，尤其是基带通信芯片，而终端的研发主要环节就是终端基带芯片[16]。移动终端对基带芯片的要求主要体现在如下几个方面。

(1)功耗低。基带芯片是移动终端中最核心的部分，它的主要作用是合成即将发射的基带信号，并且解码接收到的基带信号。发射时，把信号编译成用来发射的基带码；接收时，把收到的基带码解译为音频信号。在智能终端市场中，智能终端基带芯片的数据处理任务也越来越繁重，所以基带芯片的低功耗设计对于智能终端的发展具有非常重要的意义[17]。

(2)低延迟。越来越多应用对于路径延迟有更高要求。因此，基带芯片需要实时处理数据，延迟通常是需要达到毫秒量级。

(3)成本低。在第五代超密集网络中微型基站的大小将足够小。站点之间的距离很小，而微型基站的部署密度很高。因此，对于运营商来说，微型基站的成本非常重要。覆盖室内和室外的部署场景，使用低成本 CMOS 功率放大器，可以实现从几米到 100m 不等的存取节点之间的距离。

(4)高容量。基带芯片还需要实现高容量、高能效和高频谱效率。

针对无线通信基带处理芯片需求，基于 ASIC 的大规模 MIMO 检测 VLSI 架构和基于可重构的大规模 MIMO 检测 VLSI 架构将有一定的应用前景。本节将根据这两个方面进行介绍。

7.2.1　基于 ASIC 的检测芯片应用

5G 除了支持移动宽带的发展，也支持无数新兴的应用情景。越来越多应用对于数据传输有着高要求，即需要数据传输能够满足低延迟、高吞吐率，这对于大规模 MIMO 检测芯片设计的要求也越来越高。基于 ASIC 的大规模 MIMO 检测芯片在延迟和吞吐率上有满足未来应用需求的潜力。下面以未来应用为例说明基于 ASIC 的大规模 MIMO 检测的应用。

1. 虚拟现实和增强现实

虚拟现实(VR)和增强现实(AR)是一种变革性技术，它将彻底改变消费者和企业部门的内容消费。虚拟现实是一个共享的、触觉的虚拟环境，在这个环境中，几个用户通过一个模拟工具进行物理连接，通过感知对象不仅是视觉上的，而且通过触觉感知，来协同完成任务。另外，在增强现实中，真实的和计算机生成的内容组合在用户的视野中被可视化。与今天的静态信息增强相比，未来增强现实应用的主要目标是动态内容的可视化。虚拟现实中的触觉反馈是高保真度交互的前提条件。特别是，通过触觉感知到虚拟现实中的物体，会导致各种应用程序依赖于高水平的精度。只有在用户和虚拟现实之间的延迟达到几毫秒时，才能实现这种精度。在用户的视野中增加额外的信息可以促进许多辅助系统的开发，如驾驶员辅助系统。有了触觉网络，增强现实中的内容可以从静态转移到动态。这样就可以实时地对用户的视图进行虚拟扩展，这样就可以识别并避免可能出现的危险事件。虚拟和增强现实技术在教育领域有着广泛的应用前景,它实现了现实世界和虚拟世界之间的联系，在课堂上运用增强现实可以提高教学和学习活动的效果与吸引力(图 7.2.1 和图 7.2.2)。

图 7.2.1　虚拟现实在远程教育的应用

图 7.2.2　虚拟现实颠覆传统教学的应用

人通过基于增强现实的车辆驾驶辅助系统(图 7.2.3),认知能力可以得到增强。首先,系统利用虚拟排控制(virtual platoon control,VPC),使真实的车跟在一辆虚拟的车后面;在头戴式显示器(head mounted display,HMD)上投射的虚拟的前一辆车实际上是通过客观的视角来操纵的,而乘客乘坐的真正的交通工具是紧跟着的,这样就可以在不碰撞障碍物的情况下行驶[18]。

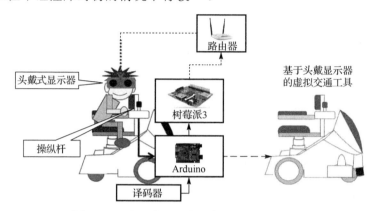

图 7.2.3　基于增强现实的车辆驾驶辅助系统

在虚拟现实和增强现实中,无线传输将有着重要作用。例如,虚拟增强现实中的触觉网络需要进行实时的数据处理,以满足用户的请求。大量的虚拟现实和增强现实终端有数据需要进行处理的情况下,大规模 MIMO 检测需要满足高准确率、低延迟和高吞吐率的要求。因此,基于 ASIC 的大规模 MIMO 有着应用前景,特别是在低延迟高处理速率的要求下。

2. 自动驾驶

图 7.2.4 显示了一些在未来几年将会出现的驾驶员辅助功能的概述。大多数列出的功能都将使用雷达传感器,因为雷达传感器在不同的环境条件下,如雨、灰尘或阳光具有一定稳定性。然而,没有一个通用的雷达传感器能够同时满足路线图中各个功能的所有要求。为了满足未来的需求,识别出所有要求中的关键技术并用于今天的雷达传感器未尝不是一个好办法。在实际的应用场景中,雷达传感器一般需要高的角度分辨率和速度分辨率、高的可靠性、高吞吐率、低成本以及小尺寸。大规模 MIMO 技术是雷达探测的关键技术之一,对于角度分辨率以及数据吞吐率有很大的提升。并且,采用平面调频连续波(frequency modulated continuous wave,FMCW)MIMO 阵列的设计方法,利用 TDMA 概念,将保持 MIMO 技术的优势,并促进传输端天线增益来改善整体的 SNR[19]。

在大规模 MIMO 检测系统中,更优的 VSLI 架构能很大程度提高检测芯片的性能、降低系统的功耗以及延时,在自动驾驶领域,能更好地实现实时通信以及更高

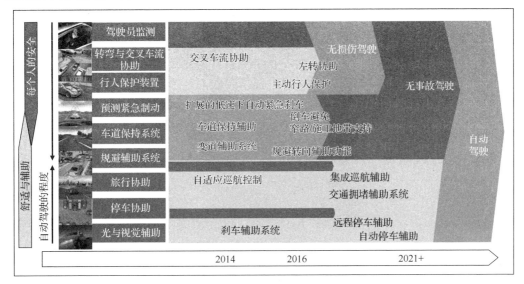

图 7.2.4　辅助驾驶功能的路线图

的安全性。这对降低交通事故发生率和改善交通拥堵状况有很大帮助。在现今的汽车安全情景中，避免碰撞的反应时间低于 10ms。自动驾驶车辆的双向数据交换可能要求少于 1ms 内的延迟。从技术上讲，这可以通过触觉网络和 1ms 端到端延迟来实现。完全自动驾驶技术将完全改变交通行为，在车辆之间的距离上，自动驾驶技术需要提前检测到潜在的安全临界情况。这需要在未来的无线通信系统中的高度可靠性和主动预测的行为[20]。随着自动驾驶终端数目的增加，越来越多的用户需要进行数据交互。对于自动驾驶终端来讲，如何应对多用户需求并且屏蔽多用户的干扰将是一个重要挑战。高效的大规模 MIMO 检测架构能够解决自动驾驶系统中高速的处理需求以降低处理延迟。同时，大规模 MIMO 检测架构能够传输大量数据并进行相应的数据处理以提高系统吞吐率。针对高干扰和噪声的应用场景，非线性大规模 MIMO 检测架构能够在提高检测精度的同时保持一定延迟和吞吐率，这对自动驾驶安全性的提升有重要作用。基于 ASIC 的大规模 MIMO 检测架构不仅能够满足延迟和数据吞吐率的要求，在功耗上也有一定优势。另外，考虑到自动驾驶终端的高速移动性，大规模 MIMO 检测架构需要适应不同的场景和不同的要求。

　　大规模 MIMO 检测处理器起着接收并还原信息的作用，对提高信道容量、通信效率、保障远程治疗的即时通信起着很大的作用。更为重要的是，一个好的大规模 MIMO 架构能加速这个过程，如何设计一个更优的大规模 MIMO VLSI 架构一直是众多科研人员的研究目标。在 5G 时代，众多的移动终端通信都脱离不了大规模 MIMO 技术。大规模 MIMO 不仅能实现高容量和高速度，并且能够实现低功耗和低成本，这将有助于推动移动终端的进一步腾飞。

7.2.2　基于可重构的检测芯片应用

在未来应用中，越来越多的应用不仅强调高能效，还强调灵活性和可扩展性，以适应不同算法、不同 MIMO 系统规模以及不同检测性能需求。为了适应这些特点，近年来可重构 MIMO 信号检测器逐渐成为学术界研究的热点。由于可重构 MIMO 信号检测器能够对算法中的数据并行性进行充分的挖掘和利用，并且能通过配置流动态地重构芯片的功能，相比于 GPP 和 ASIC，能实现一定程度效率和灵活性的折中。下面就以应用为例说明基于可重构的大规模 MIMO 检测器的应用。

1. 智慧制造

智慧制造是一种由智能机器和人类专家共同组成的人机一体化智能系统，它在制造过程中能进行一系列智能活动，如分析、推理、判断、构思和决策等(图 7.2.5)。通过人与智能机器的合作共事，去扩大、延伸和部分地取代人类专家在制造过程中的脑力劳动。它把制造自动化的概念更新，扩展到柔性化、智能化和高度集成化。毫无疑问，智能化是制造自动化的发展方向。在制造过程的各个环节几乎都广泛应用人工智能技术。专家系统技术可以用于工程设计、工艺过程设计、生产调度、故障诊断等，也可以将神经网络和模糊控制技术等先进的计算机智能方法应用于产品配方、生产调度等，实现制造过程智能化。而人工智能技术尤其适合于解决特别复杂和不确定的问题。传统的制造系统在前三次工业革命中主要围绕着它的五个核心要素进行不断的技术升级，这五个核心要素是材料(其中包括材料的特性和功能等)、方法(其中包括工艺、效率和产能等)、机器(其中包括精度、自动化和生产能力等)、测量(包括传感器监测等)以及维护(包括使用率、故障率和运维成本等)。在人类工业化进程中，工业化进程都是围绕着这 5 个核心要素发展的。智慧制造的逻辑是先发生问题，然后根据模型分析问题，接下来根据 5 个核心要素来调整模型，再解决问题，最后根据解决的问题几类经验并分析问题的来源从而后续避免类似问题。智慧制造的本质是知识的产生与传承过程。

智慧制造需要在网络层面充分应用通信手段，通过无线通信对各智能装备进行控制和操作。大规模 MIMO 检测在各智慧制造的装备上需要满足高稳定性、高灵活性和高可扩展性的要求。因此，对于大规模 MIMO 检测芯片来说，如何实现高稳定性、高灵活性和高可扩展性将是一个挑战。基于可重构的大规模 MIMO 检测器在这几个方面有一定优势，其具备很高的潜在应用价值。同时，随着智慧制造的普及，越来越多的工业智能设备将会使用无线传输系统，同时还有系统设备的升级及兼容问题等。那么，对于大规模 MIMO 检测芯片的检测精度设计要求将要提高。如何降低各设备间的干扰以及其他环境噪声对于信号传输的影响、提高灵活性和可扩展性将是基于可重构的大规模 MIMO 检测器设计的主要驱动方向。

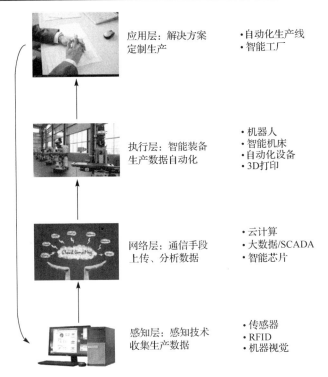

图 7.2.5　智慧制造相关技术

2. 无线医疗

通信技术是无线医疗的一个关键技术[21]，如图 7.2.6 所示。远程诊断、远程手术和远程康复使用无线通信与信息技术能克服地理距离，为患者提供高效、可靠和实时的健康服务[22]。此外，在机器人协助远程外科手术中，为了及时准确地提供音频和视觉信息以及触觉反馈，电子健康对无线连接的可靠性提出了严格的要求。特别是在远程手术和远程诊断中，可靠性尤其重要。不可靠的连接可能会导致延迟成像，而且较低的图像分辨率可能会限制医生的远程处理的效率。此外，只有通过触觉反馈才能实现精确的远程医疗。而如果人机之间的交互能够实时进行，那么就能够实现这种要求。实现这种要求需要一个确定性的实时行为，而这是现今的通信系统所不支持的。图 7.2.7 为人体可穿戴设备，它可以为老年人、运动员和儿童提供医疗监控。远程医疗系统为患者和医疗保健专业人员创造了一个复杂的交流环境。它通过计算机或手机技术实现患者的监测。可穿戴设备因其低成本、轻重量和低维护频率，在患者的医疗数据的收集、平移设备之间的连接建立、追踪和营救等方面具有广阔的应用前景[20]。

在无线医疗中，可靠性将是非常重要的。为了适应不同的设备以及不同的人体

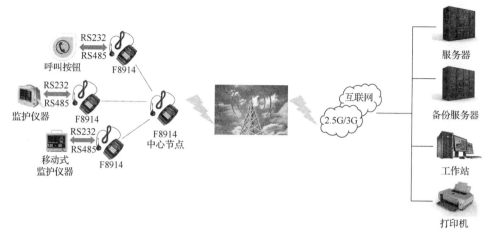

图 7.2.6　无线医疗及监控系统

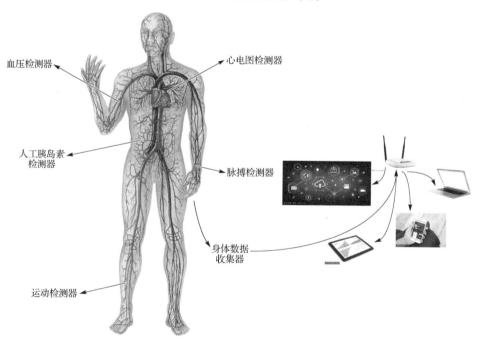

图 7.2.7　人体可穿戴设备与无线通信

特征，硬件电路需要更为灵活的架构。此外，由于要适应不断发展和更新的设备需求，无线基带处理电路将需要满足一定的可扩展性，以降低成本。基于可重构的大规模 MIMO 检测器将在这几个方面有良好的应用前景。另外，目前的大部分大规模 MIMO 检测算法中都存在着并行运算程度高的特点。可重构架构具有能对并行运算进行高效处理的优势[23]。通俗地讲，算法中并行度越高、数据依赖程度越低，就越适合用可重构方式进行加速，这也是算法在硬件层面的体现。通过基于可重构的大规模 MIMO 检测器可以高效地实现并行度高的计算。

7.3　边缘计算应用展望

随着社会经济水平不断发展，人们对移动互联网的需求已体现出明显的多元化趋势。从容量的角度看，诸多的应用需求推动 IoT、D2D、M2M 等新兴技术的应用与发展，促使移动互联网设备和智能化移动设备持续不断升级。移动互联网的用户数量和智能通信设备数量爆炸式增长，据预测这些设备数量将达到数百亿甚至上千亿的量级。与此同时，伴随着通信设备数量的增长，5G 移动通信的数据流量也将达到前所未有的量级。一些新的应用场景，如无人驾驶、智能电网、AR和 VR 等，对通信系统的延时、能效、可容纳设备数量和可靠性等提出了更高的要求[24]。目前，在线游戏、云桌面、智慧城市、环境监测、智能农业等业务的不断涌现对移动终端处理的实时计算力提出了严峻的考验。一方面，现有终端设备受体积、功耗、重量等现实因素的制约，其处理能力远远不能满足上述应用对低延时、高能效和高可靠性的需求，严重影响用户体验。移动云计算(mobile cloud computing，MCC)技术成为当前有效的解决方案之一，该技术允许用户设备将本地计算任务部分或完全迁移到云端服务器执行，从而解决移动设备自身资源紧缺的问题，并且节约了任务本地执行的能耗。然而，将任务卸载到核心云服务器一方面需要消耗回传链路资源，产生额外的延时开销，另一方面其可靠性也受到影响，无法满足新的应用场景的低延时、高可靠性的需求。而新兴的移动边缘计算(mobile edging computing，MEC)技术成为解决这一问题的关键。MEC 典型应

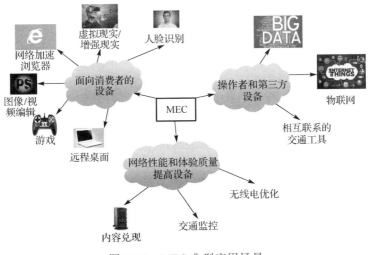

图 7.3.1　MEC 典型应用场景

用场景如图 7.3.1 所示。MEC 的基本思想是将云计算平台迁移到移动接入网边缘，允许用户设备将计算任务卸载到网络边缘节点，如基站、无线接入点等。MEC 既满足了终端设备计算能力的扩展需求，同时弥补了 MCC 延时较长的缺陷。因此，MEC 将成为 5G 的一项关键技术，有助于 5G 业务实现超低延时、超高能效、超高可靠性等技术指标的要求[24,25]。

7.3.1　边缘计算的概念

欧洲电信标准化协会（European Telecommunications Standards Institute，ETSI）对于 MEC 的定义如下：MEC 在移动网络的边缘、无线接入网和移动用户附近提供了 IT 服务环境与云计算能力[26]。MEC 在无线接入网提供云计算能力，将用户直接连接到最近的提供云服务的边缘网络，避免了在核心网络和最终用户之间进行直接的移动通信。在基站部署 MEC 服务器增强了基站侧的计算能力，并避免了 MCC 的性能瓶颈和可能的系统故障[27]。如表 7.3.1 所示，通过对 MEC 和传统的 MCC 对比可以发现，在计算服务器、与终端用户的距离和典型延时等方面，MEC 和 MCC 总体之间存在显著的差异。与 MCC 相比，MEC 具有低延时、节省移动设备的能源、支持上下文感知计算和安全性高等优点[28]。首先，MEC 能够缩短任务执行延时。通过云计算平台迁移到接入网边缘，缩短了计算服务器与用户设备之间的距离，MEC 的任务卸载不需要经过回传链路和核心网，从而减少了传输延时开销，另外，边缘服务器的计算能力远大于用户设备，从而大幅缩短了任务计算延时。其次，MEC 能够大幅度提高网络能效。物联网设备可广泛应用到环境检测、人群感知、智能农业等各种场景，但部署的 IoT 设备大多数是电池供电，MEC 缩短了边缘服务器与移动设备的距离，大幅度节约了任务卸载、无线传输所耗能量，延长了物联网设备的使用周期。研究结果表明，对于不同的 AR 设备，MEC 可延长 30%～50%的设备电池使用周期。最后，MEC 可以提供更高的服务可靠性。MEC 的服务器采用分布式部署，单个服务器服务规模小，不存储过多的有价值信息。因此，相较于 MCC 的大数据中心，不易成为被攻击的目标，可以提供更可靠的服务。同时，多数移动边缘云服务器属于私有云，信息泄露风险低，具有更高的安全性[24]。MEC 的技术特征主要体现为：邻近性、低延时、高带宽和位置感知。

邻近性：因为 MEC 服务器的布置非常靠近信息源，所以边缘计算特别适用于捕获和分析大数据中的关键信息。此外，边缘计算还可以直接访问用户设备，因此容易直接衍生特定的商业应用。

低延时：因为 MEC 服务靠近终端设备或者直接在终端设备上运行，所以大大降低了延时。这使得应用反馈更加迅速，同时也改善了用户体验，大大降低了网络在其他部分中可能发生的拥塞。

高带宽：因为 MEC 服务器靠近信息源，所以可以在本地进行简单的数据处理，不必将所有数据或信息都上传至云端，这将使得核心网传输压力下降，减少网络堵塞，提高网络传输速度。

位置感知：当网络边缘是无线网络的一部分时，无论是 Wi-Fi 还是蜂窝，本地服务都可以利用相对较少的信息来确定每个连接设备的具体位置。

表 7.3.1　MEC 和 MCC 系统的对比

对比项	MEC	MCC
服务器硬件	需要适中资源的小型数据中心[4,11]	大型数据中心[12,13]
服务器位置	和无线网关、Wi-Fi 路由器、LTE 基站共处[4]	在专门的建筑里专配，规模与几个足球场相当[14,15]
部署	由电信运营商、MEC 供应商、企业以及家庭用户密集部署，需要轻量的配置和计划[4]	由谷歌、亚马逊之类的 IT 企业部署在全世界少数几个位置，需要复杂的配置和计划[12]
与最终用户的距离	小（几十米至几百米）[14]	大（可能跨越大洲）[14]
回程使用	使用不频繁，可以缓解拥堵[16]	使用频繁，容易导致拥堵[16]
系统管理	分层控制（集中/分布）[17]	集中控制[17]
支持的延时	小于几十毫秒 [14,18]	大于 100ms[19,20]
应用	对延时要求高、计算量密集的应用，如虚拟现实、自动驾驶、网络互动游戏 [4,21]	对延时要求不高、计算量密集的应用，如在线社交、移动商务/健康/学习[22,23]

图 7.3.2 展示了 MEC 的基本体系架构。注意 MEC 服务器比云服务器更接近最终用户。因此，尽管 MEC 服务器的计算能力比云计算服务器小，但它们仍然能对最终用户提供更好的 QoS。显然，与云计算不同，边缘计算将边缘计算节点并入网络中。一般来说，边缘计算的结构可以分为三个层面，即前端、近端和远端。前端主要是终端设备(如传感器、执行器)，部署在边缘计算结构的前端。前端环境可以为最终用户提供更多的交互和更好的响应能力。然而，因为终端设备计算能力有限，大部分不能满足应用的要求。所以在这些情况下，终端设备必须将资源需求转发给服务器。近端部署在近端环境的网关将支持大多数网络中的数据流。边缘计算能够对某些应用提供实时服务是因为它给近端设备提供了很强的计算能力。边缘服务器也有大量的资源需求，如实时数据处理、数据缓存和计算迁移等。在边缘计算中大部分数据的计算和存储将被迁移到这个近端环境。这样做，最终用户可以在数据计算和存取方面取得更好的性能，同时延时会有小幅度的增加。对于远端设备，因为云服务器部署在离终端设备较远的地方，所以网络的传输延时非常显著。然而，在远端环境的云服务器可以提供更强大的计算能力和更高的数据存储容量。例如，云服务器可以提供大量并行数据处理、大数据挖掘、大数据管理等[1]。

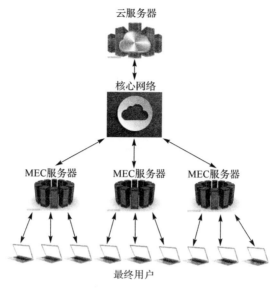

图 7.3.2　MEC 的基本体系架构

7.3.2　检测芯片在边缘计算应用

在目前的网络架构中，核心网的高位置部署，导致传输延时比较大，不能满足超低延时业务需求。此外，业务完全在云端终结并非完全有效，一些区域性业务不在本地终结，既浪费带宽，又增加延时。因此，延时指标和连接数指标决定了 5G 业务的终结点不可能全部都在核心网后端的云平台。MEC 正好契合该需求[29]。MEC 促进数据中心与 5G 的融合的示意图如图 7.3.3 所示。一方面，MEC 部署在边缘位置，边缘服务在终端设备上运行，反馈更迅速，解决了延时问题；另一方面，MEC 将计算内容与计算能力下沉，提供智能化的流量调度，将业务本地化，内容本地缓存，让部分区域性业务不必大费周折在云端终结。由于移动网络需要服务不同类型和需求的设备，如果为每一种服务建设一个专有网络，成本将是难以估计的。而网络切片技术可以让运营商基于一个硬件基础设施切分出多个虚拟的端到端网络，每个网络切片从设备到接入网到传输网再到核心网在逻辑上隔离，适配各种类型服务的不同特征需求，保证从核心网到接入网，包括终端等环节，能动态、实时、有效地分配网络资源，从而保证质量、延时、速度和带宽等方面的质量。MEC 的业务感知功能与网络切片技术在一定程度上是相似的。MEC 的主要技术特征之一为低延时，这使得 MEC 可以支持对延时要求最为苛刻的业务类型，这也意味着 MEC 是超低延时切片中的关键技术。随着 MEC 的应用，网络切片技术的内涵将由单纯切分出多个虚拟的端到端网络扩充到根据不同延时要求切分出虚拟的端到端网络，这有助于 5G 网络切片技术的发展。

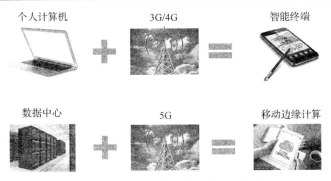

图 7.3.3 MEC 促进数据中心与 5G 的融合

MEC 实现低延时和节约用户设备能量的关键在于计算卸载(computation offloading),而通常有关计算卸载的一个关键在于决定是否进行计算卸载。通常来讲,是否进行计算卸载的决议有如下三类。

(1) 本地执行。整个计算过程都是在用户设备本地执行的,并没有将计算卸载到 MEC 上,如由于 MEC 计算资源不可用或者卸载不能带来性能上的提升。

(2) 完全卸载。整个计算都被卸载并全部在 MEC 服务器上处理。

(3) 部分卸载。部分计算是在本地处理,其余部分被卸载到 MEC 服务器上处理。

计算卸载,尤其是部分卸载,是一个非常复杂的过程,会受到多种因素的影响,如用户偏好、无线和回程连接质量、用户设备计算能力或者云计算能力的可利用性等。计算迁移的一个重要方面也是一种应用模型/种类,因为它决定全部或部分卸载是否是适用的,哪些计算可以卸载,以及如何卸载[1]。MEC 服务器能够提供比用户设备更强的计算能力,将计算卸载到 MEC 服务器上进行处理,能够缩小数据处理时间和节约终端设备用于数据处理的能量消耗。但是不能忽略这样的事实:将用户设备需要处理的数据卸载到 MEC 服务器上(上行链路)需要消耗传输时间和传输能量,同时 MEC 服务器将处理好的数据传输至用户设备上(下行链路)也需要消耗时间和能量。当应用的计算量不太大,尤其是在用户设备的处理能力能够满足要求时,上述数据传输(上行链路和下行链路)可能会白白浪费时间和能量,导致性能上的损失。因此,需要合理的机制来决定是否进行计算卸载。因此,MEC 技术对于上下行链路的数据传输将有比较高的要求,这些要求主要体现在大规模 MIMO 检测的低延时、高数据吞吐率、低功耗。基于 ASIC 的大规模 MIMO 检测芯片在延时、数据吞吐率和功耗方面表现优异,能够在 MEC 终端进行应用,以此来降低延时和功耗,并且提高数据吞吐率。

近几年来,有大量针对 MEC 系统的计算卸载的研究成果。然而,目前仍有许多新兴的问题需要解决,其中包括 MEC 移动性管理、绿色 MEC 以及 MEC 的安全和隐私问题。移动性是许多 MEC 应用的固有特性,如 AR 辅助博物馆参观,以增强游客的体验。在这类应用中，用户的移动和轨迹为 MEC 服务器提供了位置和个人偏好信息，以提高处理用户计算请求的效率。另外，由于以下原因，移动性也对实现普遍可靠的计算(即无中断和错误)提出了重大挑战。首先，MEC 通常在由多个宏、小基站和无线接入点构成的异构网络中实施。因此，用户的运动需要在小型覆盖 MEC 服务器之间频繁切换，如图 7.3.4 所示，多样化的系统配置和用户服务器关联的策略导致这种切换变得相当复杂。接下来，用户在不同的基站之间移动会产生严重的信号干扰和导频污染，这会大大降低通信性能。最后，频繁切换，会增加计算的延时，从而影响用户体验[28]。针对通信性能的需求，在检测器对信号进行恢复时，需要更高的检测精度。因此对于检测器架构有更高的要求，这需要靠非线性甚至更为复杂的检测算法来解决。因此，如何支持不同算法和不同移动终端规模以及算法扩展问题都将成为大规模 MIMO 检测芯片需要考虑的。基于可重构的大规模 MIMO 检测器在保证检测性能的同时，能够达到一定的能量效率。最重要的是，这种检测器能够实现高灵活性、可靠性和可扩展性等。

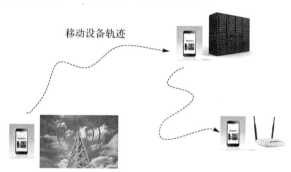

移动设备轨迹

图 7.3.4　MEC 的终端管理

MEC 服务器是小型数据中心，每一个数据中心消耗的能量比传统的云数据中心要少。然而，它们的密集部署模式在全系统能耗上引起了极大的问题。因此，开发创新技术以实现绿色 MEC 无疑是尤为关键的。与绿色通信系统相比，MEC 服务器的计算资源需要被合理分配以满足要求的计算性能，使得传统的绿色无线技术不再适用。另外，绿色数据通信网络以前的研究工作都没有考虑无线资源的管理，这使得它们不适合绿色 MEC。此外，MEC 服务器中高度不可预测的计算工作量模式对 MEC 系统的资源管理提出了另一个巨大挑战，需要先进的感知和优化技术[28]。另外，对于安全和隐私保护的移动服务需求日益增长。虽然 MEC 启用了新类型的服务，但它的独特特征也带来了新的安全和隐私问题。第一，MEC 系统固有的异质性使得传统的信任和认证机制不再适用。第二，支持 MEC 和网络管理机制的软件性质的多样化也给通信技术带来了新的安全威胁。此外，边缘服务器本身就有可能是恶意信息窃听者或信息安全攻击者，因此需要开发安全和私密的运算机制。这些激励研究者开发合理有效的实现机制[28]。考虑从硬件电路方面规避一些功耗和安全相关的问题。基于可重构的大规模 MIMO 检测器在能量效率上能够接近 ASIC，并且能够实现不同算法和不同规模的信号处理，具有高灵活性和可扩展性。另外，由于可重构的大规模 MIMO 检测器内部的 PE 和互连模块比较规则，通过观察硬件架构和电路组成难以获得算法信息。这种特性可以提高硬件安全性，规避一些 MEC 的安全问题。

下面以实际应用车联网为例说明 MEC 的优势。车联网对于数据处理的要求较为特殊：一是低延时，在车辆高速运动过程中，要实现碰撞预警功能，通信延时应当在几毫秒以内；二是高可靠性，出于安全驾驶要求，相较于普通通信，车联网需要更高的可靠性。同时由于车辆是高速运动的，信号需要在能够支持高速运动的基础上满足高可靠性的需求。随着联网车辆的增多，车联网的数据量也将越来越大，对于延时和可靠性的要求也将越来越高。在车联网应用 MEC 技术后，因为 MEC 的位置特征，车联网数据可以就近存储在离车辆较近的位置，所以可以降低延时，非常适合车联网中防碰撞、事故警告等延时要求极高的业务类型。同时，车联网最终归于驾驶，在高速运动过程中，车辆的位置信息变化十分迅速。而 MEC 服务器可以置于车体上，能够精确地实时感知车辆位置的变化，提高通信的可靠性。并且 MEC 服务器处理的是价值巨大的实时车联网数据，MEC 服务器实时进行数据分析，并将分析所得结果以极低延时(通常是毫秒级)传送给邻近区域内的其他联网车辆，以便其他车辆(驾驶员)做出决策。这种方式比其他处理方式更敏捷、更自主、更可靠。

参 考 文 献

[1]　Yu W, Liang F, He X, et al. A survey on the edge computing for the internet of things[J]. IEEE Access, 2018, 6(9): 6900-6919.

[2]　Björnson E, Larsson E G, Marzetta T L. Massive MIMO: Ten myths and one critical question[J]. IEEE Communications Magazine, 2015, 54(2): 114-123.

[3]　Liu J, Mao Y, Zhang J, et al. Delay-optimal computation task scheduling for mobile-edge computing systems[C]. IEEE International Symposium on Information Theory, New York, 2016:1451-1455.

[4]　Larsson E G, Edfors O, Tufvesson F, et al. Massive MIMO for next generation wireless systems[J]. IEEE Communications Magazine, 2014, 52(2): 186-195.

[5]　Datsika E, Antonopoulos A, Zorba N, et al. Cross-network performance analysis of network coding aided cooperative outband D2D communications[J]. IEEE Transactions on Wireless Communications, 2017, 16(5): 3176-3188.

[6]　Yang M, Li Y, Jin D, et al. Software-defined and virtualized future mobile and wireless networks: A survey[J]. Mobile Networks & Applications, 2014, 20(1): 4-18.

[7]　Vereecken W, van Heddeghem W, Colle D, et al. Overall ICT footprint and green communication technologies[C]. International Symposium on Communications, Control and Signal Processing, Limassol, 2010: 1-6.

[8]　张晟. LTE 网络中基于云计算技术扩展基站应用能力的技术方案研究[D]. 北京: 北京邮电大学, 2016.

[9]　文博杰. 基于中国新能源汽车发展规划的资源环境效应分析[J]. 中国矿业, 2017, 26(10): 76-80.

[10]　Zhu W, Gao D, Zhao W, et al. SDN-enabled hybrid emergency message transmission architecture in internet-of-vehicles[J]. Enterprise Information Systems, 2018, 12(4): 471-491.

[11]　Gerla M, Lee E K, Pau G, et al. Internet of vehicles: From intelligent grid to autonomous cars and vehicular clouds[C]. Internet of Things, Seoul, 2016: 241-246.

[12]　Garg S K, Versteeg S, Buyya R. A framework for ranking of cloud computing services[J]. Future Generation Computer Systems, 2013, 29(4): 1012-1023.

[13]　Buyya R, Yeo C S, Venugopal S, et al. Cloud computing and emerging IT platforms: Vision, hype, and reality for delivering computing as the 5th utility[J]. Future Generation Computer Systems, 2009, 25(6): 599-616.

[14]　Vecchiola C, Pandey S, Buyya R. High-performance cloud computing: A view of scientific applications[C]. International Symposium on Pervasive Systems, Algorithms, and Networks, Taiwan, 2009: 4-16.

[15]　Buyya R, Yeo C S, Venugopal S. Market-oriented cloud computing: Vision, hype, and reality for delivering IT services as computing utilities[C]. IEEE International Conference on High Performance Computing and Communications, Dalian, 2008: 5-13.

[16]　尹莎. 通信基带芯片模块级验证平台的研究[D]. 西安: 西安电子科技大学，2016.

[17]　李丹. 基带芯片中 CPU 的低功耗设计[D]. 西安: 西安电子科技大学，2016.

[18]　Kimura R, Matsunaga N, Okajima H, et al. Driving assistance system for welfare vehicle using virtual platoon control with augmented reality[C]. Conference of the Society of Instrument and Control Engineers of Japan, Tsukuba, 2017: 980-985.

[19]　Hasch J. Driving towards 2020: Automotive radar technology trends[C]. IEEE MTT-S International Conference on Microwaves for Intelligent Mobility, Heidelberg, 2015: 1-4.

[20]　Simsek M, Aijaz A, Dohler M, et al. The 5G-enabled tactile internet: Applications, requirements, and architecture[C]. Wireless Communications and Networking Conference, Doha, 2016:61-66.

[21]　Khodashenas P S, Aznar J, Legarrea A, et al. 5G network challenges and realization insights[C]. International Conference on Transparent Optical Networks, Trento, 2016: 1-4.

[22] Kang G. Wireless eHealth（WeHealth）— From concept to practice[C]. IEEE International Conference on E-Health Networking, Applications and Services, Beijing, 2012: 375-378.

[23] Khalaf A, Abdoola R. Wireless body sensor network and ECG Android application for eHealth[C]. International Conference on Advances in Biomedical Engineering, New York, 2017: 1-4.

[24] 田辉, 范绍帅, 吕昕晨, 等. 面向 5G 需求的移动边缘计算[J]. 北京邮电大学学报, 2017, 40(2): 1-10.

[25] 俞一帆, 任春明, 阮磊峰, 等. 移动边缘计算技术发展浅析[J]. 电信网技术, 2016, 5(11): 46-48.

[26] Liu J, Mao Y, Zhang J, et al. Delay-optimal computation task scheduling for mobile-edge computing systems[C]. IEEE International Symposium on Information Theory, Sydney, 2016: 1451-1455.

[27] Abbas N, Zhang Y, Taherkordi A, et al. Mobile edge computing: A survey[J]. IEEE Internet of Things Journal, 2018, 5(1): 450-465.

[28] Mao Y, You C, Zhang J, et al. A survey on mobile edge computing: The communication perspective[J]. IEEE Communications Surveys & Tutorials, 2017, 19(4): 2322-2358.

[29] Corcoran P, Datta S K. Mobile-edge computing and the internet of things for consumers: Extending cloud computing and services to the edge of the network[J]. IEEE Consumer Electronics Magazine, 2016, 5(4): 73-74.

彩　　图

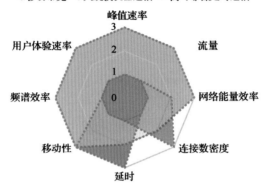

图 1.2.1　5G 关键技术指标

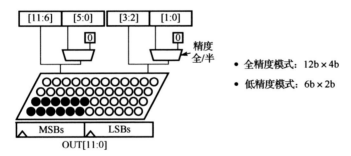

(a) 12bit×4bit具有动态精度控制乘法器

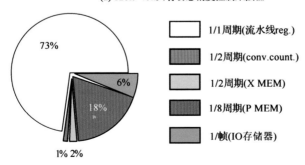

(b) 17.9K寄存器的转换活动因子

图 1.3.20　低功耗设计技术

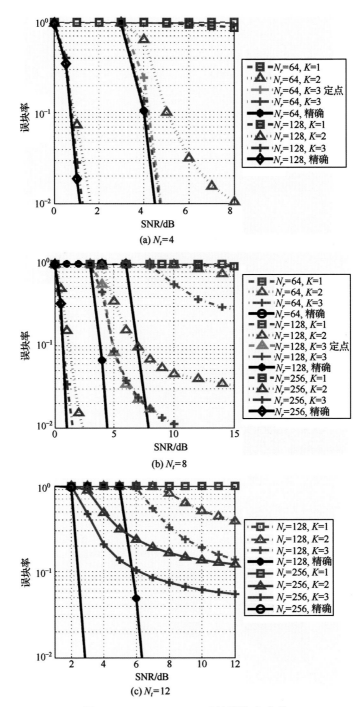

图 2.2.2　$N_t = 4$, 8, 12 时的误块率曲线

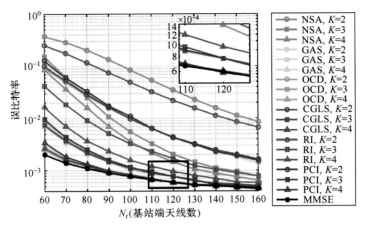

图 2.3.1 N_t=16、SNR=14dB 时各种算法的 BER 仿真结果

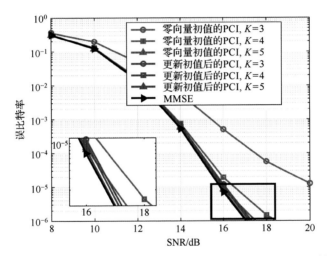

图 2.3.2   更新初值后 PCI 和传统零向量初值 PCI 的 BER 比较

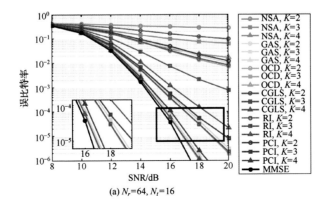

(a) N_r=64, N_t=16

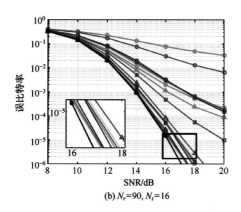

(b) $N_r=90, N_t=16$

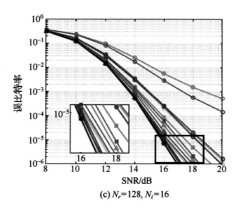

(c) $N_r=128, N_t=16$

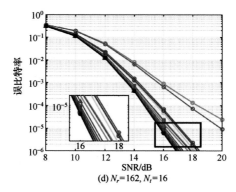

(d) $N_r=162, N_t=16$

图 2.3.3　PCI 和其他算法的 BER 比较

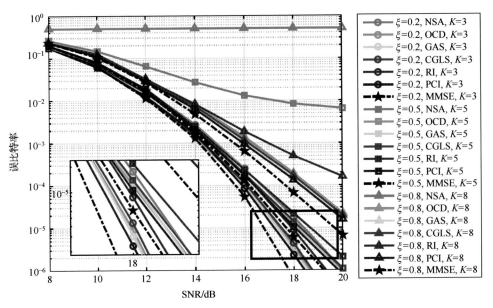

图 2.3.4　克罗内克信道模型下各种算法的 BER 比较

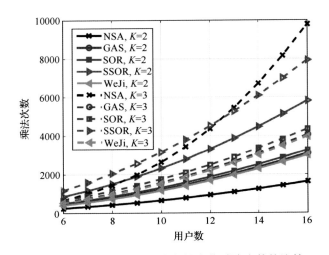

图 2.4.1　WeJi 与其他算法中的实数乘法次数的比较

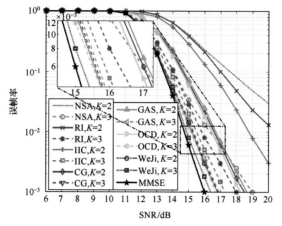

(a) N_r=64, N_t=8, 1/2码率

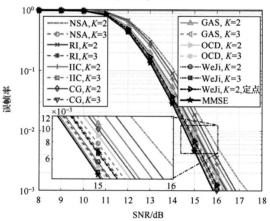

(b) N_r=128, N_t=8, 1/2码率

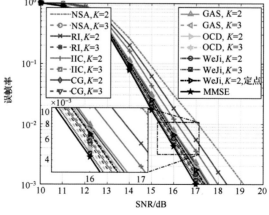

(c) N_r=128, N_t=8, 3/4码率

图 2.4.2　各种算法的 FER 性能图

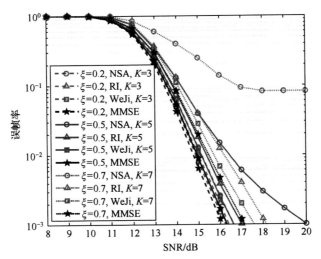

图 2.4.3　克罗内克信道模型的 FER 性能

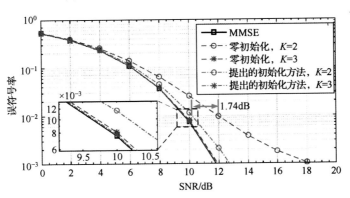

图 2.5.3　初值算法对 CG 算法 SER 的影响

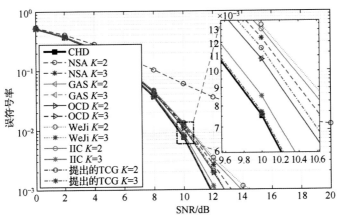

图 2.5.4　128×8 的大规模 MIMO 系统中不同算法不同迭代次数时的 SER 曲线

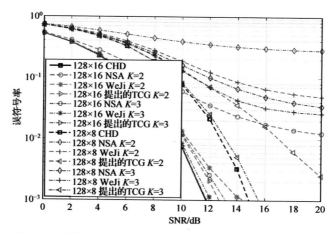

图 2.5.5　不同规模的 MIMO 系统中不同算法对 SER 的影响

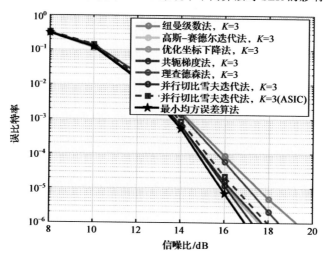

图 3.2.7　本书设计 ASIC 的 BER 性能曲线

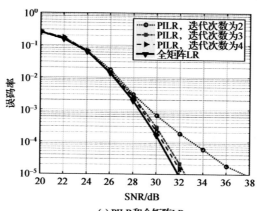

(a) PILR和全矩阵LR

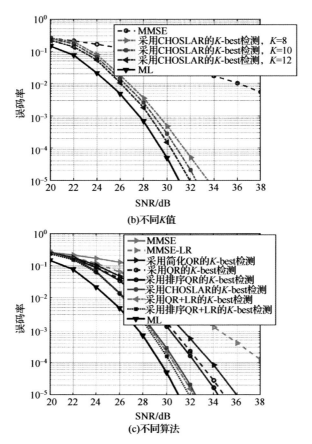

(b)不同K值

(c)不同算法

图 4.2.5　BER 性能比较

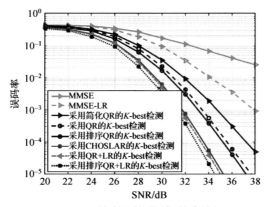

(a) 64 × 64MIMO, 64-QAM

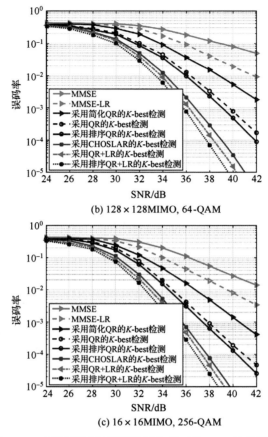

図例（凡例）:
MMSE
MMSE-LR
采用简化QR的K-best检测
采用QR的K-best检测
采用排序QR的K-best检测
采用CHOSLAR的K-best检测
采用QR+LR的K-best检测
采用排序QR+LR的K-best检测

(b) 128×128MIMO, 64-QAM

(c) 16×16MIMO, 256-QAM

图 4.2.6　不同配置和不同调制方式下的 BER 性能比较

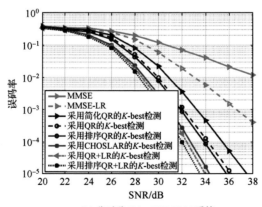

(a) 非对称(16×32)MIMO系统

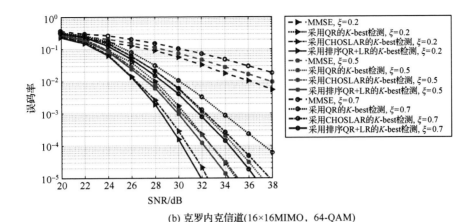

(b) 克罗内克信道(16×16MIMO，64-QAM)

图 4.2.7　BER 性能比较

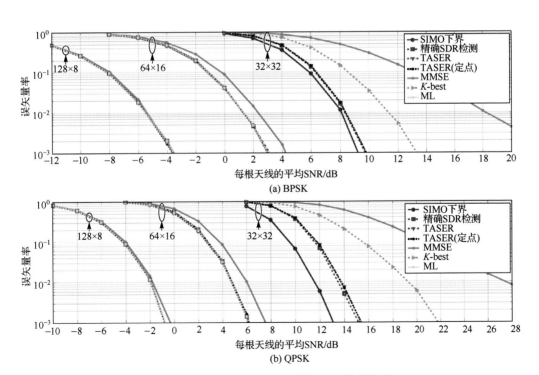

图 4.3.1　MIMO 不同配置下的 VER 性能比较

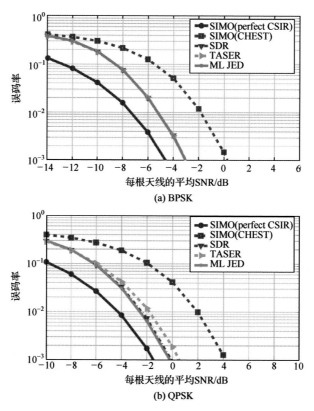

(a) BPSK

(b) QPSK

图 4.3.2   SIMO 系统 BER 性能比较

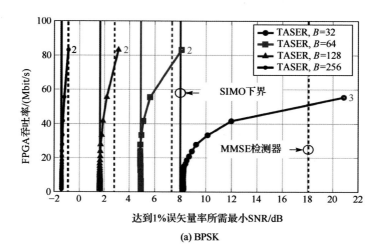

(a) BPSK

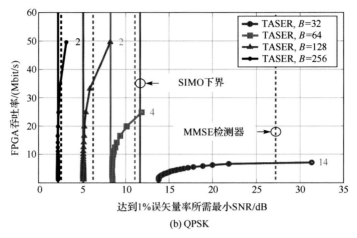

图 5.2.4　FPGA 设计的吞吐率和性能之间的权衡

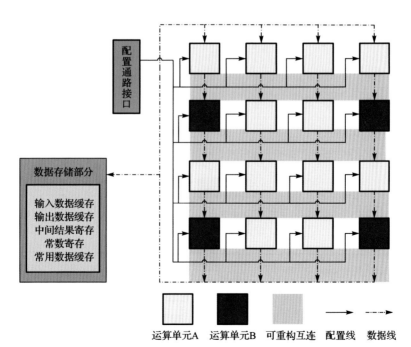

图 6.2.1　可重构计算阵列及数据存储部分

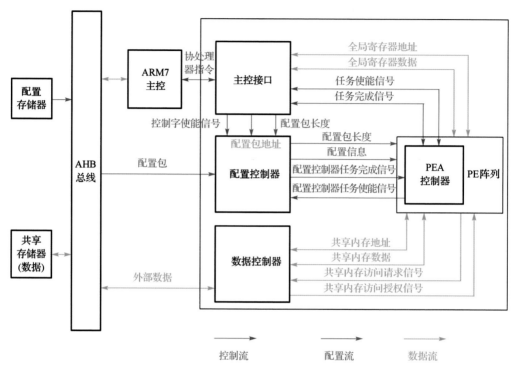

图 6.2.2　PEA 的构成

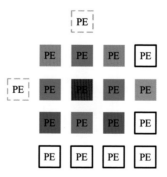

图 6.2.7　PE 路由范围示意
紫色 PE 可以访问到各个彩色的 PE

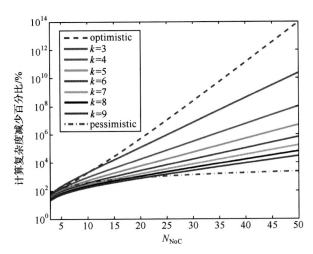

图 6.2.14　相对于 BB，PRBB 的运算复杂度减少百分比

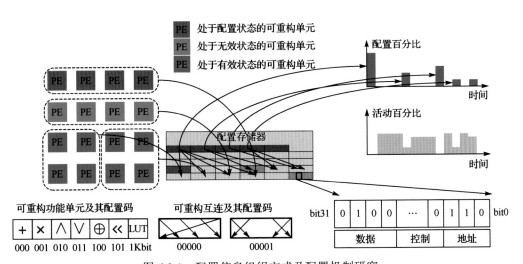

图 6.3.1　配置信息组织方式及配置机制研究

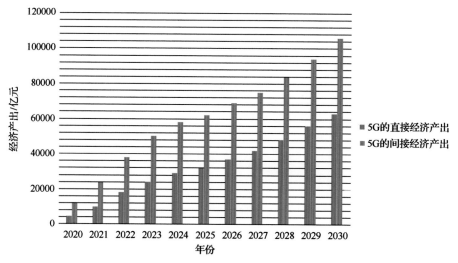

图 7.1.3　5G 直接和间接经济产出

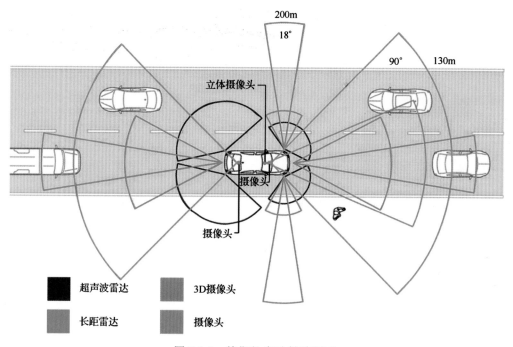

图 7.1.9　特斯拉自动驾驶图示